KB094747

초등 공부 시작부터 끝까지!

초끝

저절로

구구단

초등 1~2 학년

초등 1~2학년

저절로 구구단

발행일	2024년 4월 19일
펴낸곳	메가스터디(주)
펴낸이	손은진
개발 책임	김문주
개발	양수진, 최란경, 최성아, 조지현
기획 · 집필	메가스터디 초등수학교육 연구소, 조현민
그림	서아
표지 디자인	스튜디오 에딩크
본문 디자인	이정숙, 주희연
마케팅	엄재욱, 김상민
제작	이성재, 장병미
주소	서울시 서초구 효령로 304(서초동) 국제전자센터 24층
대표전화	1661-5431 (내용 문의 02-6984-6928,31 / 구입 문의 02-6984-6868,9)
홈페이지	http://www.megastudybooks.com
출판사 신고 번호	제 2015-000159호
출간제안/원고투고	메가스터디북스 홈페이지 <투고 문의>에 등록

· 발간 이후 발견되는 오류 사항은 '홈페이지 〉 자료실 〉 정오표'를 통해 알려 드립니다.

일러두기

· 맞춤법과 띄어쓰기는 국립국어원에서 펴낸 《표준국어대사전》을 기준으로 삼되, 초등학교 교과서의 표기를 참고했습니다.

· 외국의 인명과 지명은 국립국어원에서 펴낸 《외래어 표기법》을 따랐습니다.

· 본 저작물은 공공누리 제1유형에 따라 공공 저작물을 이용하였습니다.

메가스터디BOOKS

'메가스터디북스'는 메가스터디㈜의 출판 전문 브랜드입니다.

유아/초등 학습서, 중고등 수능/내신 참고서는 물론, 지식, 교양, 인문 분야에서 다양한 도서를 출간하고 있습니다.

· **제품명** 초끝 저절로 구구단

· **제조자명** 메가스터디㈜ · **제조년월** 판권에 별도 표기 · **제조국명** 대한민국 · **사용연령** 3세 이상

· **주소 및 전화번호** 서울시 서초구 효령로 304(서초동) 국제전자센터 24층 / 1661-5431

단순 반복만 하면
구구단을 더 빨리 외울 수 있을까요?

아이들은 구구단을 외우려고 다양한 시도를 합니다.
열심히 노래로 외워 보고, 게임도 해 보지만 여전히 구구단을 어려워하는 아이들이 많습니다.
구구단은 외워야 하는 게 맞습니다. 하지만 원리도 모르고 단순 반복하며 무작정 외우기만 하면 될까요?

구구단은 초등학교 2학년 때 배웁니다.
수학적 사고력을 키우는 것이 중요한 초등학교 저학년 아이들에게 원리에 대한 이해 없이
빠른 암기만을 강조하는 것은 구구단을 비효율적으로 공부하는 길입니다.
구구단은 차근차근 원리를 이해해야 가장 쉽고 빠르게 외울 수 있습니다.
그래서 **<초끝 저절로 구구단>**은 곱셈의 개념부터 차근차근 배우는 단계별 구구단 학습을 제안합니다.
구구단을 외우기 시작하는 초등학교 1~2학년 아이들의 눈높이에 맞춰
구구단이 저절로 외워지도록 구성하였습니다.

구구단 학습도 전략입니다.
구구단이 저절로 외워지는 <초끝 저절로 구구단>으로 초등 저학년 수학의 꽃인 구구단을 마스터하세요!

이 책의 **구성**

준비! 구구단

1일~3일

- 뛰어 세기와 묶어 세기로 수를 세어 보며 곱셈의 원리를 이해합니다.
- 배의 개념과 곱셈식을 배우며 구구단 학습을 준비합니다.

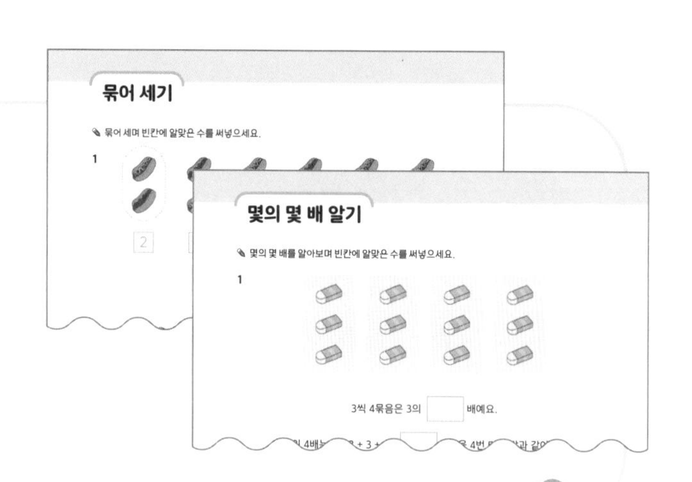

연습! 구구단

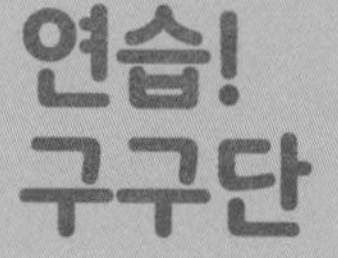

4일~28일

2단부터 9단을 6단계로 배우며 자연스럽게 구구단을 외우고,
처음 보는 문제도 빠르게 풀 수 있을 만큼 구구단을 여러 번 연습합니다.

1단계 같은 수 더하기

뛰어 세기와 묶어 세기를 통해 같은 수가 커지는 구구단의 원리를 배웁니다.

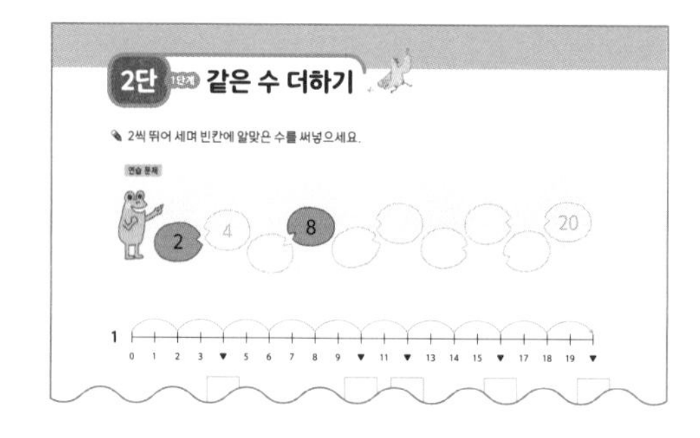

2단계 곱셈식 익히기

그림으로 곱셈 감각을 키우고 곱셈식을 익혀 구구단을 쉽게 이해합니다.

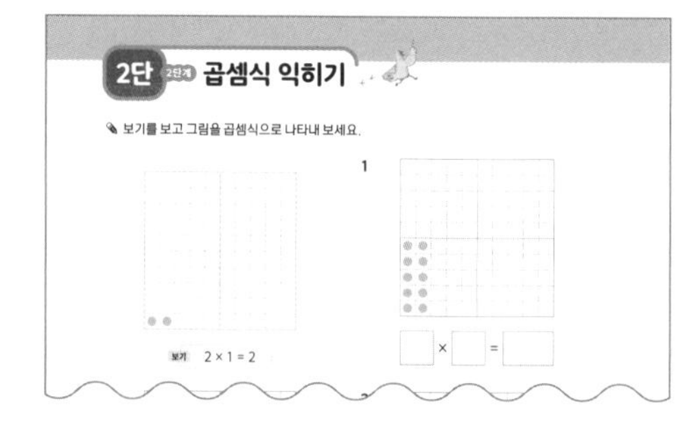

3단계 구구단 규칙 알기

같은 수를 여러 번 더하는 구구단의 규칙을 알고, 구구단에 익숙해집니다.

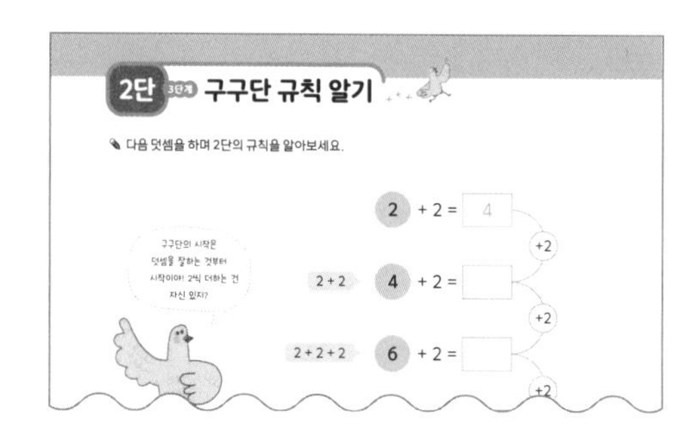

4단계 구구단 읽고 쓰기

구구단을 읽고 쓰는 방법을 배우며
자연스럽게 구구단을 외웁니다.

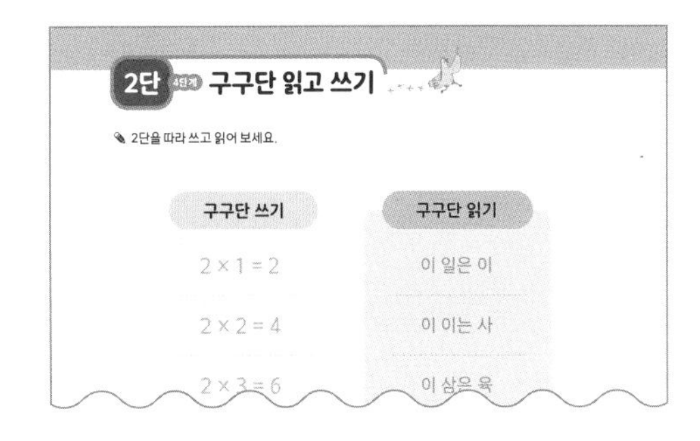

5단계 연습하기

구구단 문제를 빠르고 정확하게 푸는
연습을 통해 실력을 다집니다.

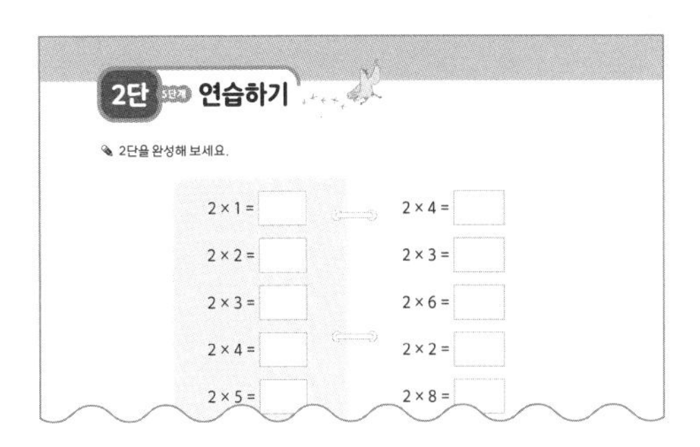

6단계 응용 문제 풀기

다양한 응용 문제를 풀며 구구단을
집중 반복 학습합니다.

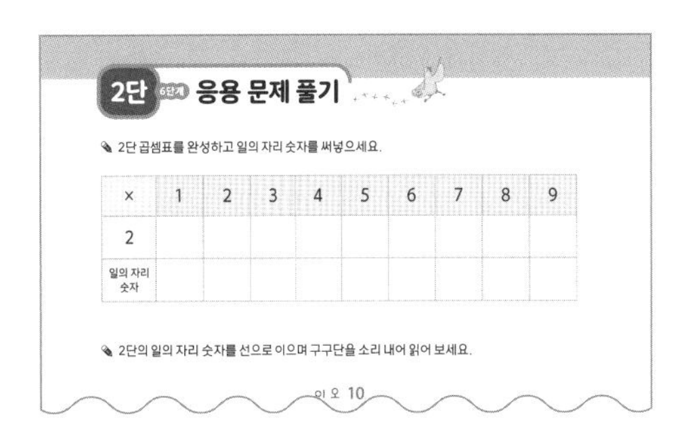

+ 두 단 섞어 복습

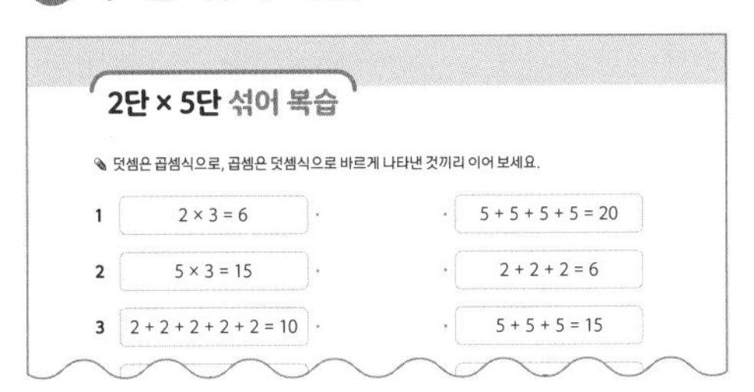

두 단이 섞인 문제를 풀며 한 번 더 복습합니다.

+ 곱셈표

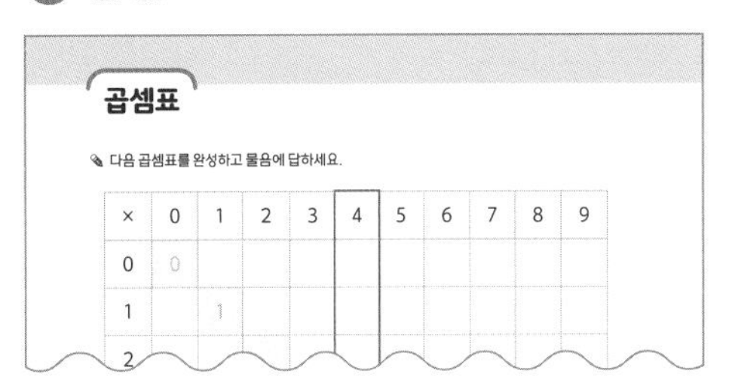

곱셈표를 보며 배운 구구단을 정리해 봅니다.

도전! 구구단

29일~32일

- 주어진 시간 동안 구구단 문제를 풀어 실력을 확인합니다.
- 단원평가 형식의 문제를 풀며 문제 해결력을 높입니다.

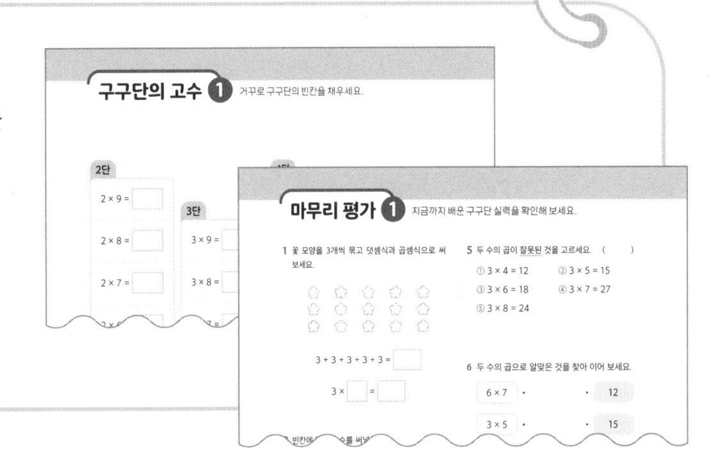

이 책의 차례

준비! 구구단

연습! 구구단

도전! 구구단

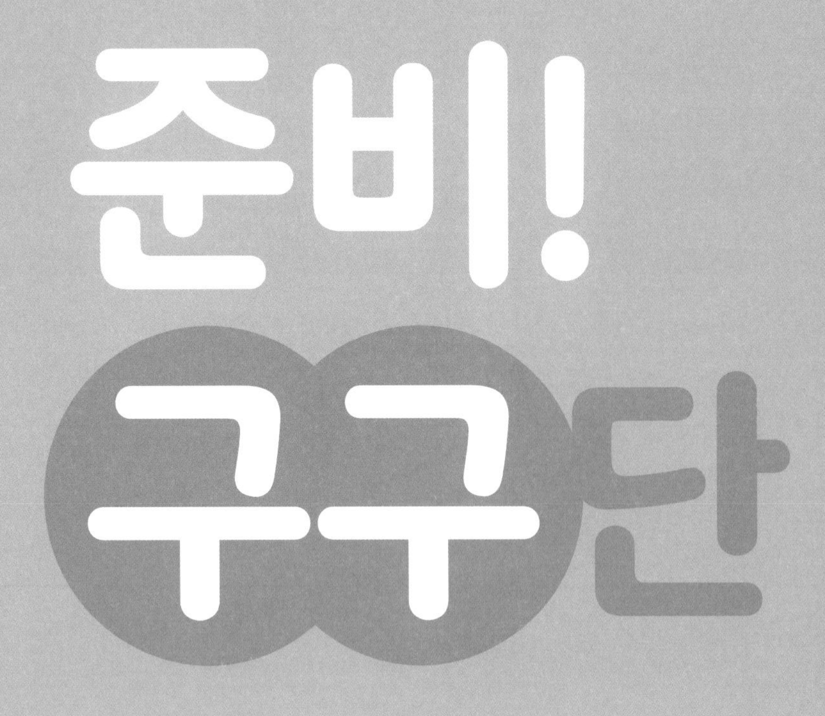

뛰어 세기와 묶어 세기, 곱셈식을 배우며

구구단 학습을 준비해요.

여러 가지 방법으로 세어 보기

젤리가 많이 있네. 모두 몇 개일까?

✎ 젤리가 모두 몇 개인지 하나씩 세어 빈칸에 알맞은 수를 써넣으세요.

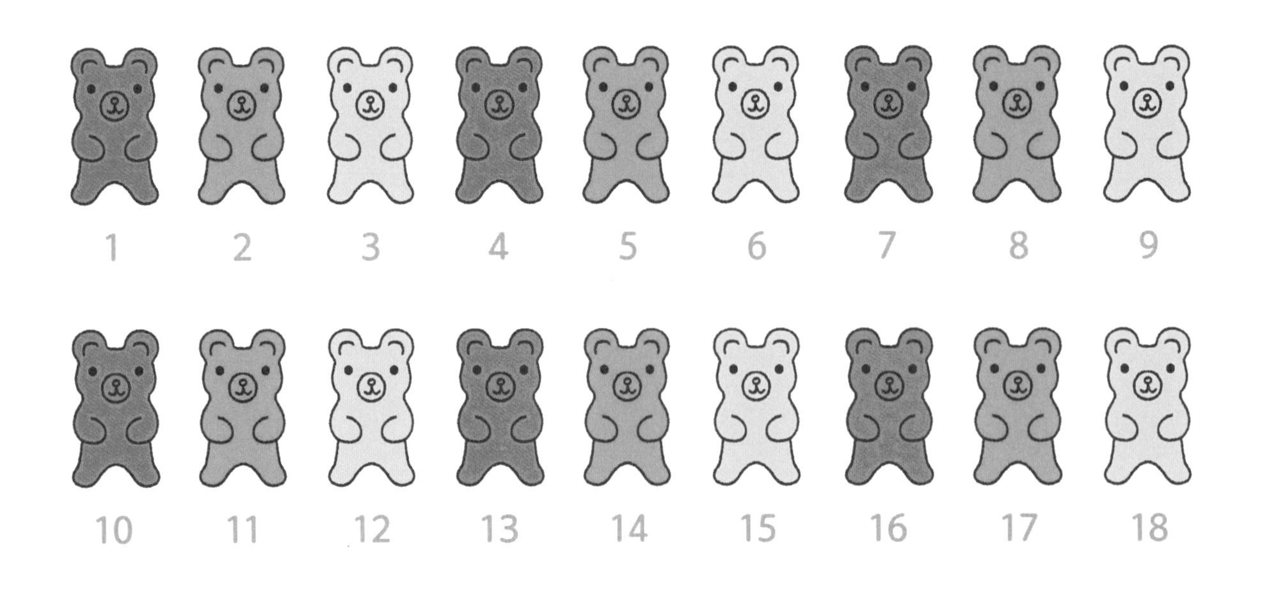

하나씩 세면 젤리는 모두 [ ] 개예요.

✎ 젤리가 모두 몇 개인지 2씩 뛰어 세며 빈칸에 알맞은 수를 써넣으세요.

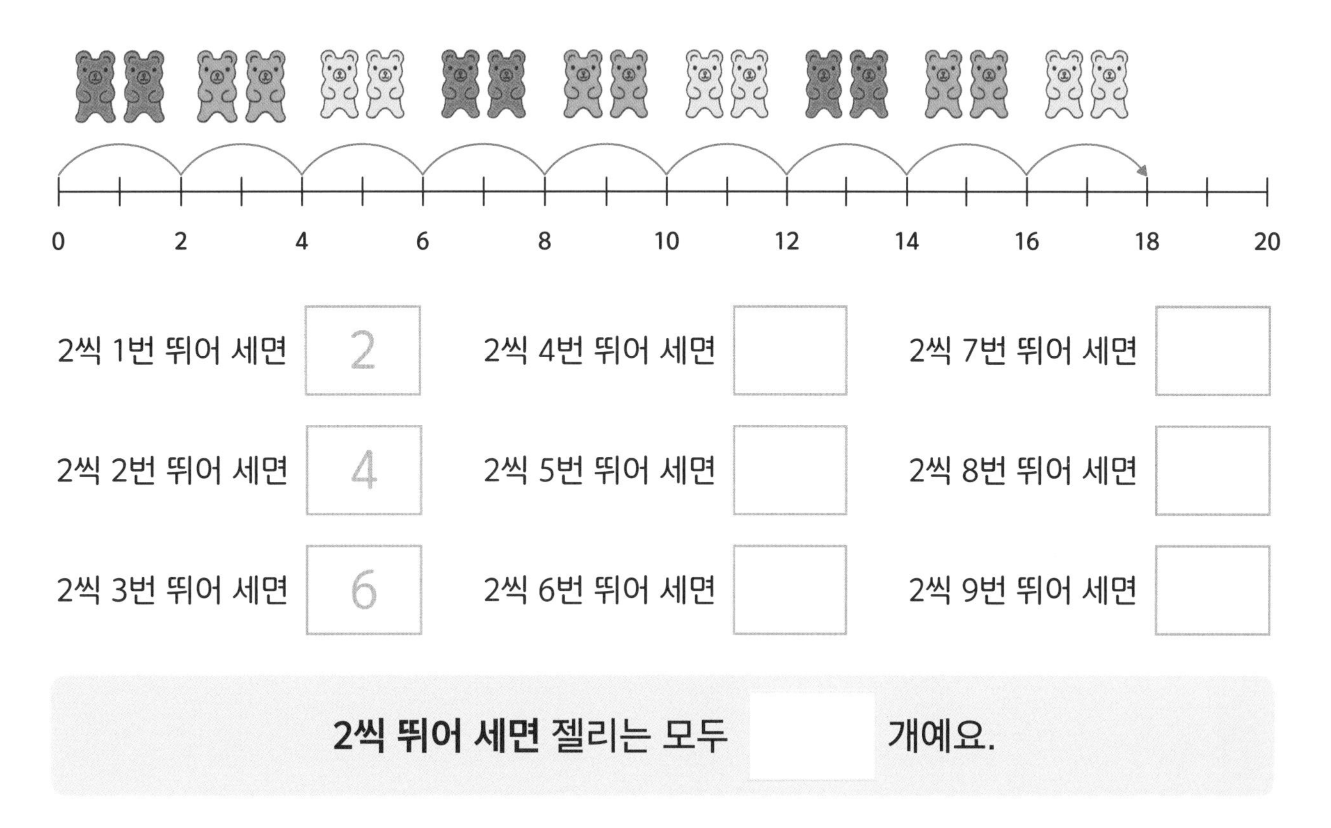

0 2 4 6 8 10 12 14 16 18 20
2씩 1번 뛰어 세면 2
2씩 4번 뛰어 세면
2씩 7번 뛰어 세면
2씩 2번 뛰어 세면 4
2씩 5번 뛰어 세면
2씩 8번 뛰어 세면
2씩 3번 뛰어 세면 6
2씩 6번 뛰어 세면
2씩 9번 뛰어 세면
2씩 뛰어 세면 젤리는 모두 개예요.

✎ 젤리가 모두 몇 개인지 2씩 묶어 세며 빈칸에 알맞은 수를 써넣으세요.

2씩 1묶음은 2	2씩 4묶음은 □	2씩 7묶음은 □
2씩 2묶음은 4	2씩 5묶음은 □	2씩 8묶음은 □
2씩 3묶음은 6	2씩 6묶음은 □	2씩 9묶음은 □

2씩 묶어 세면 젤리는 모두 □ 개예요.

정답 2쪽

뛰어 세기

✎ 뛰어 세며 빈칸에 알맞은 수를 써넣으세요.

1

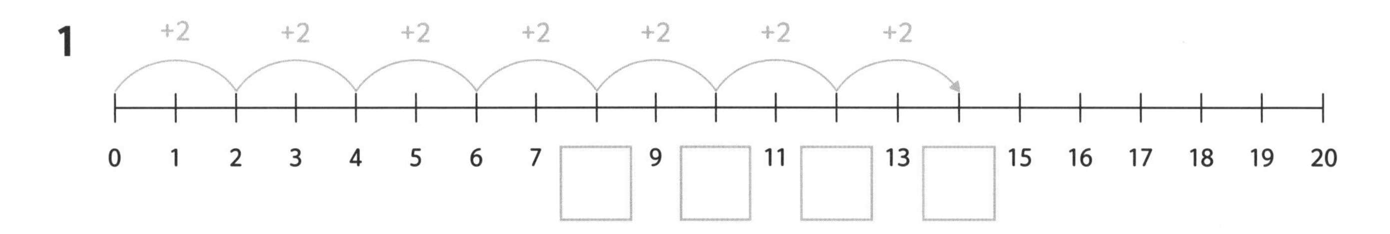

2씩 7번 뛰어 세면 ☐ 입니다.

2

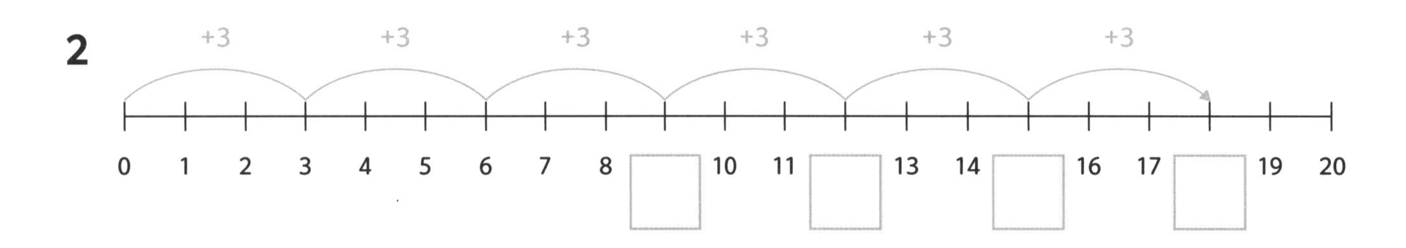

3씩 6번 뛰어 세면 ☐ 입니다.

3

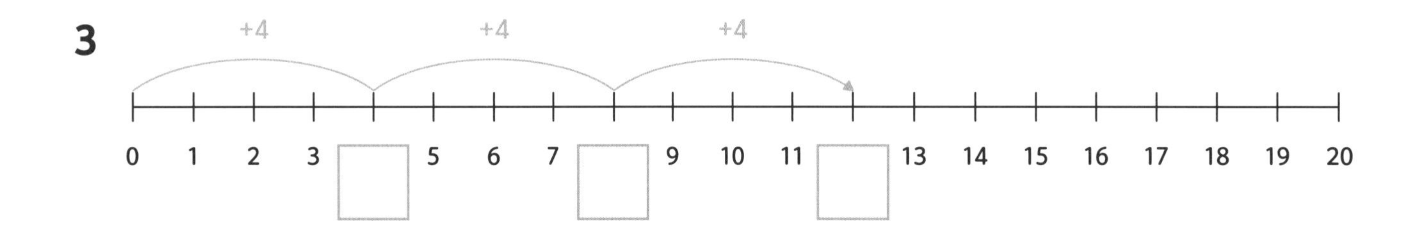

4씩 3번 뛰어 세면 ☐ 입니다.

4

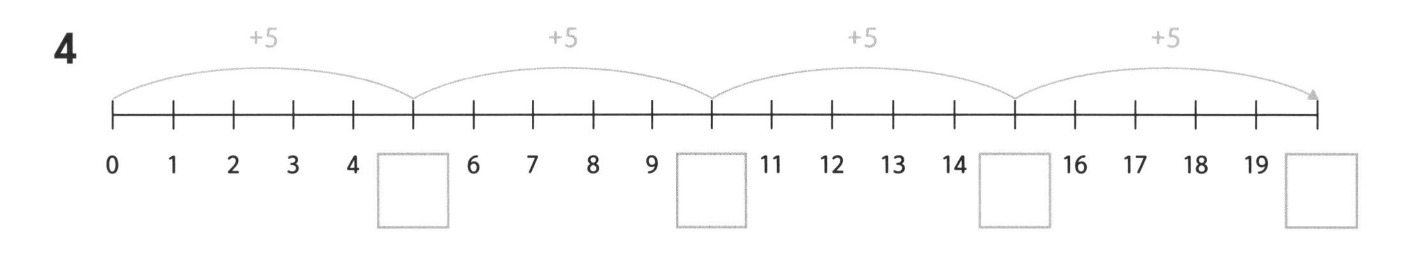

5씩 4번 뛰어 세면 ☐ 입니다.

✎ 그림을 보고 뛰어 센 수에 ○표 한 다음 빈칸에 알맞은 수를 써넣으세요.

1

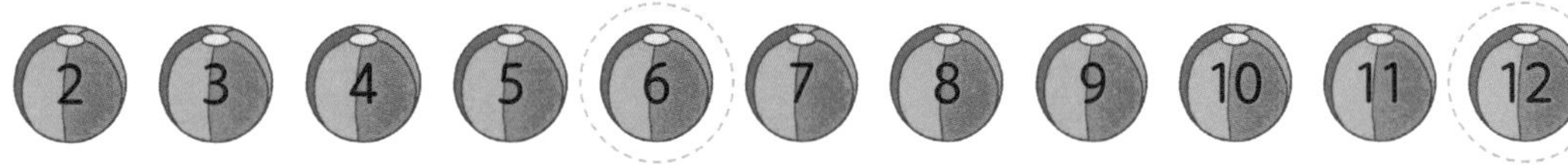
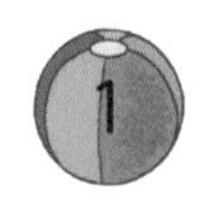
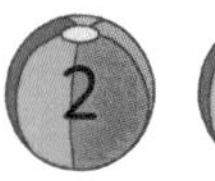
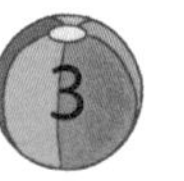

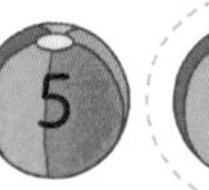
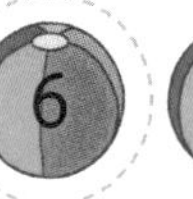
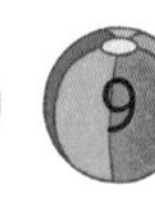

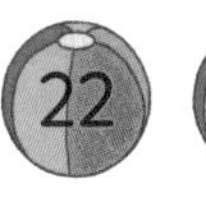

6씩 뛰어 세면 6,  12, ☐, ☐ 입니다. 모두  개입니다.

2

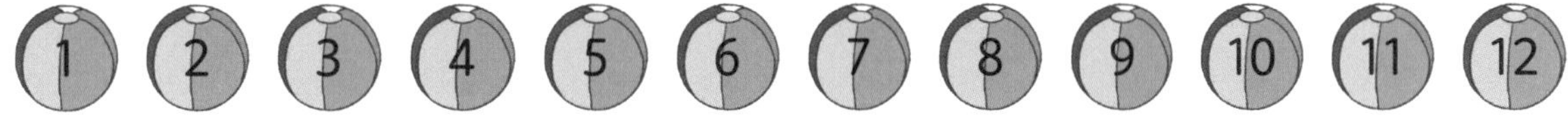

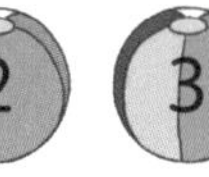

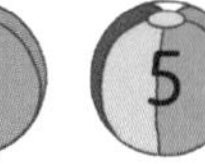
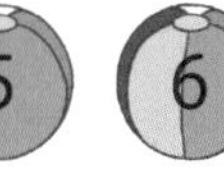

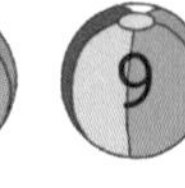

7씩 뛰어 세면 7,  ☐, ☐ 입니다. 모두  ☐ 개입니다.

3

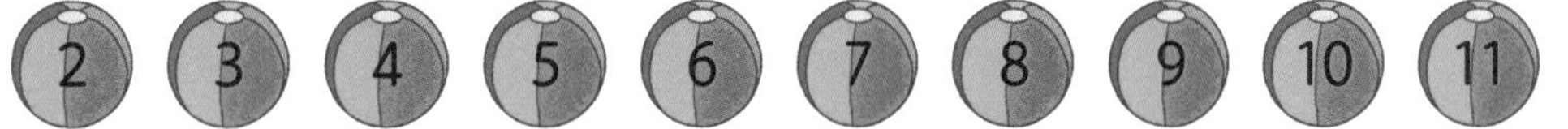

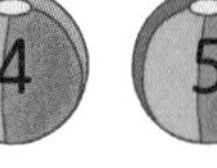

8씩 뛰어 세면  ☐,  ☐, ☐ 입니다. 모두  ☐ 개입니다.

4

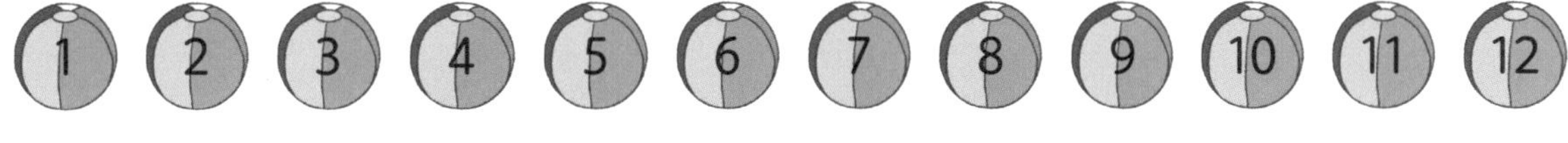
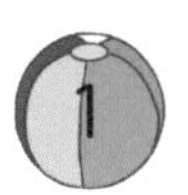

9씩 뛰어 세면  ☐, ☐ 입니다. 모두  ☐ 개입니다.

묶어 세기

✎ 묶어 세며 빈칸에 알맞은 수를 써넣으세요.

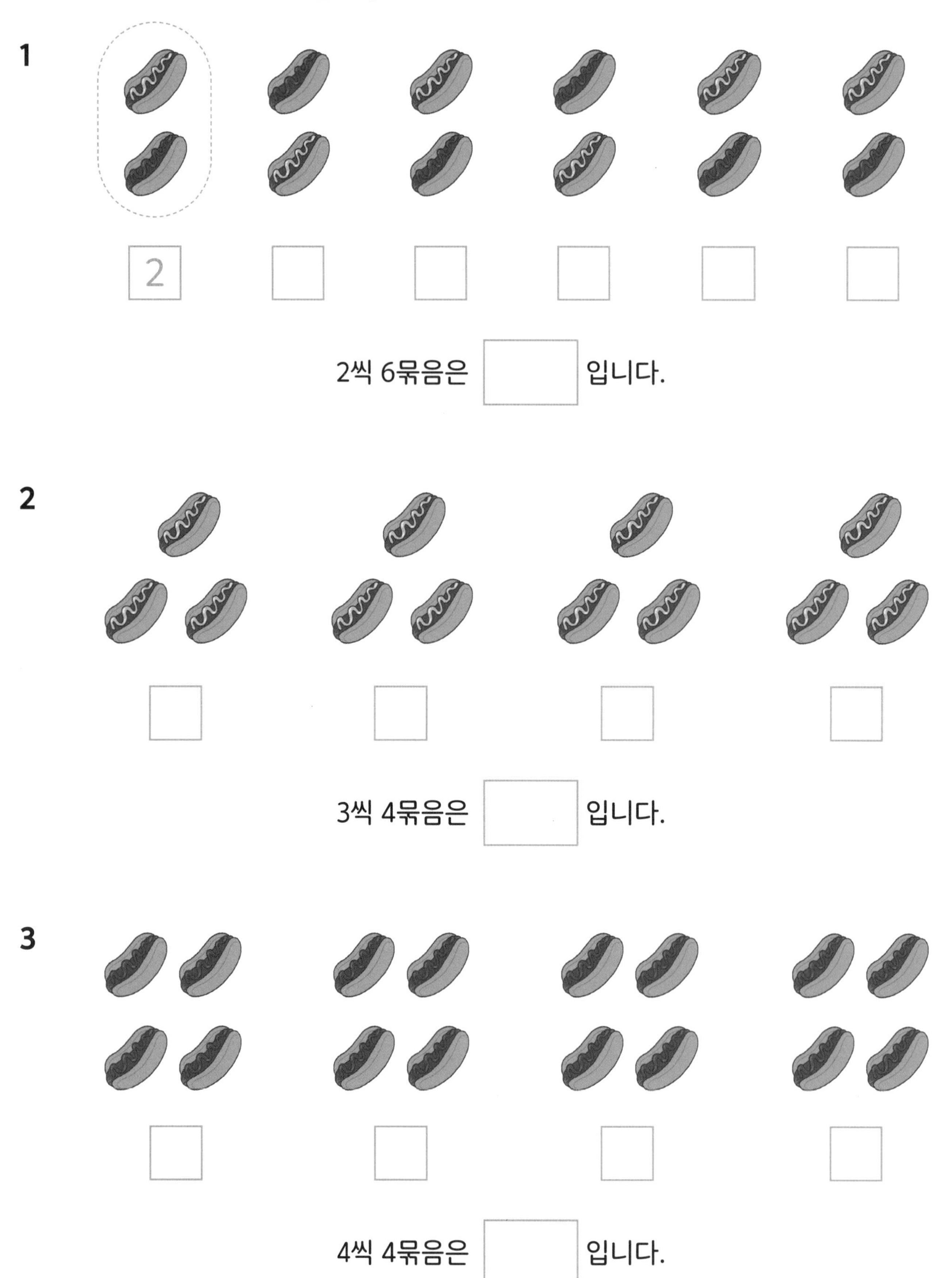

1
2
2씩 6묶음은 입니다.
2
3씩 4묶음은 입니다.
3
4씩 4묶음은 입니다.

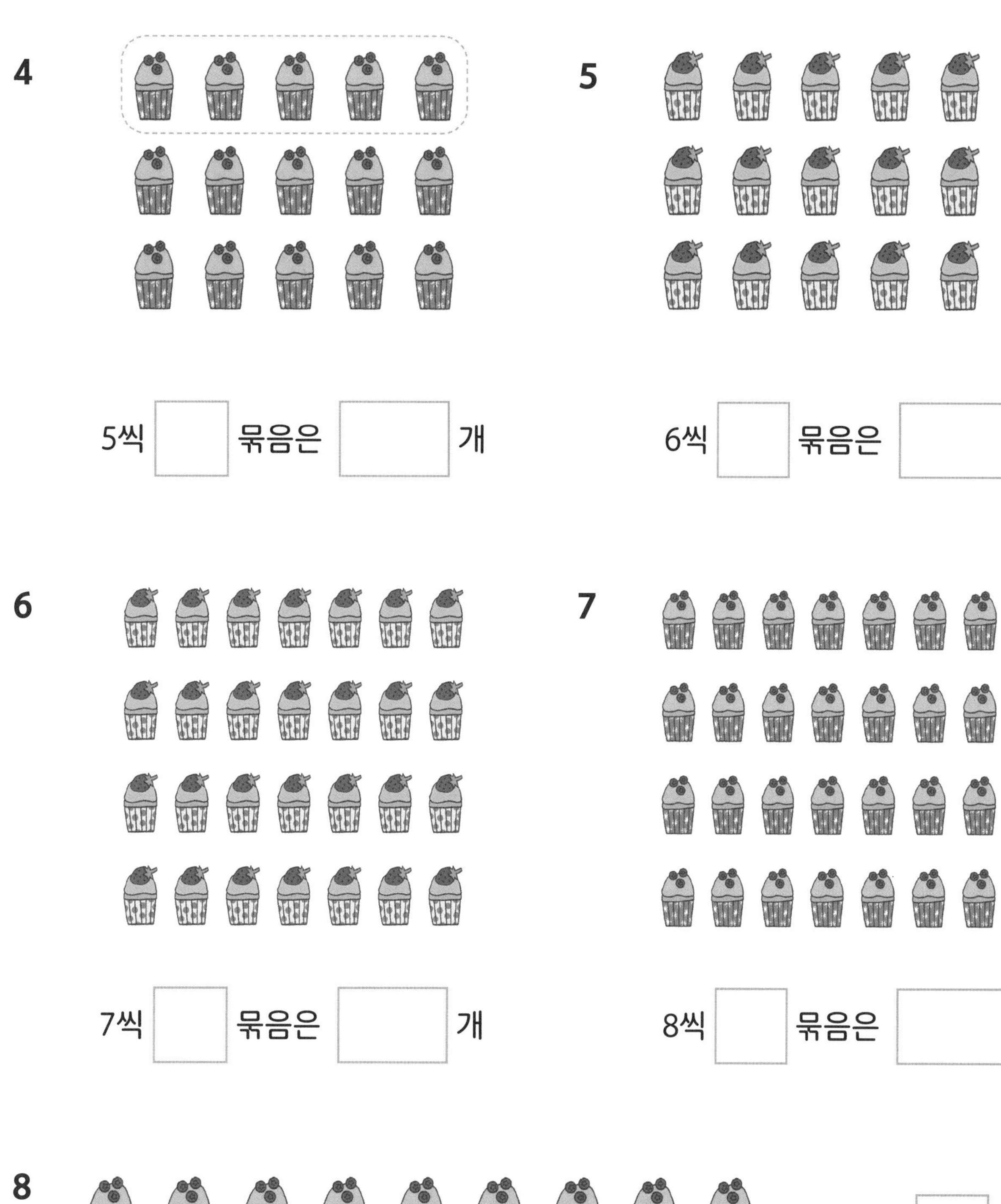

4

5씩 ☐ 묶음은 ☐ 개

5

6씩 ☐ 묶음은 ☐ 개

6

7씩 ☐ 묶음은 ☐ 개

7

8씩 ☐ 묶음은 ☐ 개

8

3씩 ☐ 묶음

9씩 ☐ 묶음

모두 ☐ 개

정답 3쪽

몇의 몇 배 알기

✎ 몇의 몇 배를 알아보며 빈칸에 알맞은 수를 써넣으세요.

1

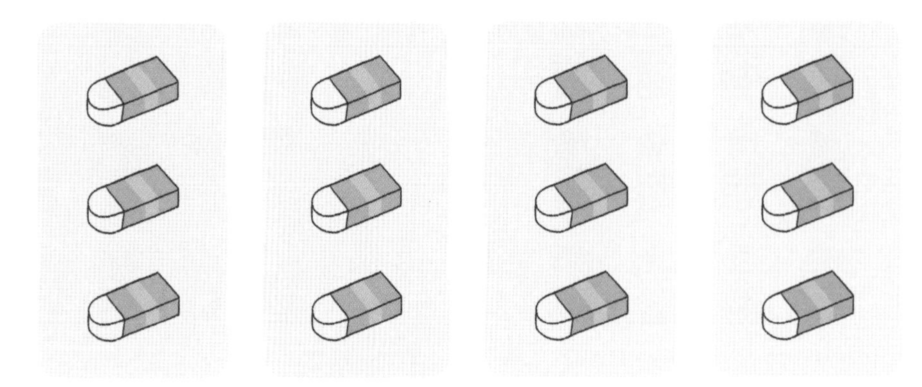

3씩 4묶음은 3의 ☐ 배예요.

3의 4배는 3 + 3 + 3 + 3 = ☐ 로 3을 4번 더한 값과 같아요.

2

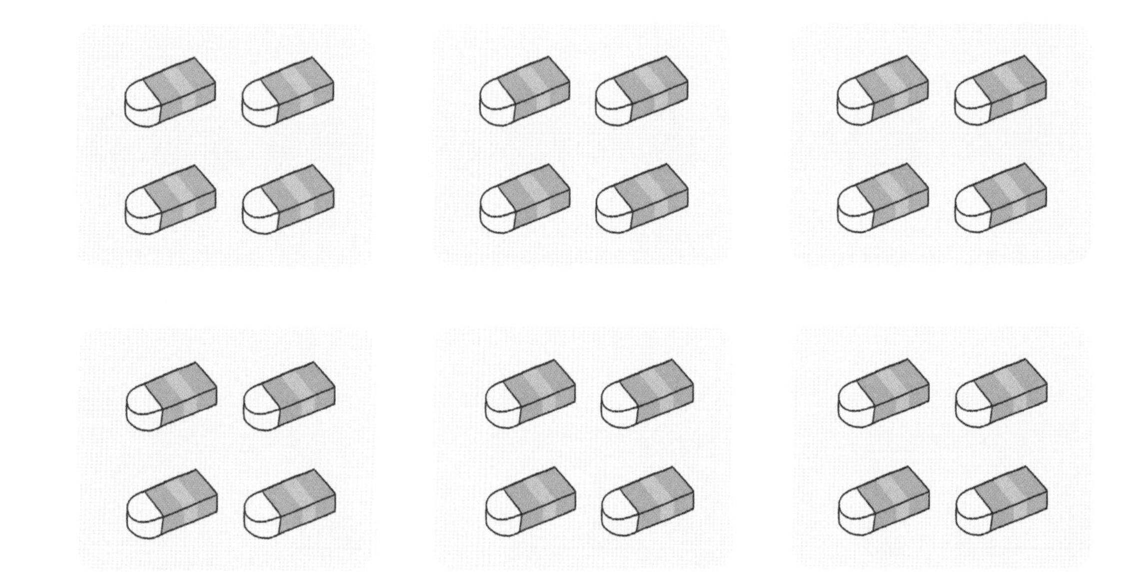

4씩 6묶음은 4의 ☐ 배예요.

4의 6배는 4 + 4 + 4 + 4 + 4 + 4 = ☐ 로 4를 6번 더한 값과 같아요.

3

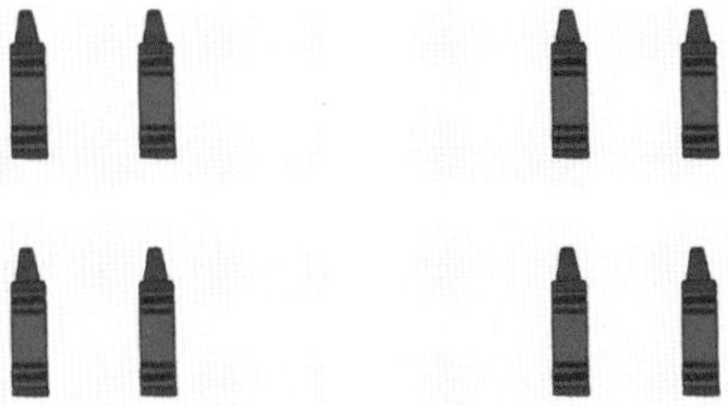

2씩 ☐ 묶음은 2의 ☐ 배예요.

2의 ☐ 배는 ☐ 이에요.

4

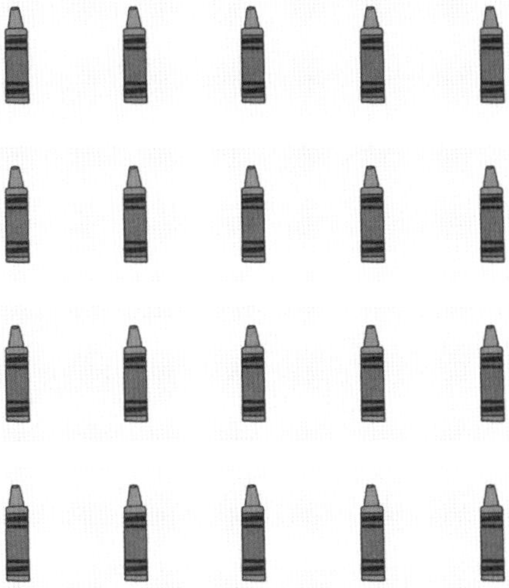

5씩 ☐ 묶음 ▶ 5의 ☐ 배

5

6씩 ☐ 묶음 ▶ 6의 ☐ 배

6

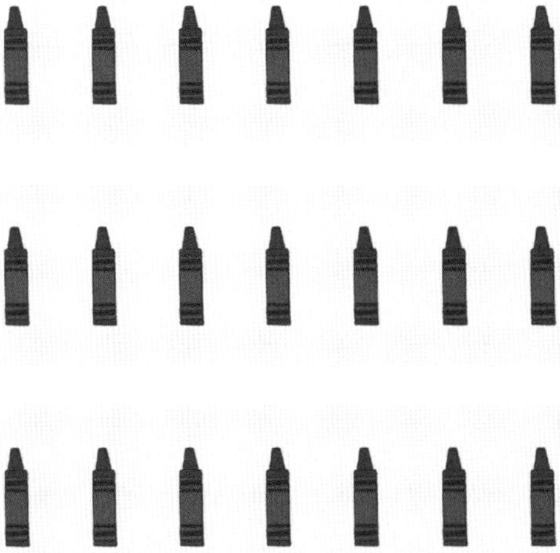

7씩 ☐ 묶음 ▶ 7의 ☐ 배

7

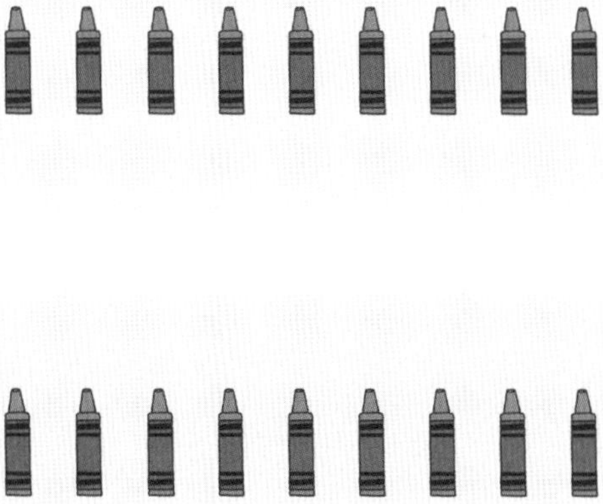

9씩 ☐ 묶음 ▶ 9의 ☐ 배

정답 3쪽

곱셈식으로 나타내기

✎ 그림을 곱셈식으로 나타내 보세요.

1

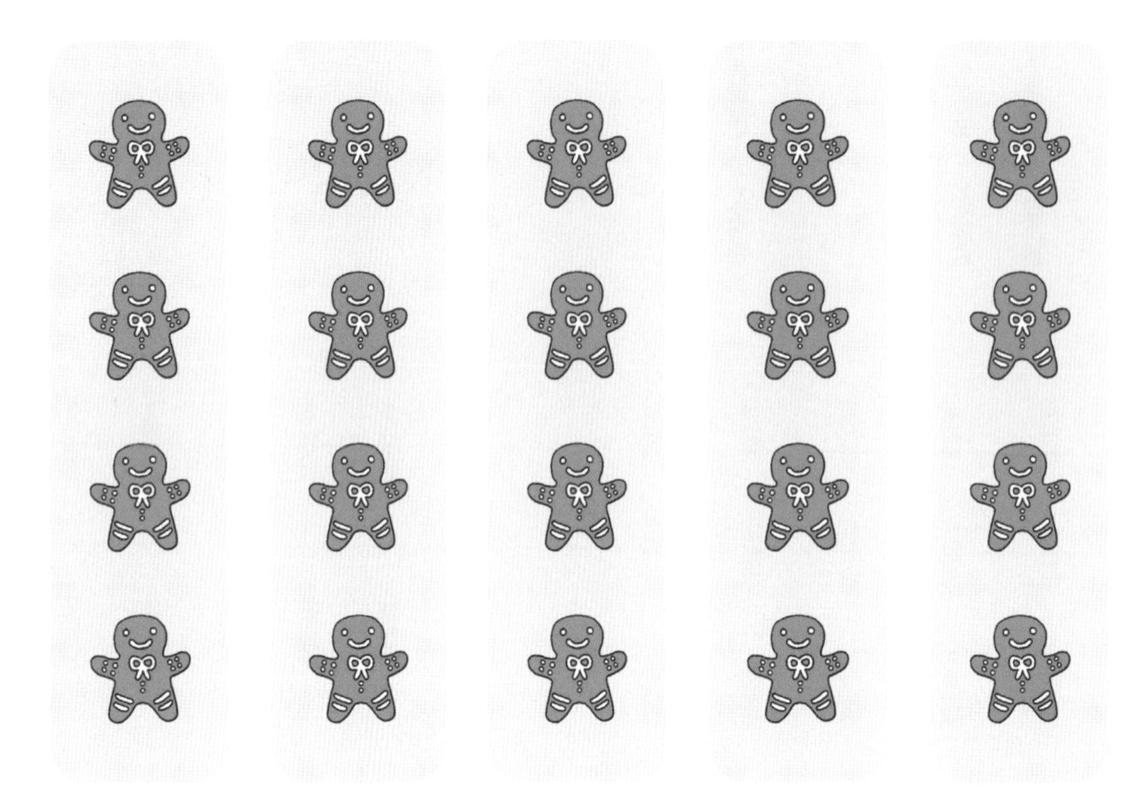

4씩 5묶음 ▸ ☐ 의 ☐ 배

덧셈식 $4 + 4 + 4 + 4 + 4 =$ ☐

곱셈식 $4 \times 5 =$ ☐

$4 + 4 + 4 + 4 + 4$는 4×5와 같습니다.

$4 \times 5 = 20$은 4 곱하기 5는 20과 같습니다라고 읽어요.

2

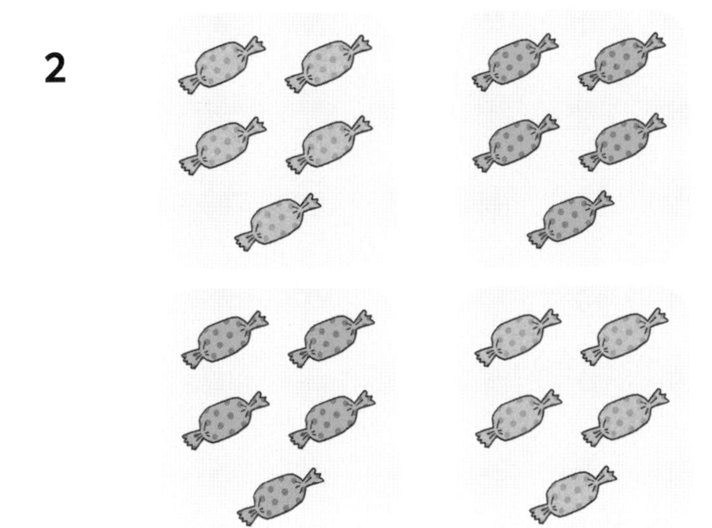

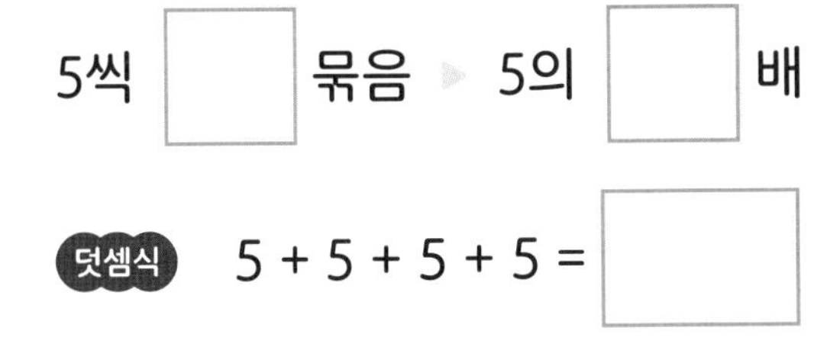

5씩 □ 묶음 ▸ 5의 □ 배

덧셈식 5 + 5 + 5 + 5 = □

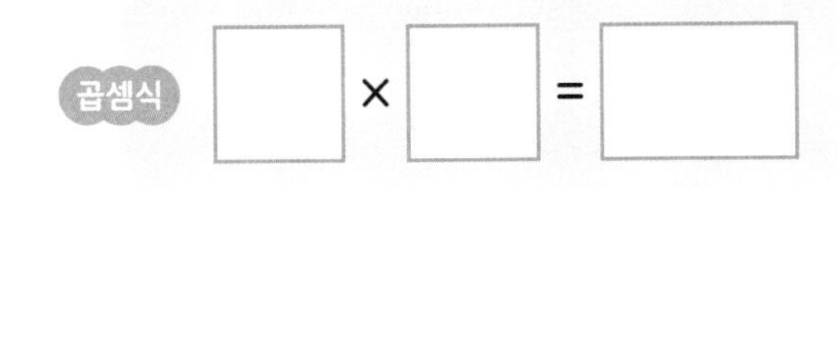

곱셈식 □ × □ = □

3

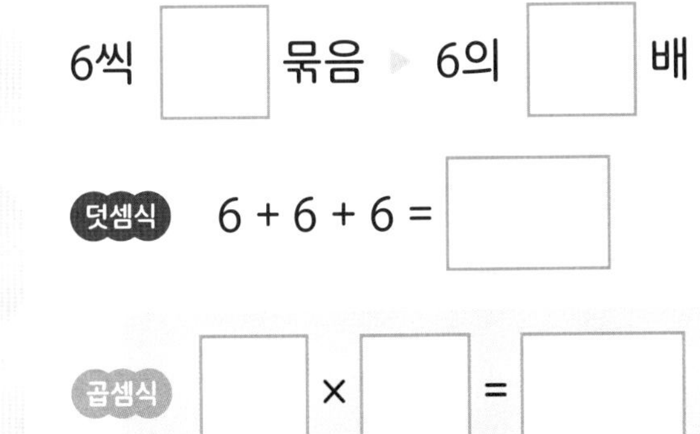

6씩 □ 묶음 ▸ 6의 □ 배

덧셈식 6 + 6 + 6 = □

곱셈식 □ × □ = □

4

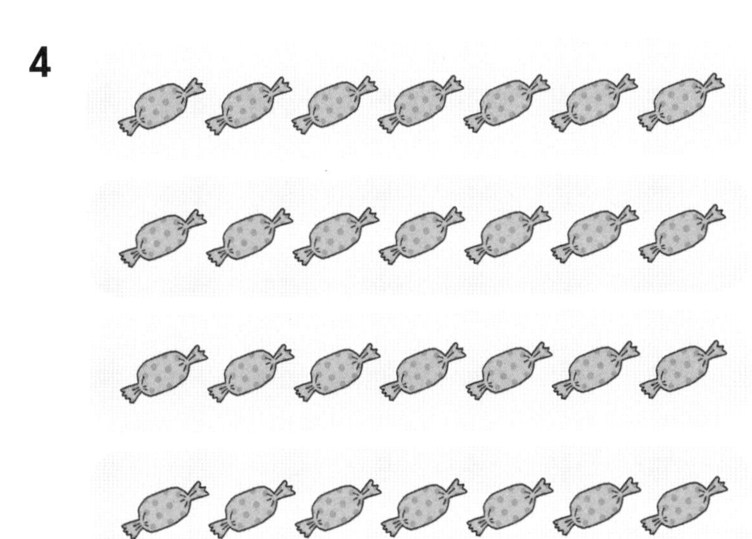

7씩 □ 묶음 ▸ 7의 □ 배

덧셈식 7 + 7 + 7 + 7 = □

곱셈식 □ × □ = □

정답 4쪽

곱셈 개념 정리하기

✎ 뛰어 세기를 곱셈식으로 나타내 보세요.

1

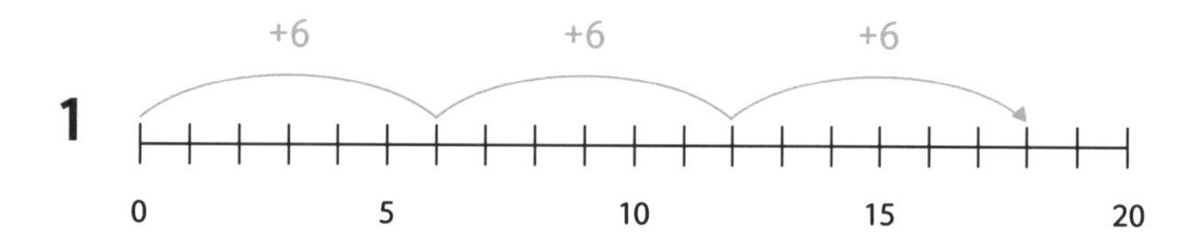

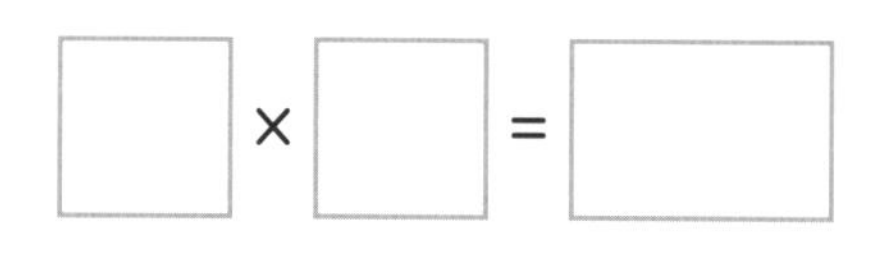

2

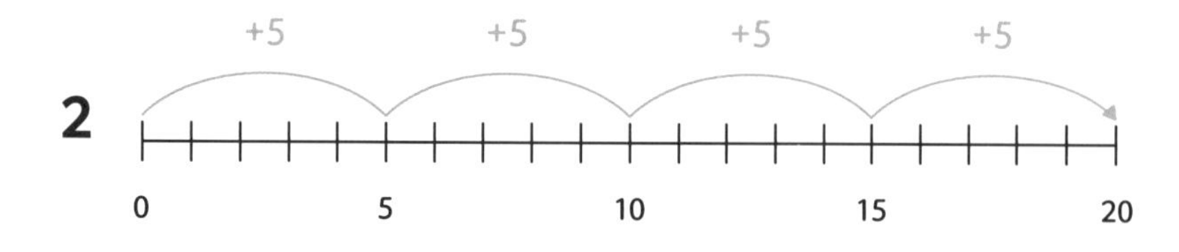

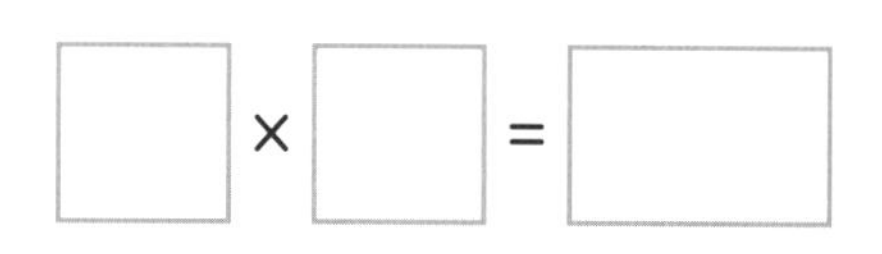

3

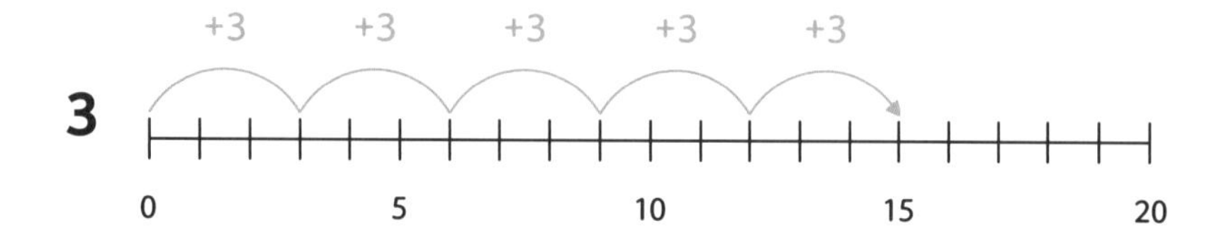

□ × □ = □

✎ 묶어 세기를 곱셈식으로 나타내 보세요.

1

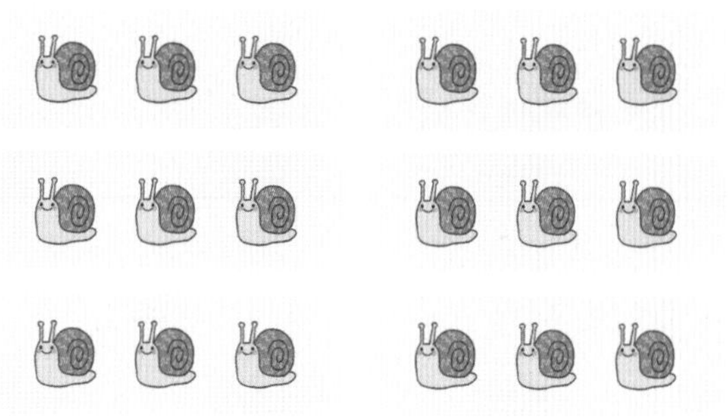

□ × □ = □

2

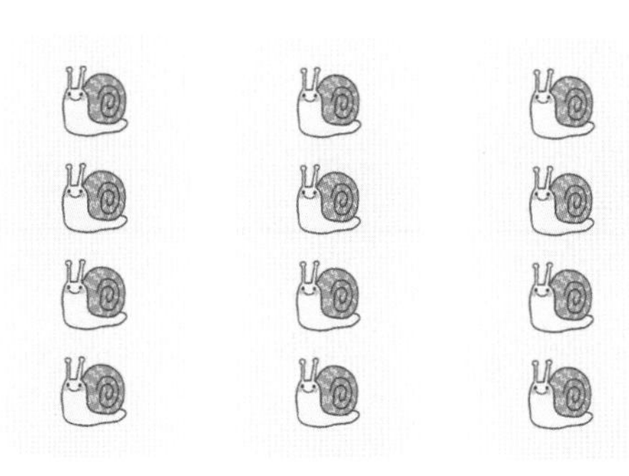

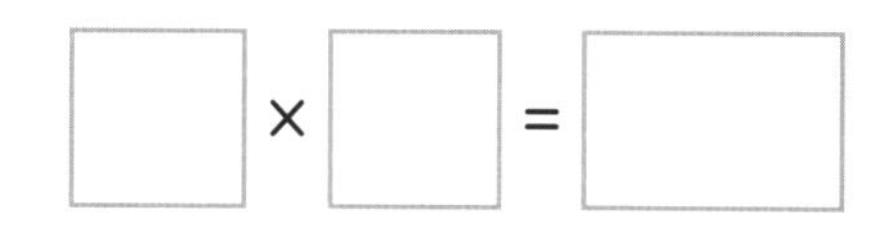

3

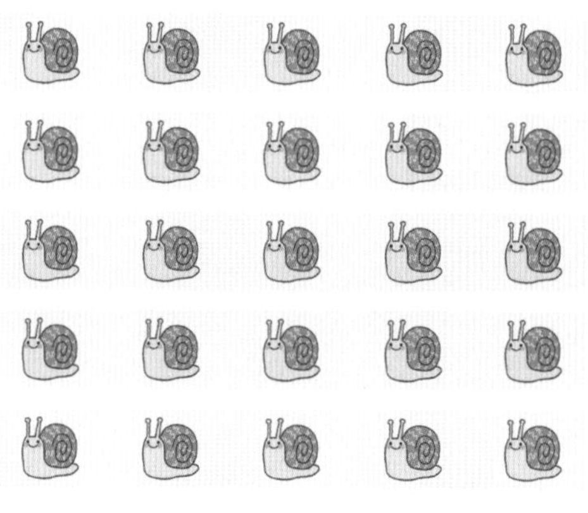

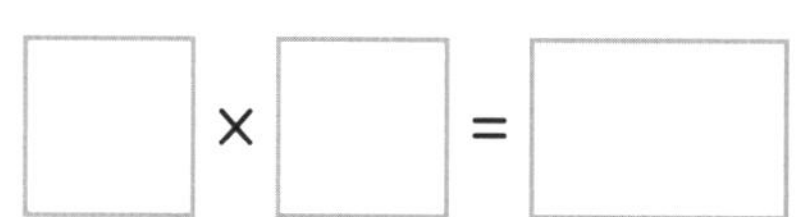

4

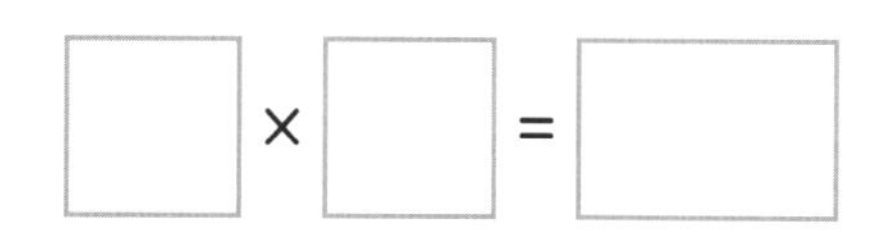

✎ 빈칸에 알맞은 수를 쓰고 같은 것끼리 이어 보세요.

1 $5+5+5+5+5+5=$ ☐ • • $3\times3=$ ☐

2 $8\times3=$ ☐ • • 5씩 6묶음은 ☐

3 2의 6배는 ☐ • • $8+8+8=$ ☐

4 $3+3+3=$ ☐ • • $2+2+2+2+2+2=$ ☐

✎ 지렁이는 모두 몇 마리인지 여러 가지 곱셈식으로 나타내 보세요.

1

3씩 묶으면 ☐ × ☐ = ☐

4씩 묶으면 ☐ × ☐ = ☐

6씩 묶으면 ☐ × ☐ = ☐

2

2씩 묶으면 ☐ × ☐ = ☐

3씩 묶으면 ☐ × ☐ = ☐

4씩 묶으면 ☐ × ☐ = ☐

6씩 묶으면 ☐ × ☐ = ☐

연습! 구구단

1단계 같은 수 더하기
▼
2단계 곱셈식 익히기
▼
3단계 구구단 규칙 알기
▼
4단계 구구단 읽고 쓰기
▼
5단계 연습하기
▼
6단계 응용 문제 풀기

2단부터 9단까지 6단계 학습을 따라가며 자연스럽게 구구단을 익혀요.

처음 보는 문제도 빠르게 풀 수 있을 만큼 저절로 구구단이 외워져요.

4일	2단	1단계 같은 수 더하기	2단계 곱셈식 익히기
5일		3단계 구구단 규칙 알기	4단계 구구단 읽고 쓰기
6일		5단계 연습하기	6단계 응용 문제 풀기
7일	5단	1단계 같은 수 더하기	2단계 곱셈식 익히기
8일		3단계 구구단 규칙 알기	4단계 구구단 읽고 쓰기
9일		5단계 연습하기	6단계 응용 문제 풀기
	2단 × 5단 섞어 복습		
10일	3단	1단계 같은 수 더하기	2단계 곱셈식 익히기
11일		3단계 구구단 규칙 알기	4단계 구구단 읽고 쓰기
12일		5단계 연습하기	6단계 응용 문제 풀기
13일	6단	1단계 같은 수 더하기	2단계 곱셈식 익히기
14일		3단계 구구단 규칙 알기	4단계 구구단 읽고 쓰기
15일		5단계 연습하기	6단계 응용 문제 풀기
	3단 × 6단 섞어 복습		
16일	4단	1단계 같은 수 더하기	2단계 곱셈식 익히기
17일		3단계 구구단 규칙 알기	4단계 구구단 읽고 쓰기
18일		5단계 연습하기	6단계 응용 문제 풀기
19일	8단	1단계 같은 수 더하기	2단계 곱셈식 익히기
20일		3단계 구구단 규칙 알기	4단계 구구단 읽고 쓰기
21일		5단계 연습하기	6단계 응용 문제 풀기
	4단 × 8단 섞어 복습		
22일	7단	1단계 같은 수 더하기	2단계 곱셈식 익히기
23일		3단계 구구단 규칙 알기	4단계 구구단 읽고 쓰기
24일		5단계 연습하기	6단계 응용 문제 풀기
25일	9단	1단계 같은 수 더하기	2단계 곱셈식 익히기
26일		3단계 구구단 규칙 알기	4단계 구구단 읽고 쓰기
27일		5단계 연습하기	6단계 응용 문제 풀기
	7단 × 9단 섞어 복습		
28일	1단 10단 0단	구구단 규칙 알기, 연습하기	
	곱셈표		

2단 1단계 같은 수 더하기

✎ 2씩 뛰어 세며 빈칸에 알맞은 수를 써넣으세요.

연습 문제

1

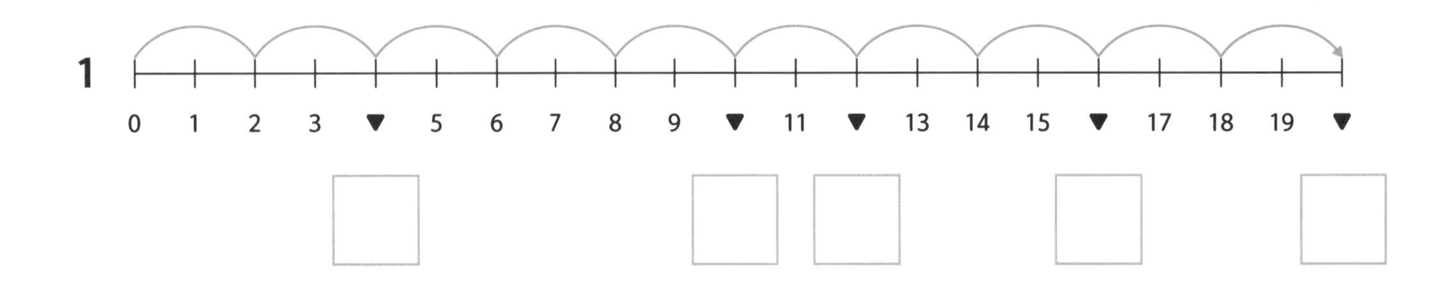

2

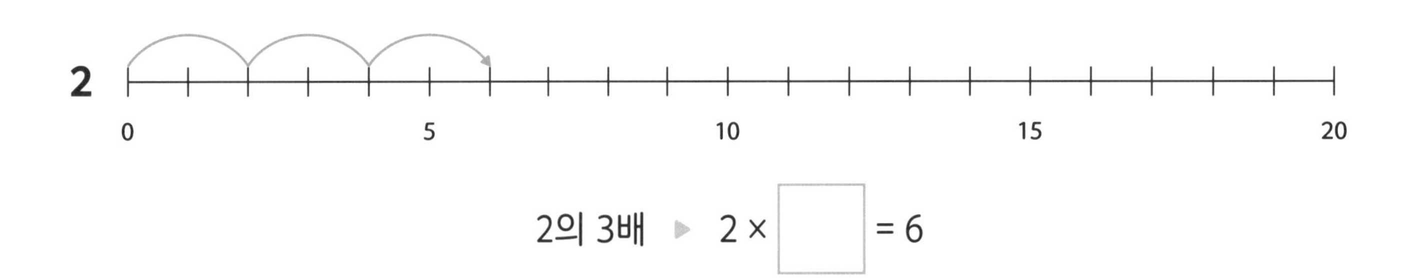

2의 3배 ▸ 2 × ☐ = 6

3

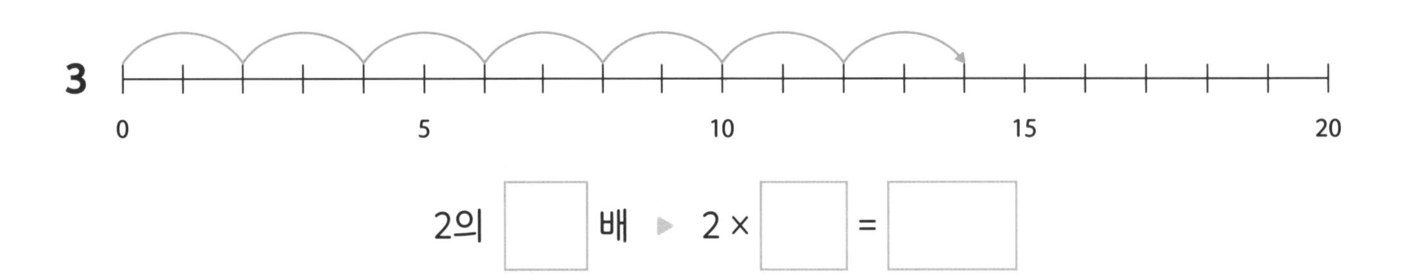

2의 ☐ 배 ▸ 2 × ☐ = ☐

4

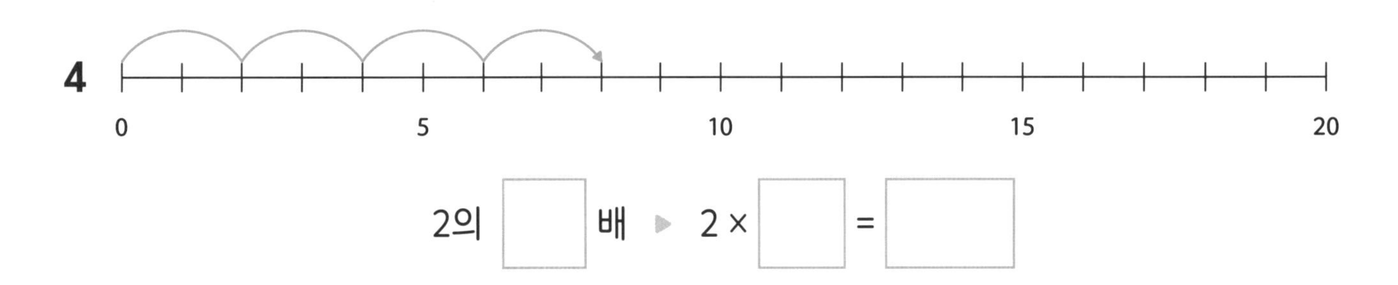

2의 ☐ 배 ▸ 2 × ☐ = ☐

✎ 2씩 묶어 세며 빈칸에 알맞은 수를 써넣으세요.

1

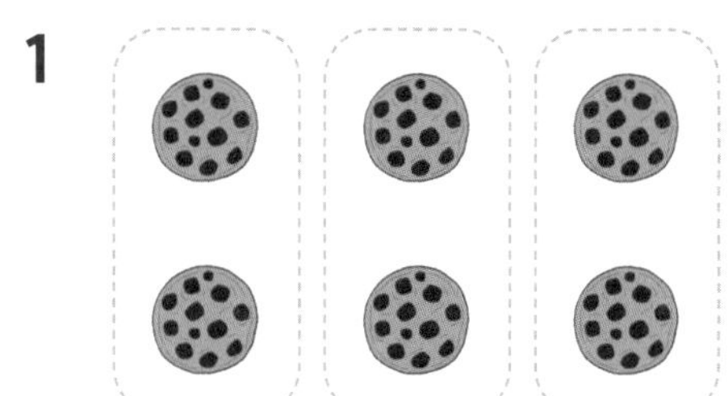

2씩 [3] 묶음 ▶ 2의 [3] 배

$2 + 2 + 2 =$ [6]

$2 \times$ [3] $=$ [6]

2

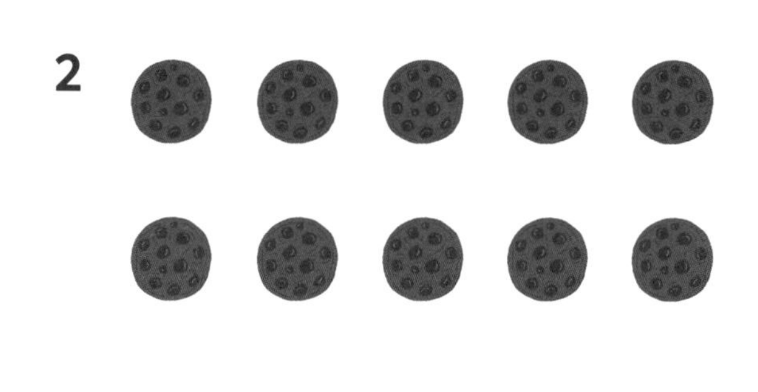

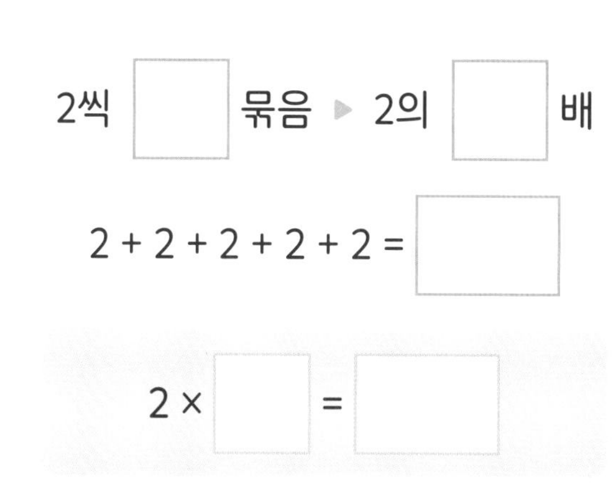

2씩 [ ] 묶음 ▶ 2의 [ ] 배

$2 + 2 + 2 + 2 + 2 =$ [ ]

$2 \times$ [ ] $=$ [ ]

3

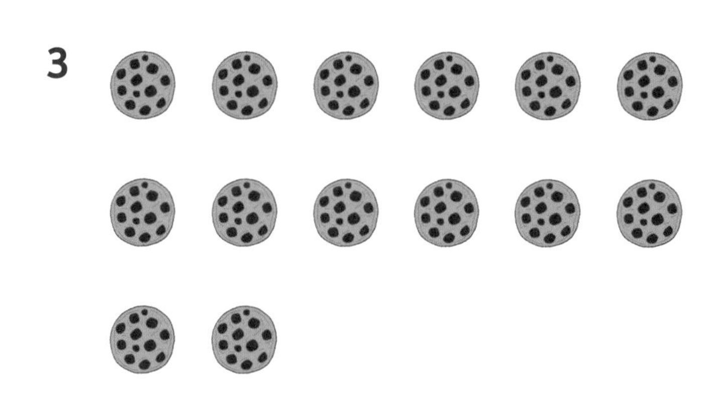

2의 [ ] 배

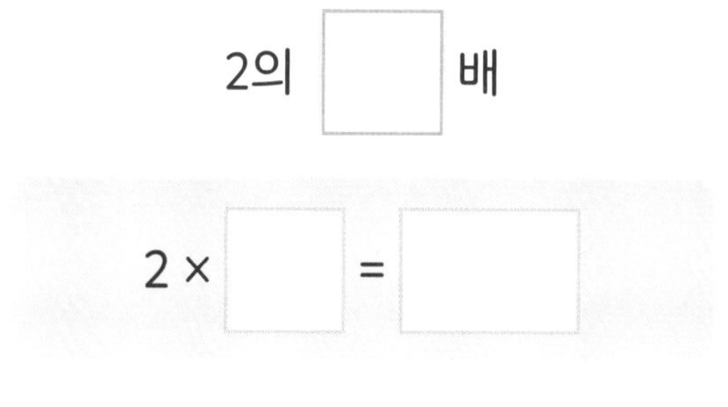

$2 \times$ [ ] $=$ [ ]

4

2의 [ ] 배

$2 \times$ [ ] $=$ [ ]

정답 5쪽

2단 2단계 곱셈식 익히기

✎ 보기를 보고 그림을 곱셈식으로 나타내 보세요.

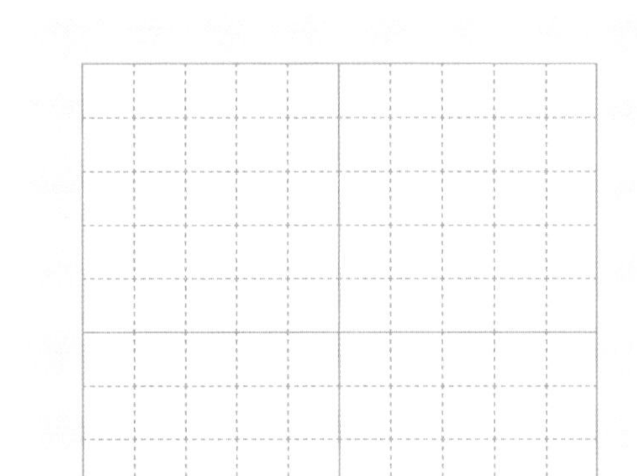

보기 $2 \times 1 = 2$

1

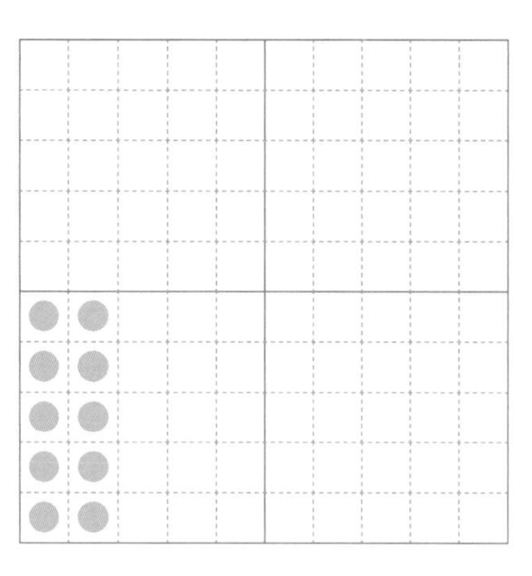

□ × □ = □

2

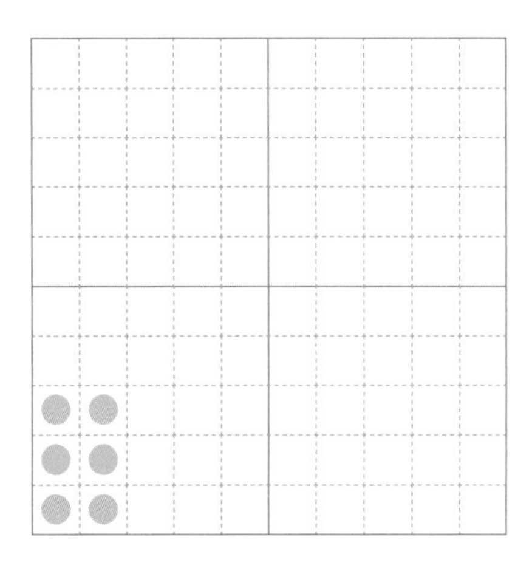

□ × □ = □

3

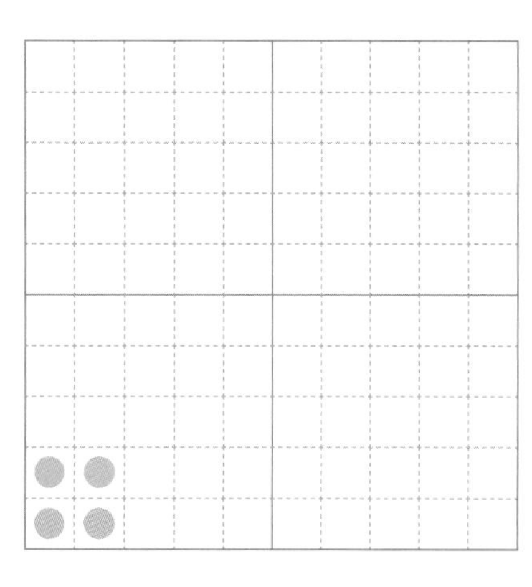

□ × □ = □

4

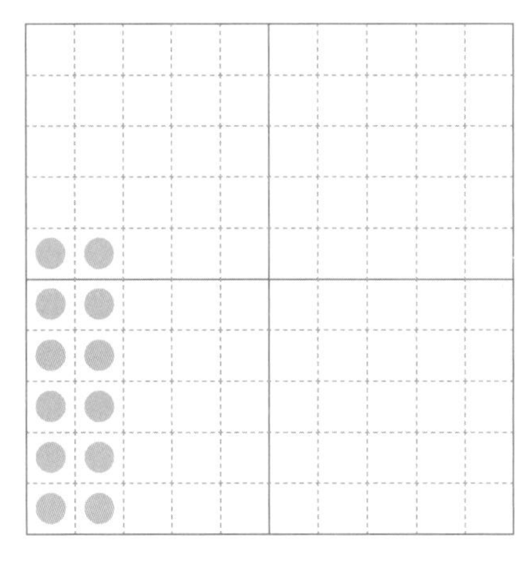

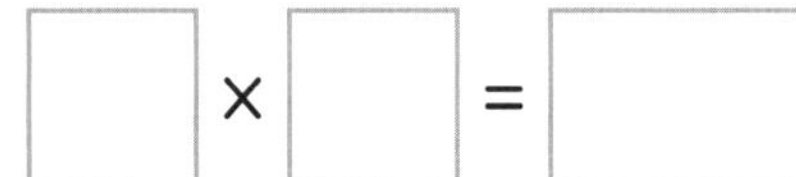

5

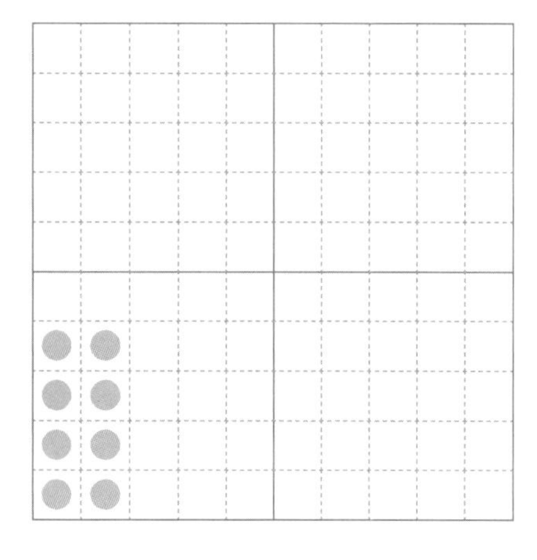

□ × □ = □

✎ 보기를 보고 곱셈식을 그림으로 나타내 보세요.

보기 $2 \times 3 = 6$

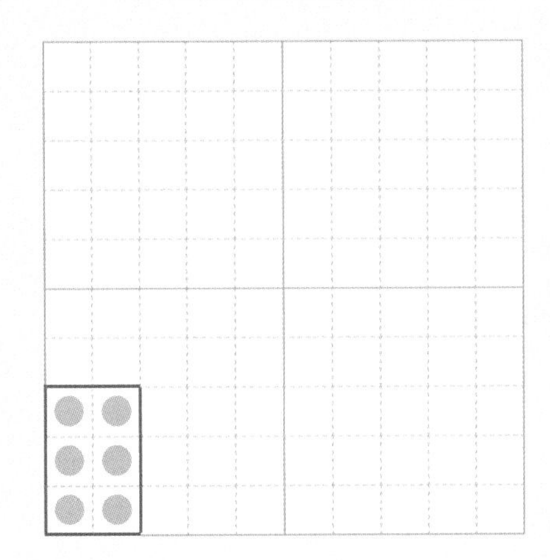

1 $2 \times 9 = 18$

2 $2 \times 7 = 14$

3 $2 \times 6 = 12$

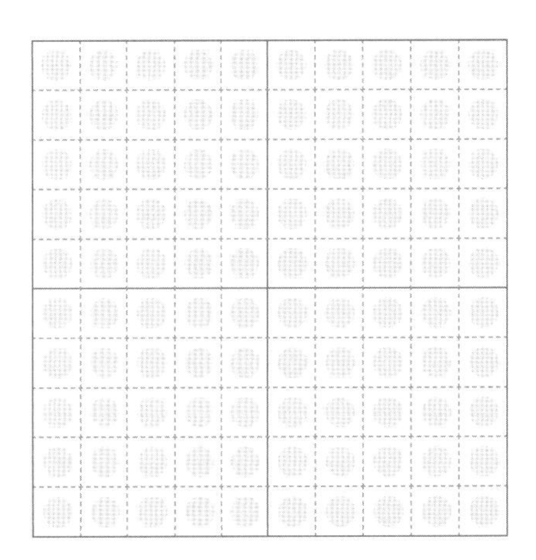

4 $2 \times 8 = 16$

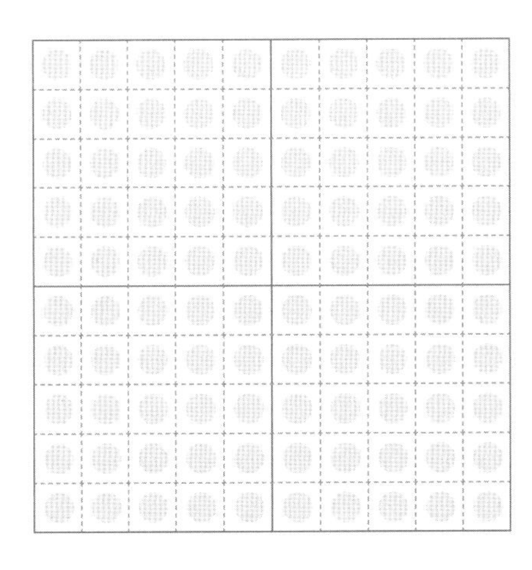

5 $2 \times 1 = 2$

정답 5쪽

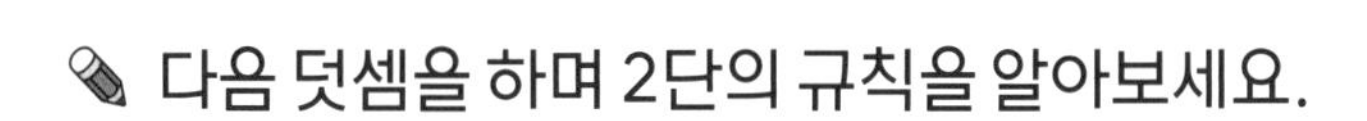

2단 3단계 구구단 규칙 알기

✎ 다음 덧셈을 하며 2단의 규칙을 알아보세요.

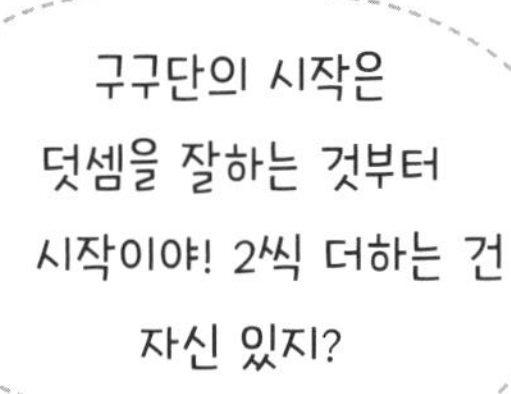

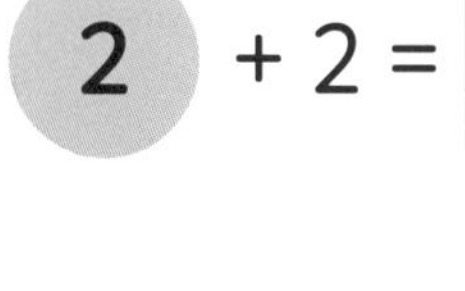

		2 + 2 =	4
2 + 2	→	4 + 2 =	
2 + 2 + 2	→	6 + 2 =	
2 + 2 + 2 + 2	→	8 + 2 =	
2 + 2 + 2 + 2 + 2	→	10 + 2 =	
2 + 2 + 2 + 2 + 2 + 2	→	12 + 2 =	
2 + 2 + 2 + 2 + 2 + 2 + 2	→	14 + 2 =	
2 + 2 + 2 + 2 + 2 + 2 + 2 + 2	→	16 + 2 =	
2 + 2 + 2 + 2 + 2 + 2 + 2 + 2 + 2	→	18 + 2 =	

(각 답 사이: +2)

✎ 양말의 개수를 보고 곱셈식을 완성하세요.

2

$2 \times 1 =$ 2

2 + 2 2를 **2번** 더하기!

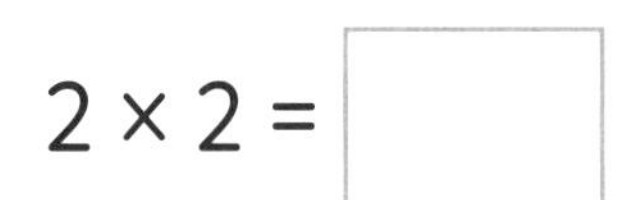

$2 \times 2 =$

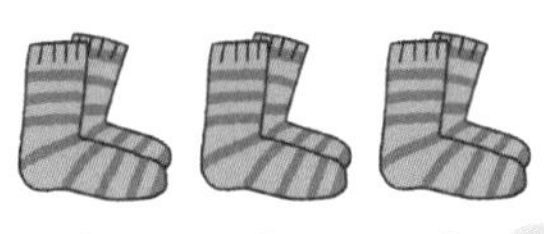

2 + 2 + 2 2를 **3번** 더하기!

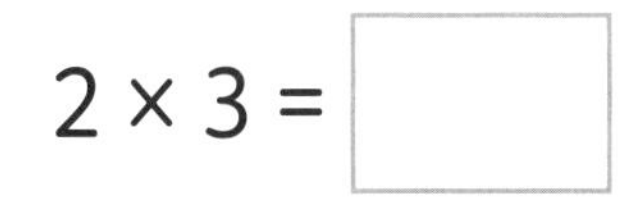

$2 \times 3 =$

2 + 2 + 2 + 2 2를 **4번** 더하기!

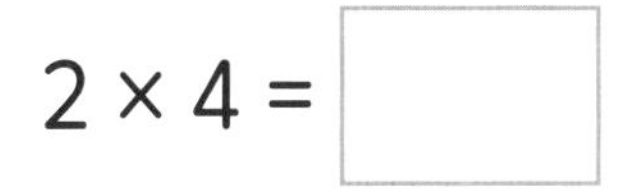

$2 \times 4 =$

2 + 2 + 2 + 2 + 2 2를 **5번** 더하기!

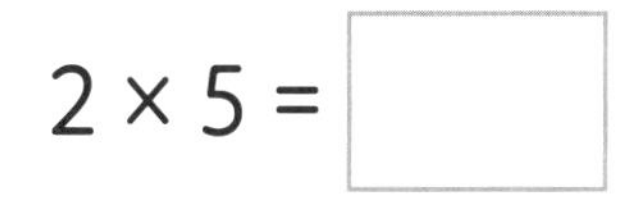

$2 \times 5 =$

2 + 2 + 2 + 2 + 2 + 2 2를 **6번** 더하기!

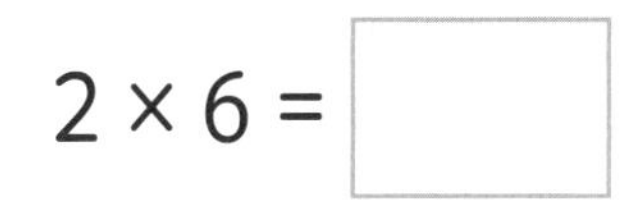

$2 \times 6 =$

2 + 2 + 2 + 2 + 2 + 2 + 2 2를 **7번** 더하기!

$2 \times 7 =$

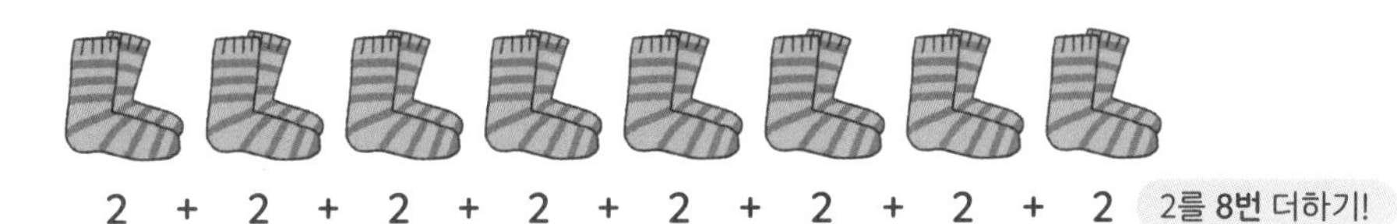

2 + 2 + 2 + 2 + 2 + 2 + 2 + 2 2를 **8번** 더하기!

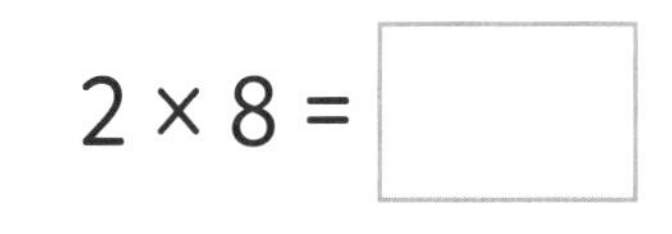

$2 \times 8 =$

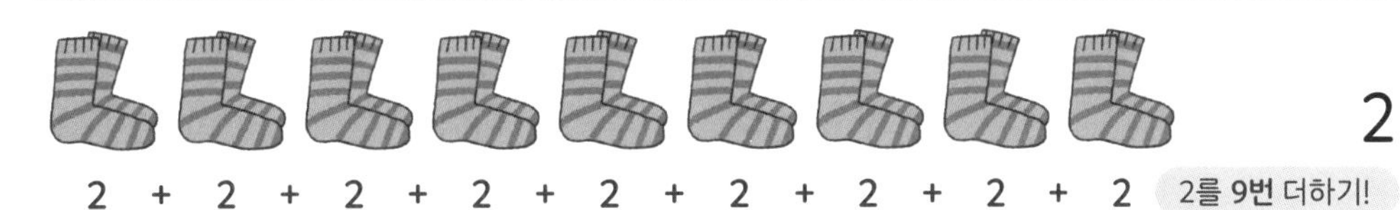

2 + 2 + 2 + 2 + 2 + 2 + 2 + 2 + 2 2를 **9번** 더하기!

$2 \times 9 =$

2단은 ☐ 씩 커져요.

정답 **6쪽**

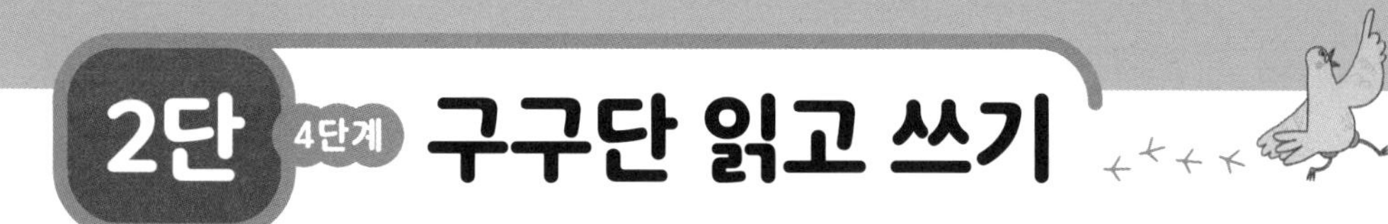

✎ 2단을 따라 쓰고 읽어 보세요.

구구단 쓰기	구구단 읽기
2 × 1 = 2	이 일은 이
2 × 2 = 4	이 이는 사
2 × 3 = 6	이 삼은 육
2 × 4 = 8	이 사 팔
2 × 5 = 10	이 오 십
2 × 6 = 12	이 육 십이
2 × 7 = 14	이 칠 십사
2 × 8 = 16	이 팔 십육
2 × 9 = 18	이 구 십팔

✎ 2단을 소리 내어 읽고 바르게 써 보세요.

이 일은 이 ➡ □ × □ = □
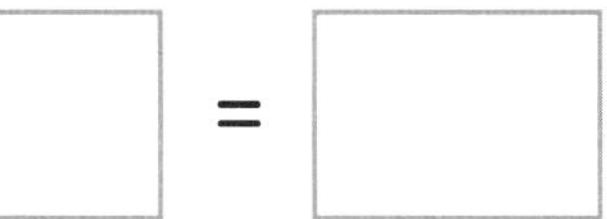

이 이는 사 ➡ □ × □ = □
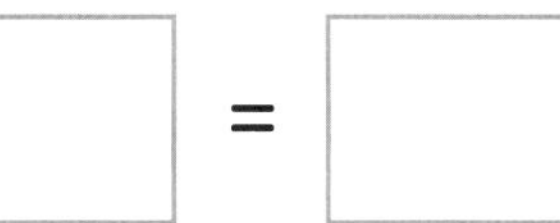

이 삼은 육 ➡ □ × □ = □

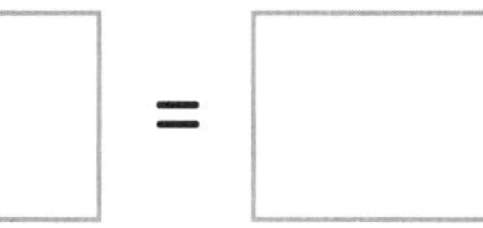

이 사 팔 ➡ □ × □ = □

이 오 십 ➡ □ × □ = □
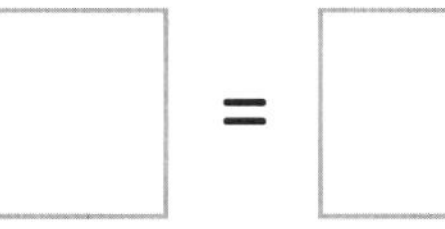

이 육 십이 ➡ □ × □ = □
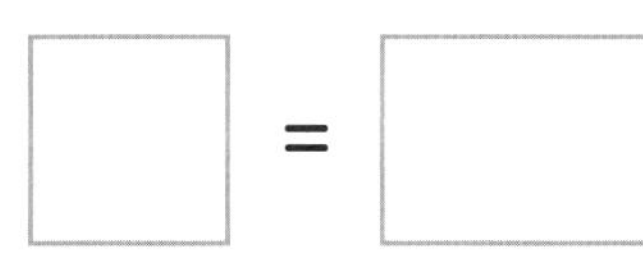

이 칠 십사 ➡ □ × □ = □
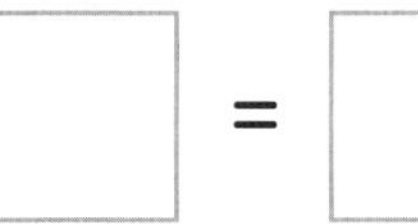

이 팔 십육 ➡ □ × □ = □

이 구 십팔 ➡ □ × □ = □

정답 6쪽

2단 5단계 연습하기

✎ 2단을 완성해 보세요.

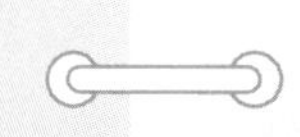

2 × 1 = □	2 × 4 = □
2 × 2 = □	2 × 3 = □
2 × 3 = □	2 × 6 = □
2 × 4 = □	2 × 2 = □
2 × 5 = □	2 × 8 = □
2 × 6 = □	2 × 1 = □
2 × 7 = □	2 × 7 = □
2 × 8 = □	2 × 9 = □
2 × 9 = □	2 × 5 = □

✎ 빈칸에 알맞은 수를 써넣으세요.

2 × □ = 8	2 × □ = 14	2 × □ = 12
2 × □ = 4	2 × □ = 10	2 × □ = 18
2 × □ = 2	2 × □ = 16	2 × □ = 6

✎ 빈칸에 알맞은 수를 써넣으세요.

1

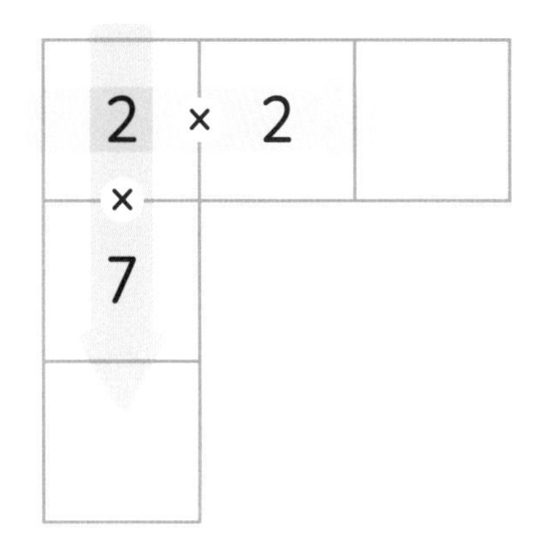

2

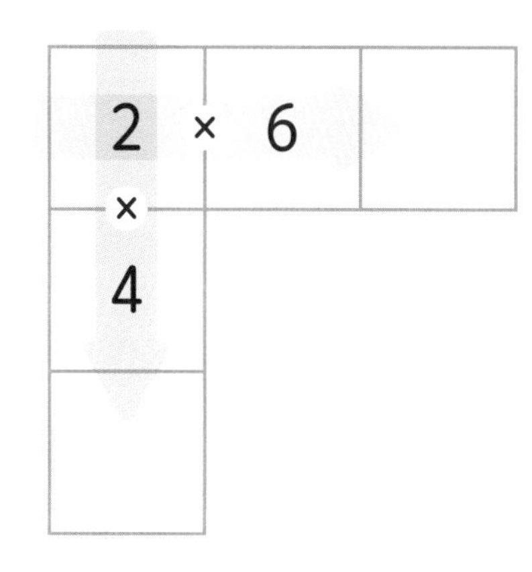

3

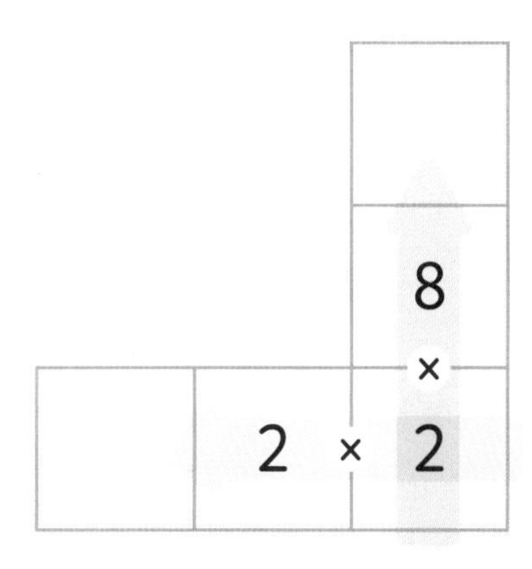

4

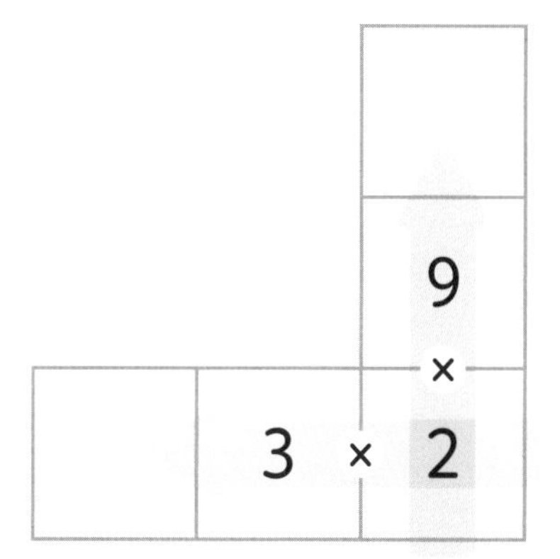

✎ 두 수의 곱으로 알맞은 것을 찾아 이어 보세요.

1	2 × 5 •	• 8
2	2 × 8 •	• 10
3	2 × 4 •	• 16
4	2 × 7 •	• 14

정답 7쪽

2단 6단계 응용 문제 풀기

✎ 2단 곱셈표를 완성하고 일의 자리 숫자를 써넣으세요.

×	1	2	3	4	5	6	7	8	9
2									
일의 자리 숫자									

✎ 2단의 일의 자리 숫자를 선으로 이으며 구구단을 소리 내어 읽어 보세요.

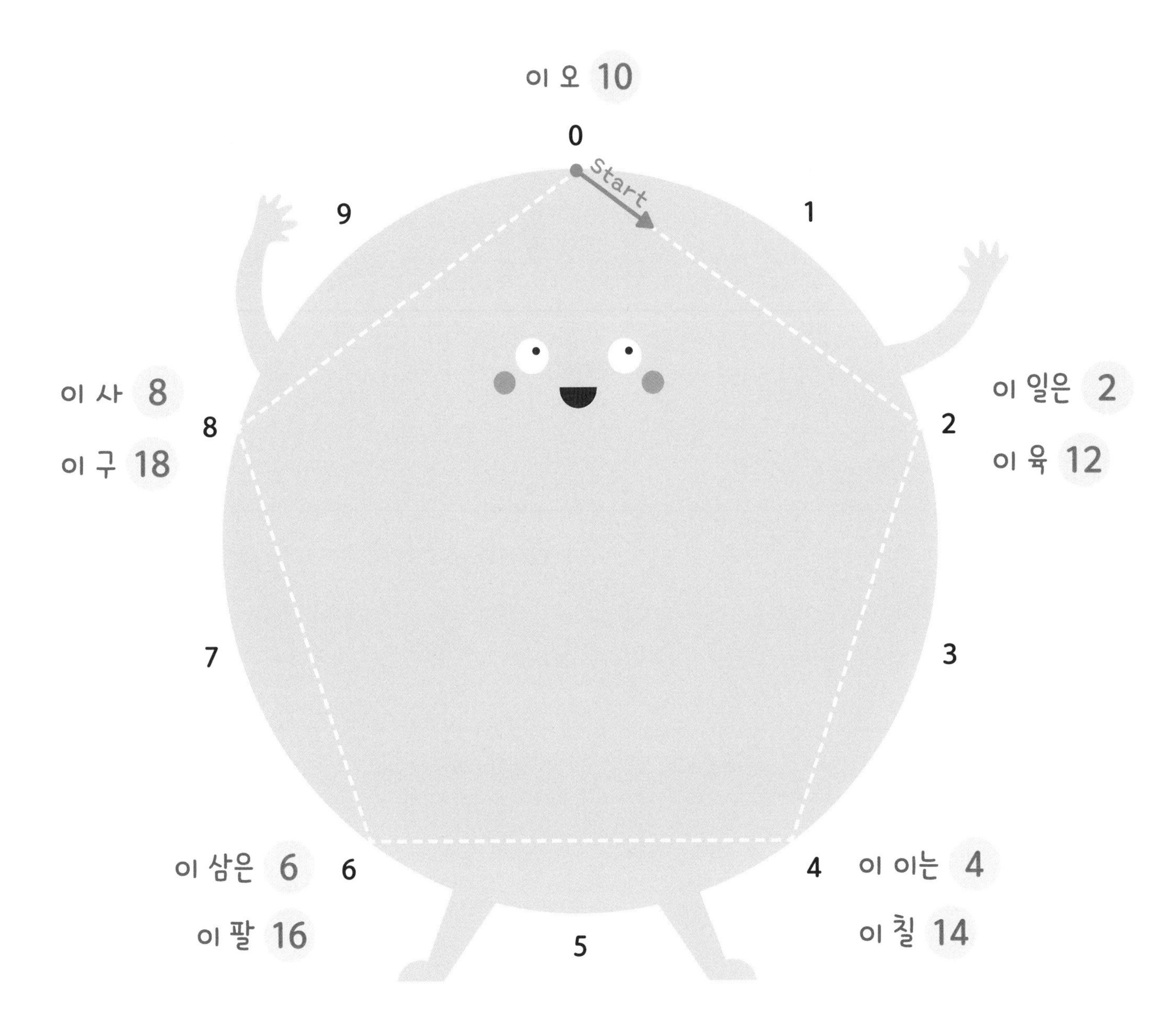

✎ 2단을 이용하여 문제를 풀어 보세요.

보기 두발자전거의 바퀴는 2개입니다. 두발자전거 8대의 바퀴는 모두 몇 개일까요?

곱셈식 2 × 8 = 16 답 16 개

1 수인이는 가게에서 2개씩 5줄이 들어 있는 달걀을 샀습니다. 수인이가 산 달걀은 모두 몇 개일까요?

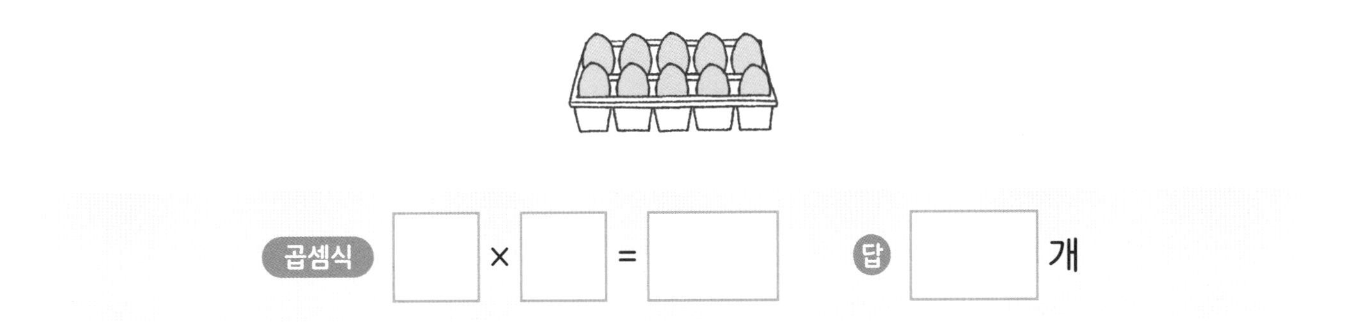

곱셈식 □ × □ = □ 답 □ 개

2 빵이 2개씩 담긴 접시가 7개 있습니다. 빵은 모두 몇 개일까요?

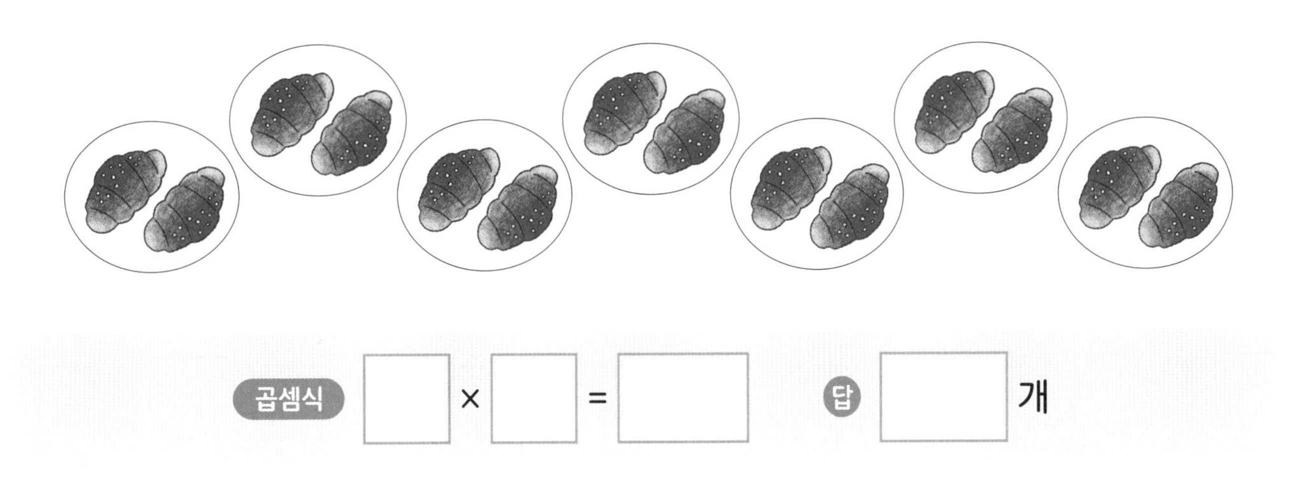

곱셈식 □ × □ = □ 답 □ 개

5단 1단계 같은 수 더하기

✎ 5씩 뛰어 세며 빈칸에 알맞은 수를 써넣으세요.

연습 문제

1

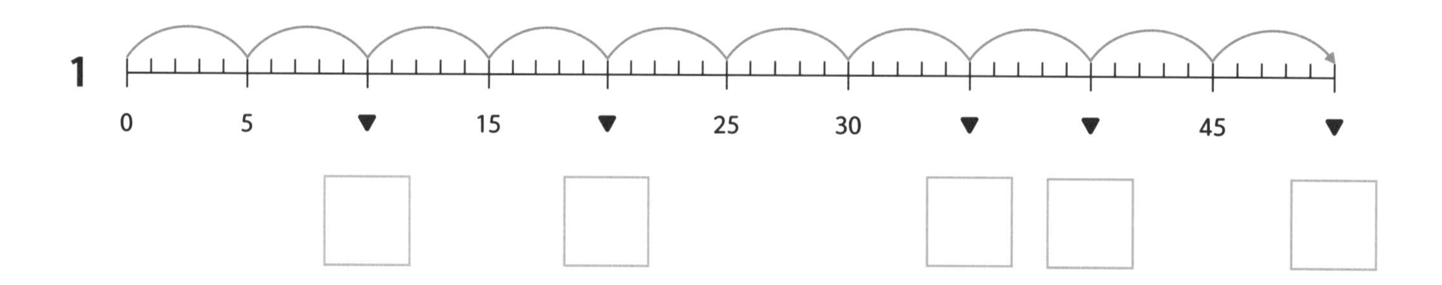

2

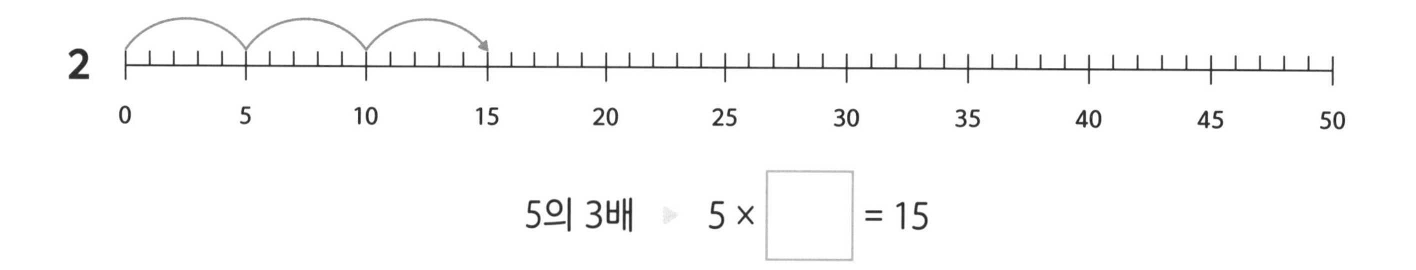

5의 3배 ▸ 5 × □ = 15

3

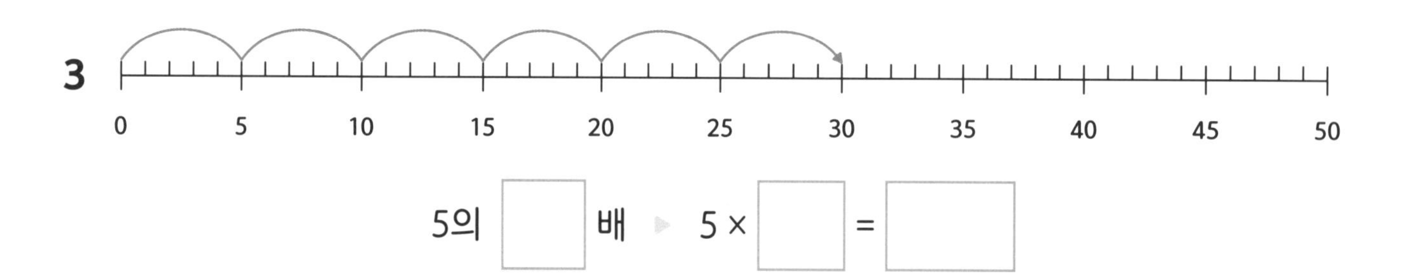

5의 □ 배 ▸ 5 × □ = □

4

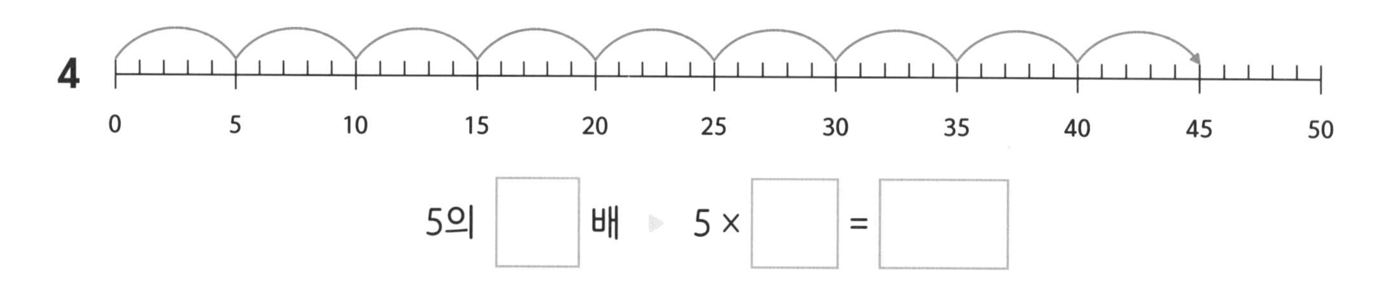

5의 □ 배 ▸ 5 × □ = □

✎ 5씩 묶어 세며 빈칸에 알맞은 수를 써넣으세요.

1

5씩 [2] 묶음 ▸ 5의 [2] 배

5 + 5 = [10]

5 × [2] = [10]

2

5씩 [ ] 묶음 ▸ 5의 [ ] 배

5 + 5 + 5 + 5 = [ ]

5 × [ ] = [ ]

3

5의 [ ] 배

5 × [ ] = [ ]

4

5의 [ ] 배

5 × [ ] = [ ]

정답 8쪽

5단 2단계 곱셈식 익히기

✎ 보기를 보고 그림을 곱셈식으로 나타내 보세요.

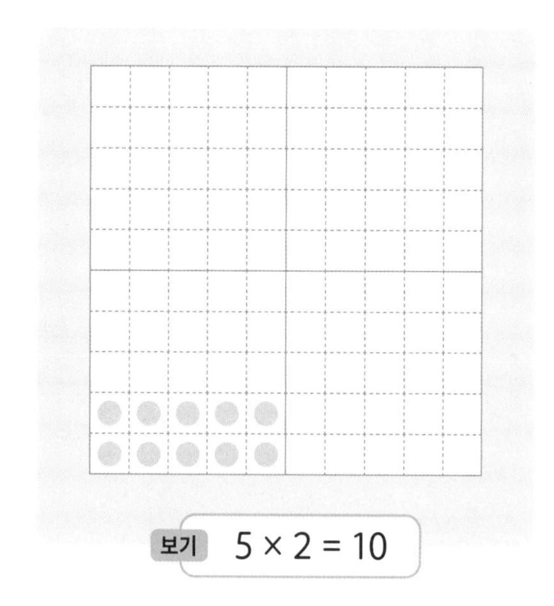

보기 $5 \times 2 = 10$

1

$\square \times \square = \square$

2

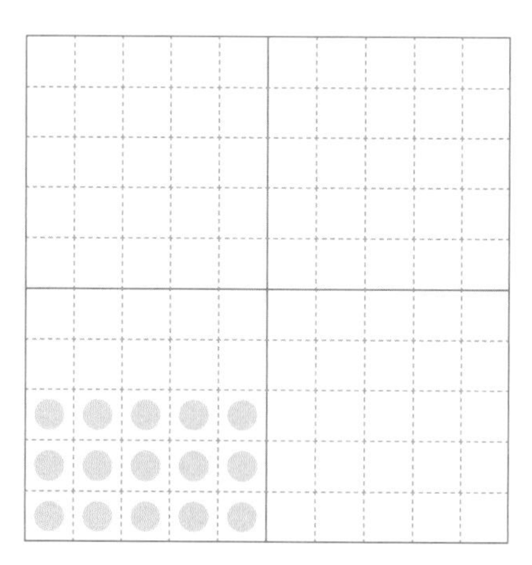

$\square \times \square = \square$

3

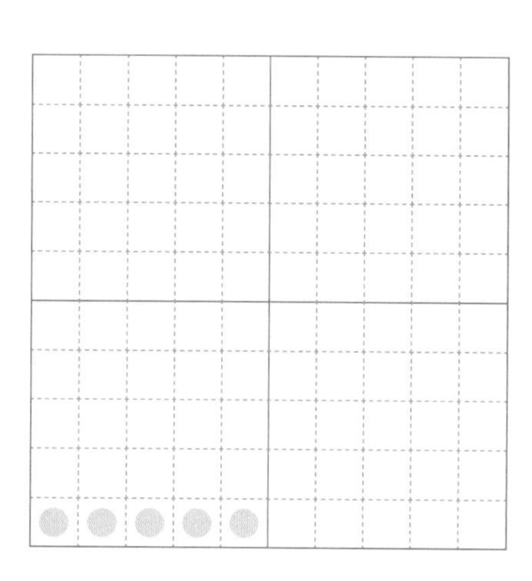

$\square \times \square = \square$

4

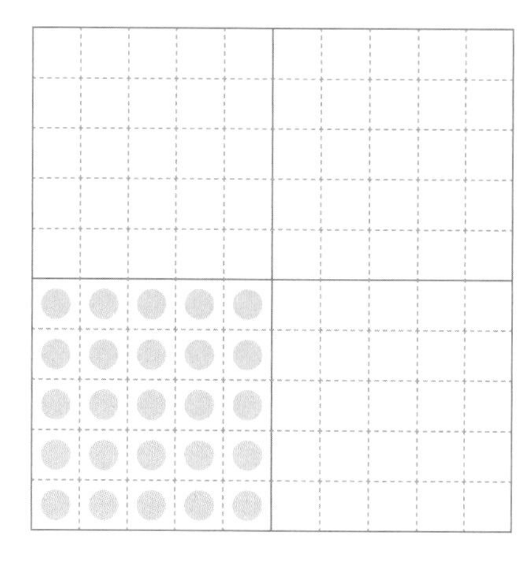

$\square \times \square = \square$

5

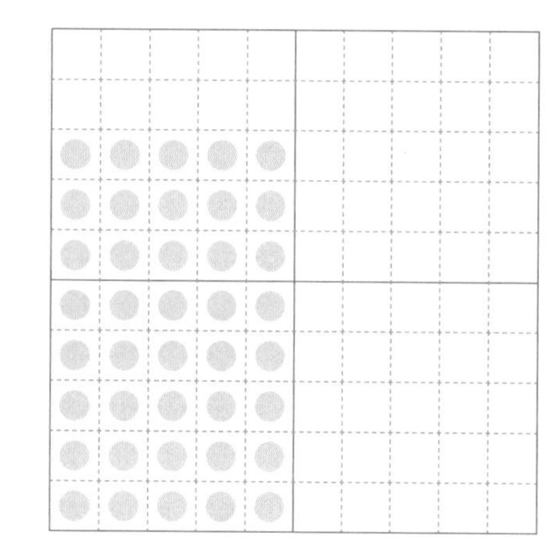

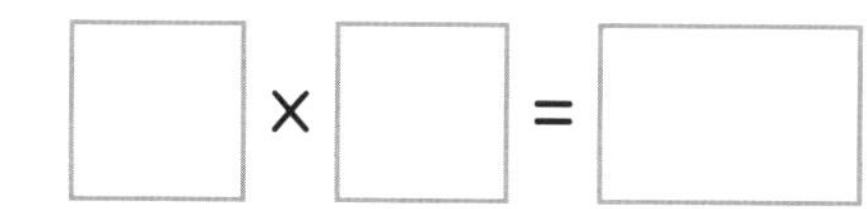

$\square \times \square = \square$

✎ 보기를 보고 곱셈식을 그림으로 나타내 보세요.

보기 5 × 3 = 15

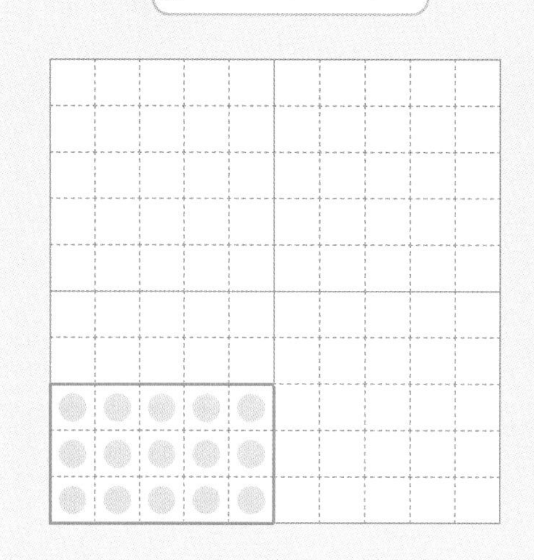

1 5 × 1 = 5

2 5 × 4 = 20

3 5 × 9 = 45

4 5 × 7 = 35

5 5 × 2 = 10

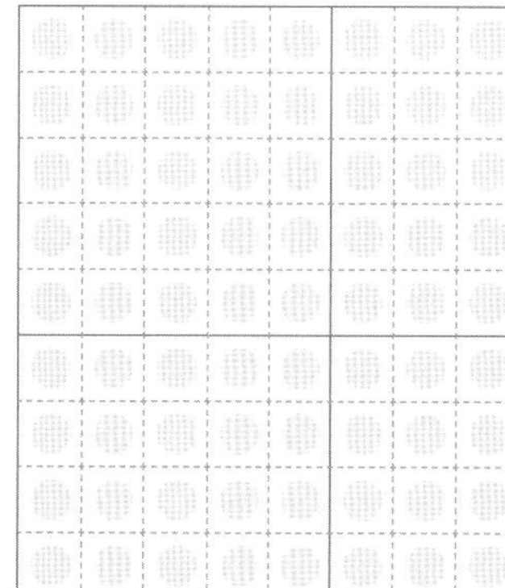

정답 8쪽

5단 3단계 구구단 규칙 알기

✎ 다음 덧셈을 하며 5단의 규칙을 알아보세요.

	5	+ 5 =	10
5 + 5	10	+ 5 =	
5 + 5 + 5	15	+ 5 =	
5 + 5 + 5 + 5	20	+ 5 =	
5 + 5 + 5 + 5 + 5	25	+ 5 =	
5 + 5 + 5 + 5 + 5 + 5	30	+ 5 =	
5 + 5 + 5 + 5 + 5 + 5 + 5	35	+ 5 =	
5 + 5 + 5 + 5 + 5 + 5 + 5 + 5	40	+ 5 =	
5 + 5 + 5 + 5 + 5 + 5 + 5 + 5 + 5	45	+ 5 =	

+5 +5 +5 +5 +5 +5 +5 +5

5씩 더해서 나오는 수의
일의 자리 숫자는
0아니면 5야!

✎ 손가락의 개수를 보고 곱셈식을 완성하세요.

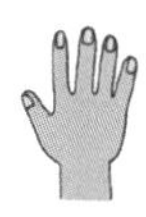

5

$5 \times 1 =$ 5

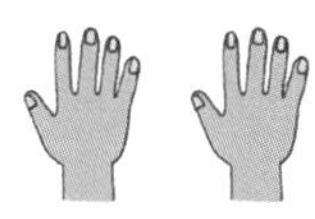

5 + 5 5를 **2번** 더하기!

$5 \times 2 =$ ☐

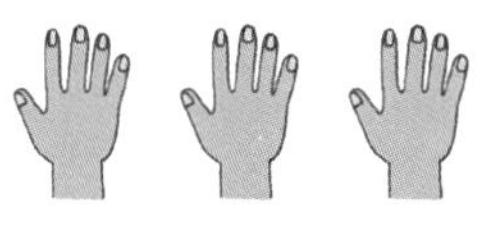

5 + 5 + 5 5를 **3번** 더하기!

$5 \times 3 =$ ☐

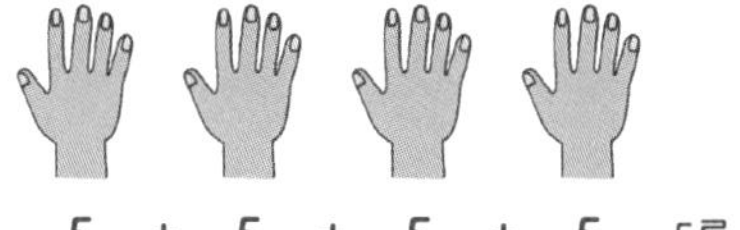

5 + 5 + 5 + 5 5를 **4번** 더하기!

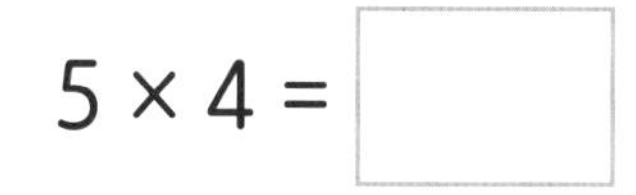

$5 \times 4 =$ ☐

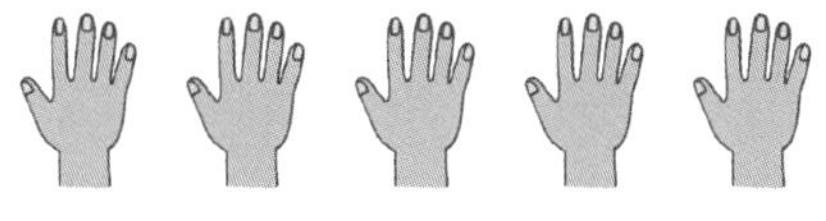

5 + 5 + 5 + 5 + 5 5를 **5번** 더하기!

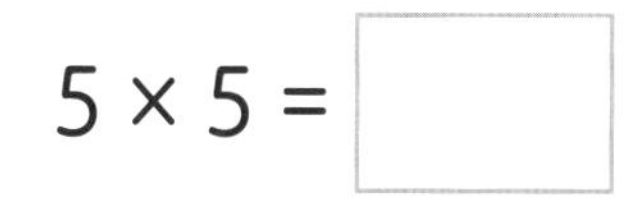

$5 \times 5 =$ ☐

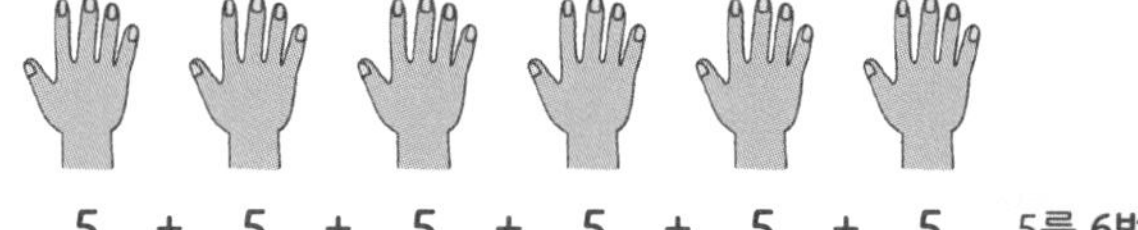

5 + 5 + 5 + 5 + 5 + 5 5를 **6번** 더하기!

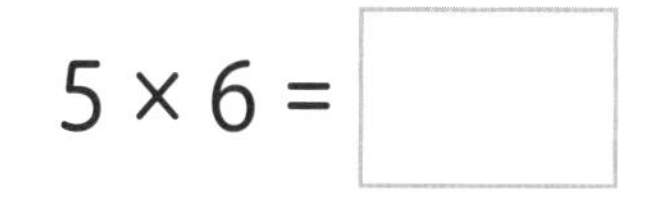

$5 \times 6 =$ ☐

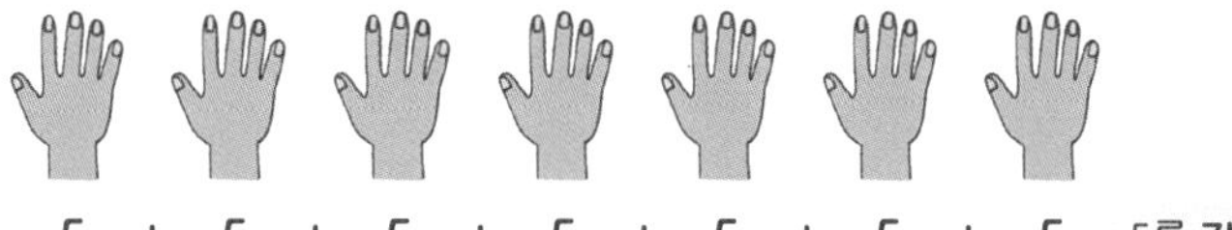

5 + 5 + 5 + 5 + 5 + 5 + 5 5를 **7번** 더하기!

$5 \times 7 =$ ☐

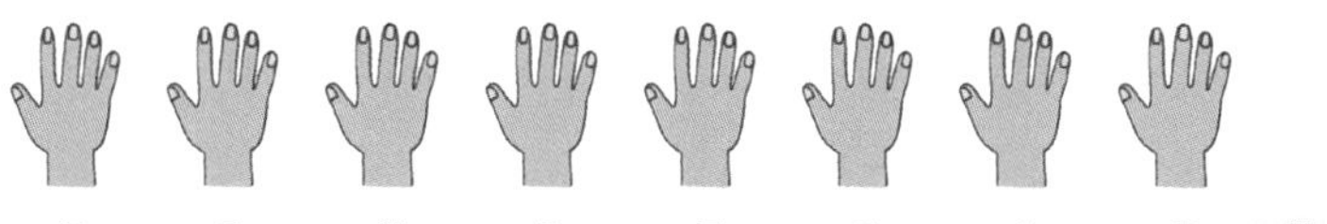

5 + 5 + 5 + 5 + 5 + 5 + 5 + 5 5를 **8번** 더하기!

$5 \times 8 =$ ☐

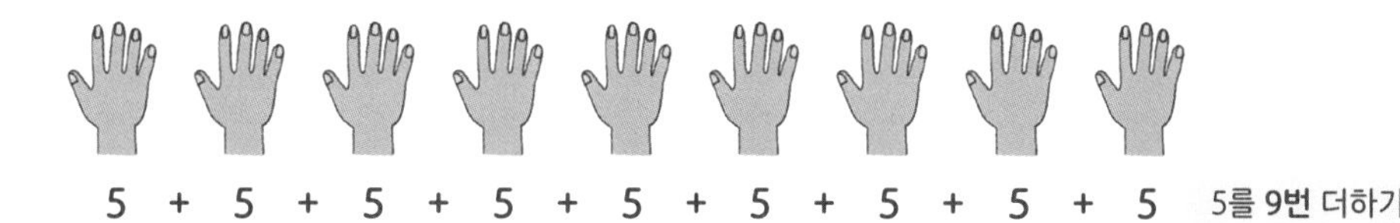

5 + 5 + 5 + 5 + 5 + 5 + 5 + 5 + 5 5를 **9번** 더하기!

$5 \times 9 =$ ☐

5단은 ☐ 씩 커져요.

5단 4단계 구구단 읽고 쓰기

✎ 5단을 따라 쓰고 읽어 보세요.

구구단 쓰기	구구단 읽기
5 × 1 = 5	오 일은 오
5 × 2 = 10	오 이 십
5 × 3 = 15	오 삼 십오
5 × 4 = 20	오 사 이십
5 × 5 = 25	오 오 이십오
5 × 6 = 30	오 육 삼십
5 × 7 = 35	오 칠 삼십오
5 × 8 = 40	오 팔 사십
5 × 9 = 45	오 구 사십오

✎ 5단을 소리 내어 읽고 바르게 써 보세요.

오 일은 오  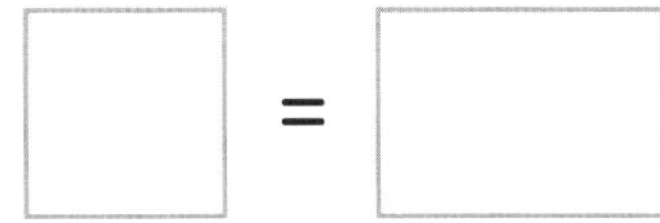

오 이 십  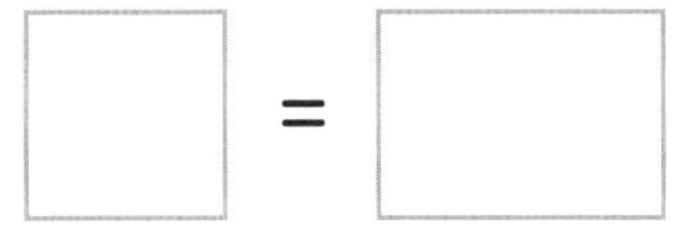

오 삼 십오   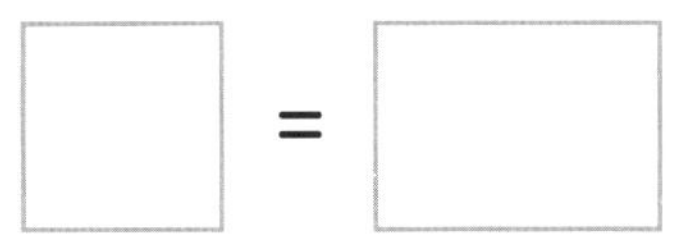

오 사 이십   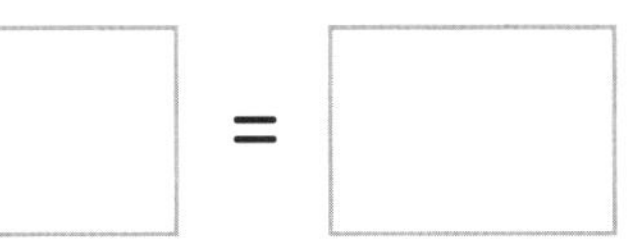

오 오 이십오   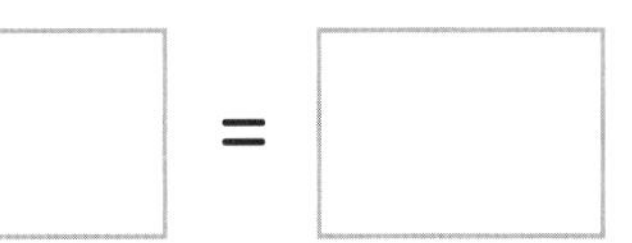

오 육 삼십   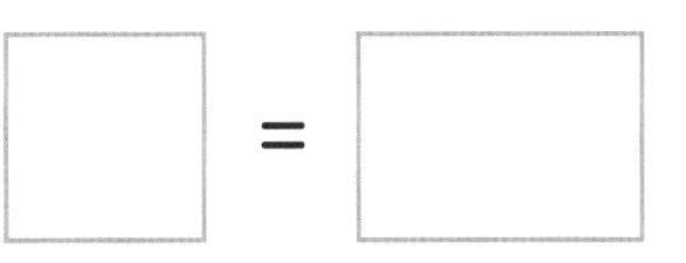

오 칠 삼십오  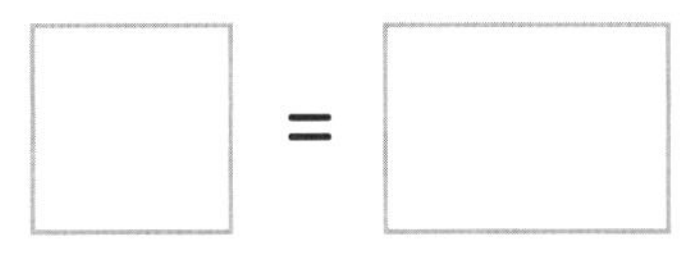

오 팔 사십  

오 구 사십오  

정답 9쪽

5단 5단계 연습하기

✎ 5단을 완성해 보세요.

$5 \times 1 =$ ☐	$5 \times 6 =$ ☐
$5 \times 2 =$ ☐	$5 \times 1 =$ ☐
$5 \times 3 =$ ☐	$5 \times 8 =$ ☐
$5 \times 4 =$ ☐	$5 \times 3 =$ ☐
$5 \times 5 =$ ☐	$5 \times 4 =$ ☐
$5 \times 6 =$ ☐	$5 \times 7 =$ ☐
$5 \times 7 =$ ☐	$5 \times 2 =$ ☐
$5 \times 8 =$ ☐	$5 \times 9 =$ ☐
$5 \times 9 =$ ☐	$5 \times 5 =$ ☐

✎ 빈칸에 알맞은 수를 써넣으세요.

$5 \times$ ☐ $= 10$	$5 \times$ ☐ $= 45$	$5 \times$ ☐ $= 25$
$5 \times$ ☐ $= 15$	$5 \times$ ☐ $= 30$	$5 \times$ ☐ $= 35$
$5 \times$ ☐ $= 40$	$5 \times$ ☐ $= 20$	$5 \times$ ☐ $= 5$

✎ 가운데 수와 바깥의 수의 곱을 빈칸에 써넣으세요.

1

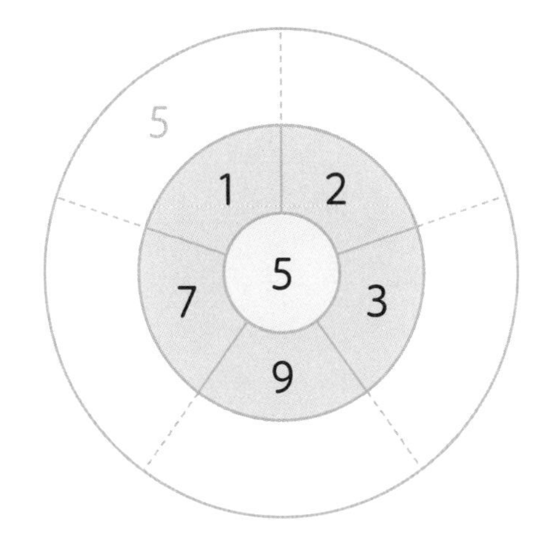

2

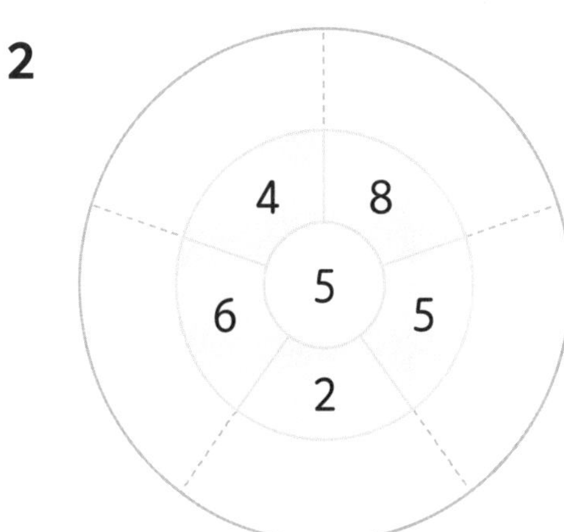

✎ 빈칸에 알맞은 수를 써넣으세요.

1

5 × 2 = ☐
5 × 4 = ☐
5 × 5 = ☐

2

5 × 6 = ☐
5 × 7 = ☐
5 × 3 = ☐

3

5 × 1 = ☐
5 × 5 = ☐
5 × 6 = ☐

4

5 × 9 = ☐
5 × 8 = ☐
5 × 4 = ☐

정답 10쪽

5단 6단계 응용 문제 풀기

✎ 5단 곱셈표를 완성하고 일의 자리 숫자를 써넣으세요.

×	1	2	3	4	5	6	7	8	9
5									
일의 자리 숫자									

✎ 5단의 일의 자리 숫자를 선으로 이으며 구구단을 소리 내어 읽어 보세요.

오 이 10 오 사 20 오 육 30 오 팔 40

0

Start

9 1

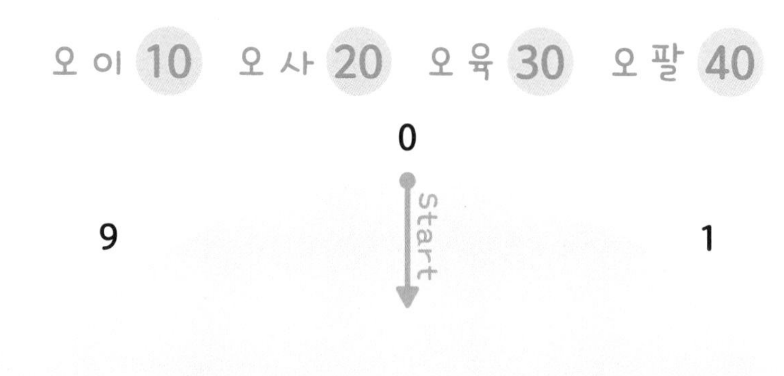

8 2

7 3

6 4

5

오 일은 5 오 삼 15 오 오 25 오 칠 35 오 구 45

✎ 5단을 이용하여 문제를 풀어 보세요.

보기 귤이 5개 들어 있는 상자가 4박스 있습니다. 귤은 모두 몇 개일까요?

  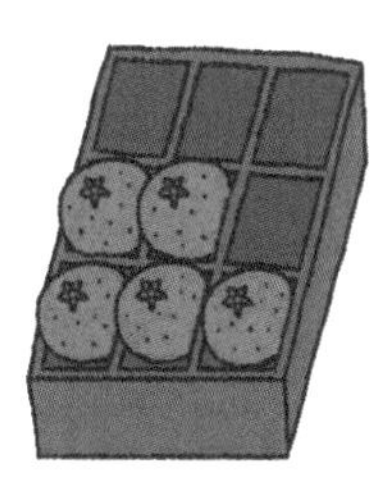 

곱셈식 5 × 4 = 20 답 20 개

1 날개가 5개인 바람개비를 6개 만들었습니다. 바람개비의 날개는 모두 몇 개일까요?

곱셈식 ☐ × ☐ = ☐ 답 ☐ 개

2 서랍이 5개인 서랍장을 7개 샀습니다. 서랍은 모두 몇 개일까요?

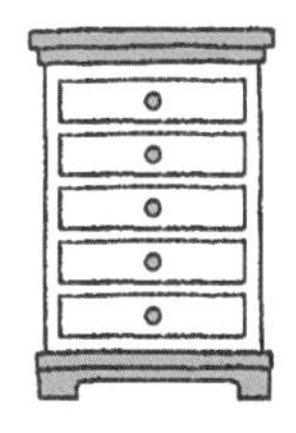 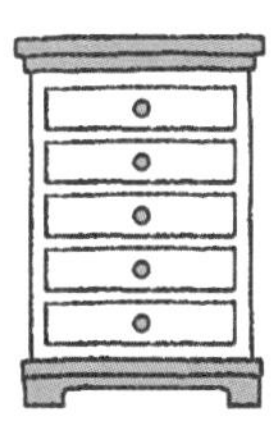 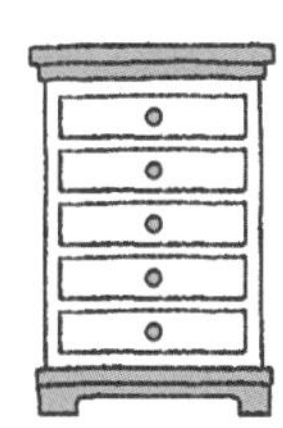 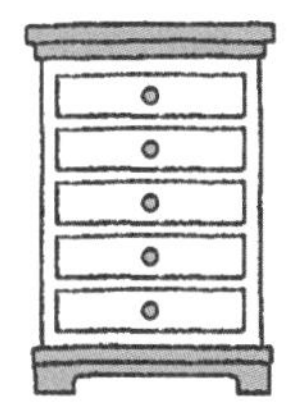 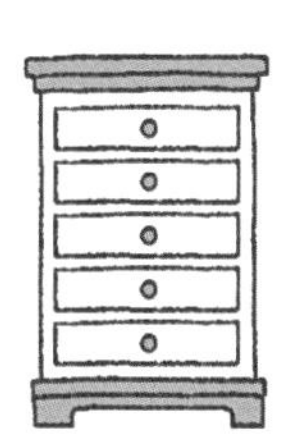 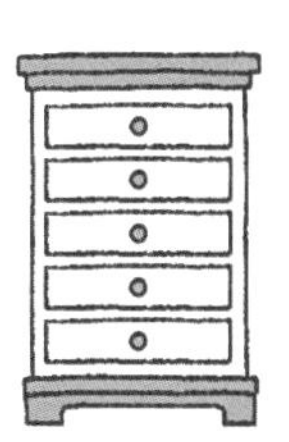 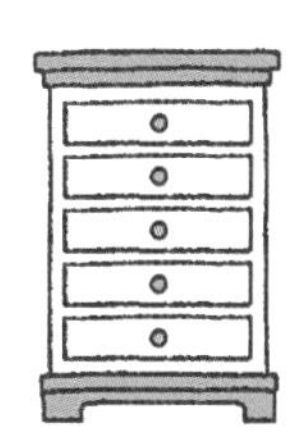

  ×  = ☐   개

2단 × 5단 섞어 복습

✎ 덧셈은 곱셈식으로, 곱셈은 덧셈식으로 바르게 나타낸 것끼리 이어 보세요.

1	$2 \times 3 = 6$	· ·	$5 + 5 + 5 + 5 = 20$
2	$5 \times 3 = 15$	· ·	$2 + 2 + 2 = 6$
3	$2 + 2 + 2 + 2 + 2 = 10$	· ·	$5 + 5 + 5 = 15$
4	$5 \times 4 = 20$	· ·	$5 \times 5 = 25$
5	$5 + 5 + 5 + 5 + 5 = 25$	· ·	$2 \times 5 = 10$

✎ 빈칸에 알맞은 수를 써넣으세요.

1

×	1	2	3
2			

2

×	1	2	3
5			

3

×	4	5	6
2			

4

×	4	5	6
5			

5

×	7	8	9
2			

6

×	7	8	9
5			

✎ 두 수의 곱을 따라 도착까지 찾아가 보세요.

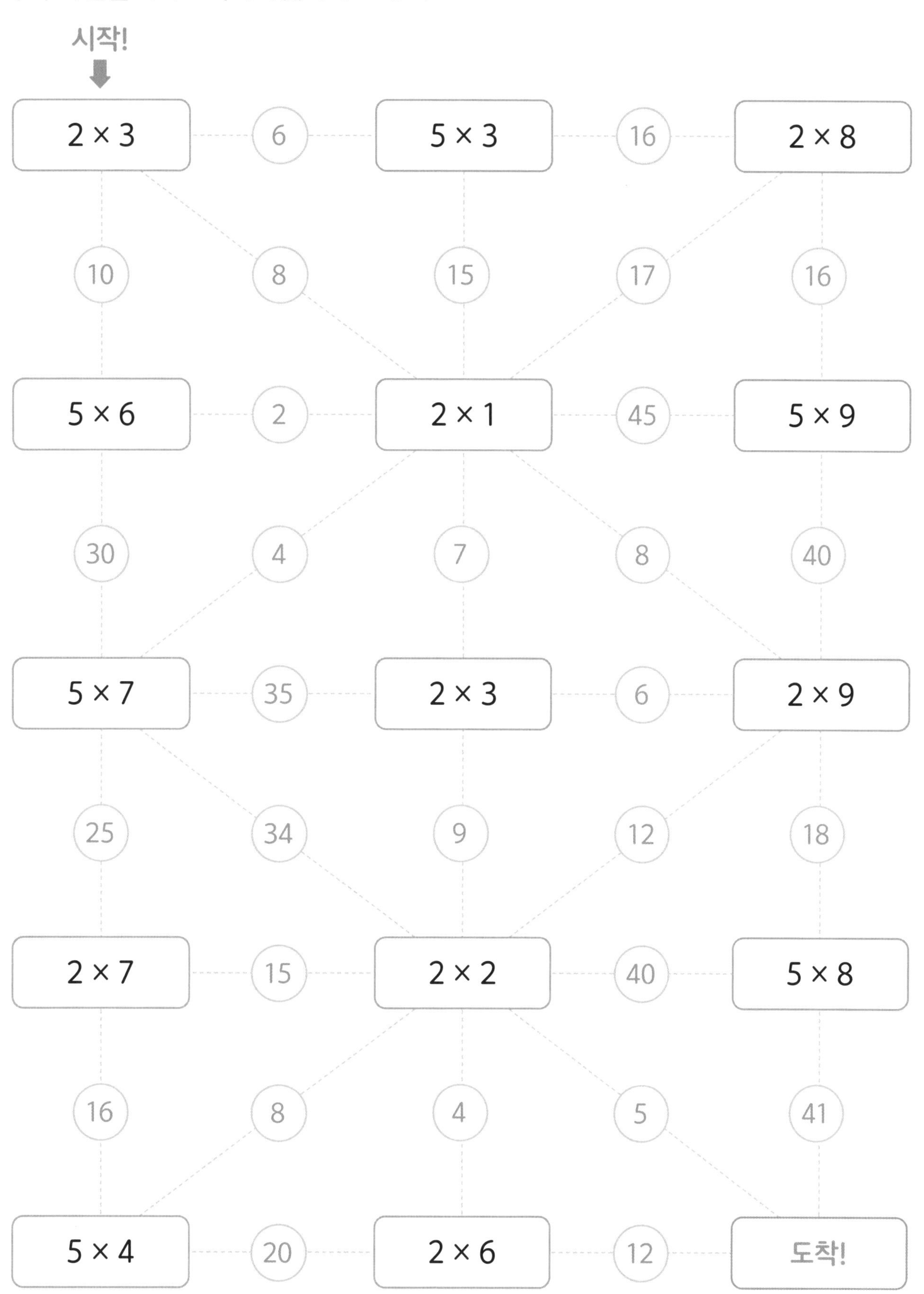

정답 34쪽

3단 1단계 같은 수 더하기

✎ 3씩 뛰어 세며 빈칸에 알맞은 수를 써넣으세요.

연습 문제

1

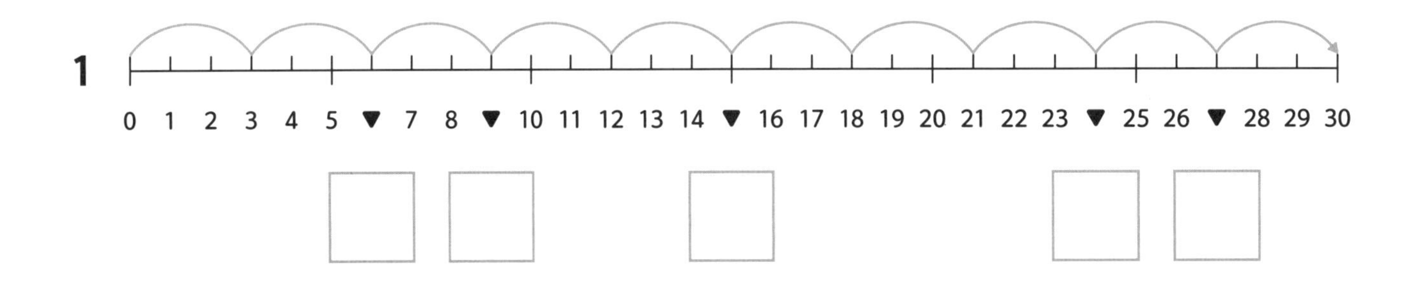

□ □ □ □ □

2

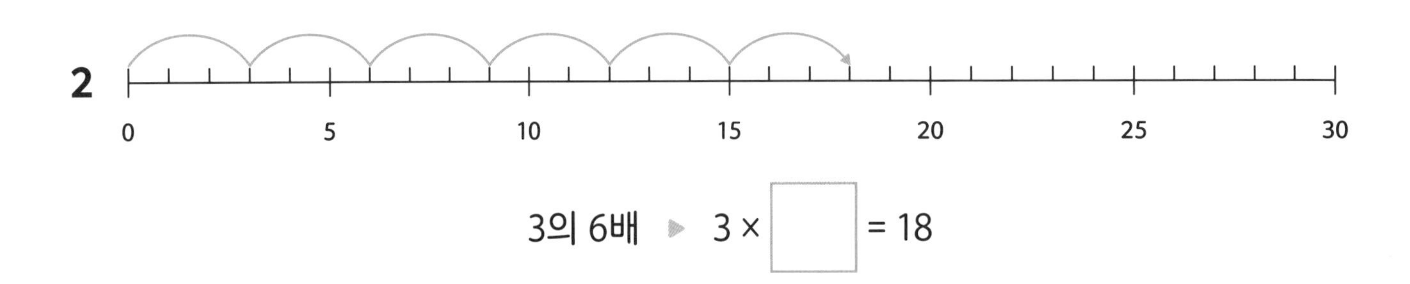

3의 6배 ▶ 3 × □ = 18

3

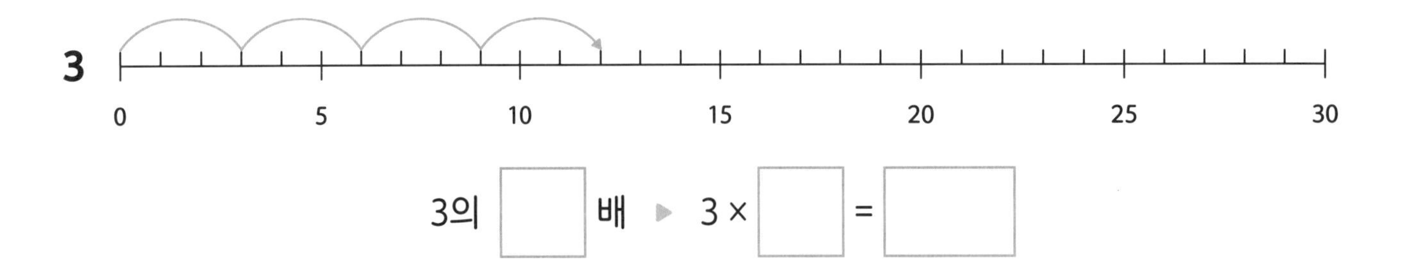

3의 □ 배 ▶ 3 × □ = □

4

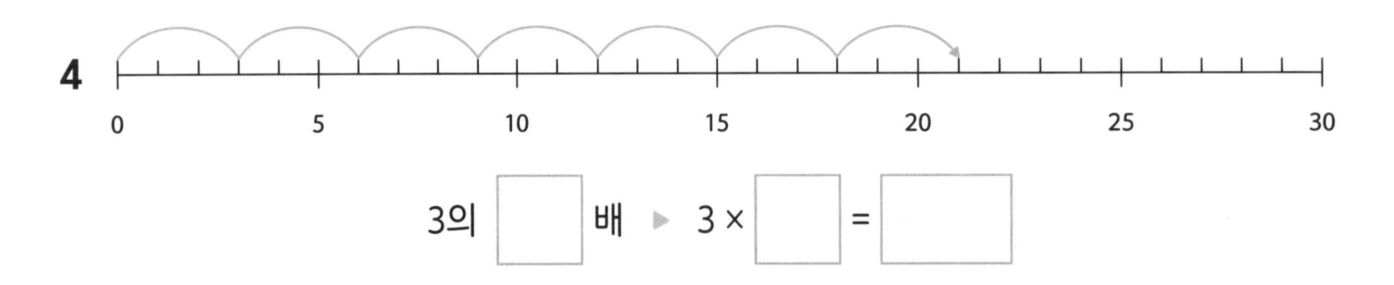

3의 □ 배 ▶ 3 × □ = □

✎ 3씩 묶어 세며 빈칸에 알맞은 수를 써넣으세요.

1

3씩 [6] 묶음 ▸ 3의 [6] 배

3 + 3 + 3 + 3 + 3 + 3 = [18]

3 × [6] = [18]

2

3씩 [ ] 묶음 ▸ 3의 [ ] 배

3 + 3 + 3 + 3 + 3 + 3 + 3 = [ ]

3 × [ ] = [ ]

3

3의 [ ] 배

3 × [ ] = [ ]

4

3의 [ ] 배

3 × [ ] = [ ]

정답 11쪽

3단 2단계 곱셈식 익히기

✎ 보기를 보고 그림을 곱셈식으로 나타내 보세요.

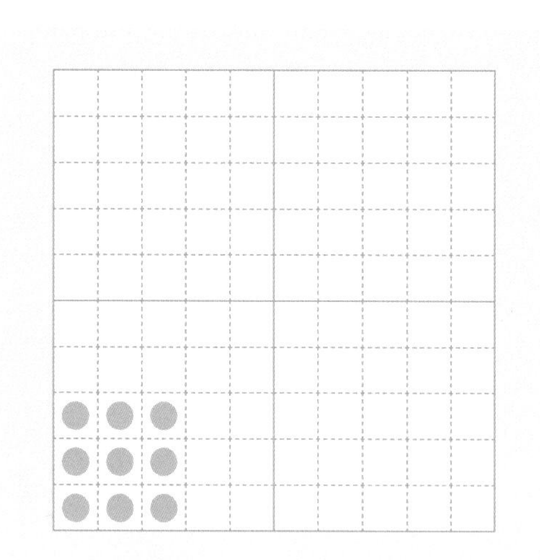

보기 $3 \times 3 = 9$

1

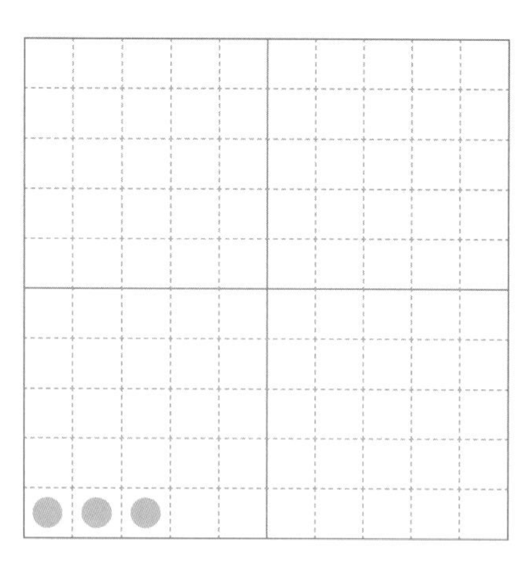

□ × □ = □

2

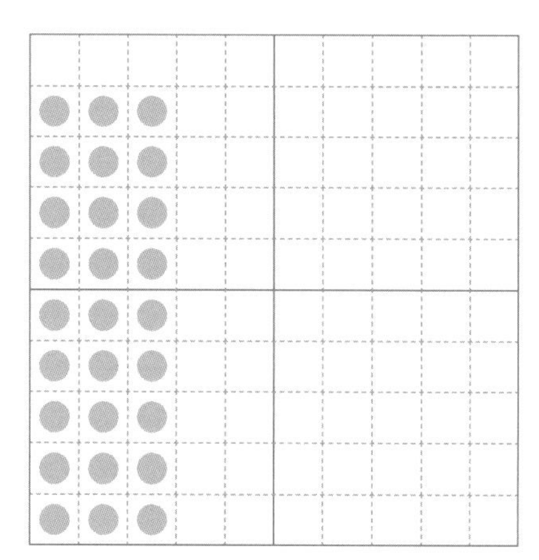

□ × □ = □

3

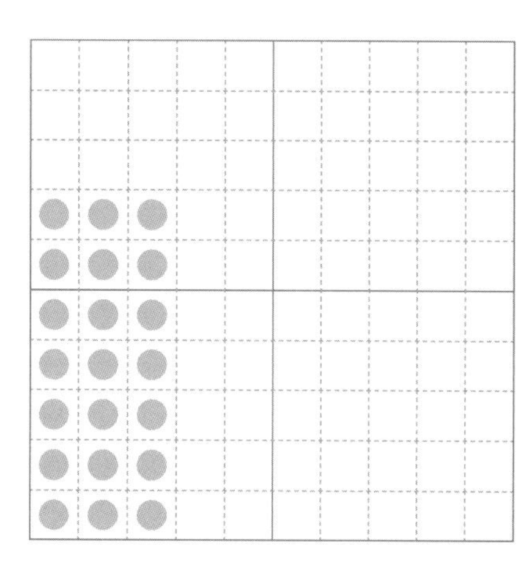

□ × □ = □

4

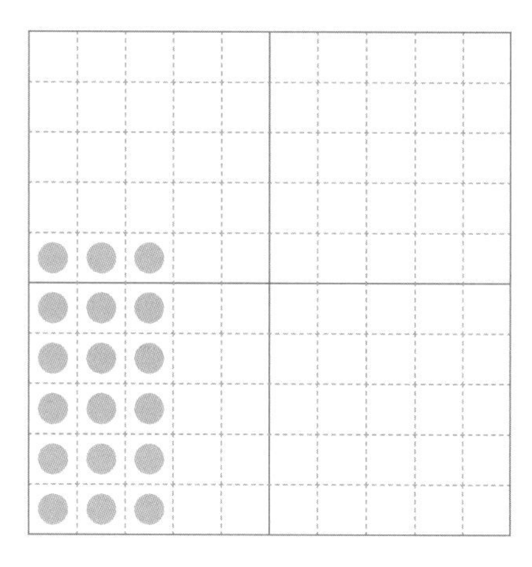

□ × □ = □

5

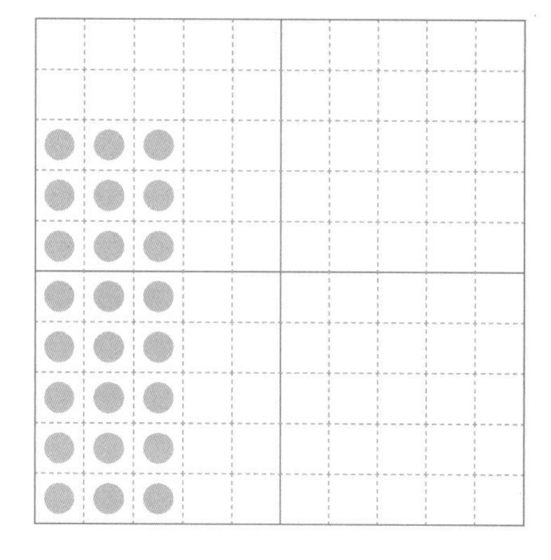

□ × □ = □

✎ 보기를 보고 곱셈식을 그림으로 나타내 보세요.

보기 $3 \times 7 = 21$

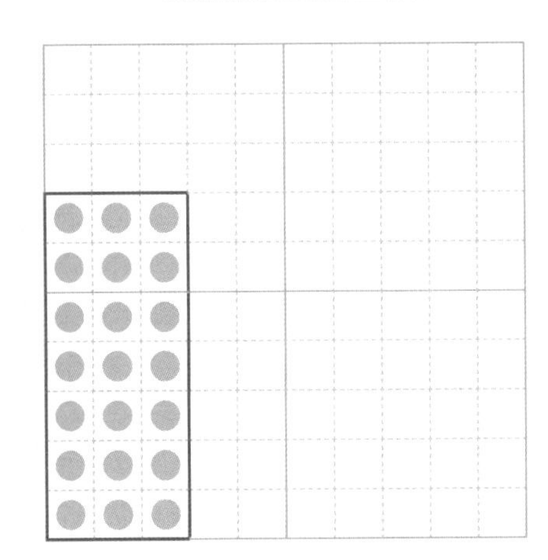

1 $3 \times 5 = 15$

2 $3 \times 2 = 6$

3 $3 \times 8 = 24$

4 $3 \times 4 = 12$

5 $3 \times 3 = 9$

정답 11쪽

3단 3단계 구구단 규칙 알기

✎ 다음 덧셈을 하며 3단의 규칙을 알아보세요.

3씩 더하는 게
바로 3단이야.

3 + 3 = ☐ (+3)

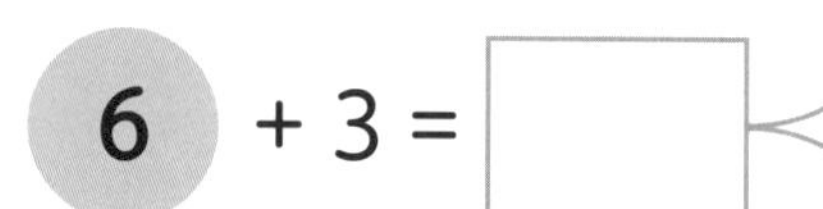

3 + 3 → 6 + 3 = ☐ (+3)

3 + 3 + 3 → 9 + 3 = ☐ (+3)

3 + 3 + 3 + 3 → 12 + 3 = ☐ (+3)

3 + 3 + 3 + 3 + 3 → 15 + 3 = ☐ (+3)

3 + 3 + 3 + 3 + 3 + 3 → 18 + 3 = ☐ (+3)

3 + 3 + 3 + 3 + 3 + 3 + 3 → 21 + 3 = ☐ (+3)

3 + 3 + 3 + 3 + 3 + 3 + 3 + 3 → 24 + 3 = ☐ (+3)

3 + 3 + 3 + 3 + 3 + 3 + 3 + 3 + 3 → 27 + 3 = ☐

✎ 자전거 바퀴의 개수를 보고 곱셈식을 완성하세요.

3

$3 \times 1 = \square$

3 + 3 3를 2번 더하기!

$3 \times 2 = \square$

3 + 3 + 3 3를 3번 더하기!

$3 \times 3 = \square$

3 + 3 + 3 + 3 3를 4번 더하기!

$3 \times 4 = \square$

3 + 3 + 3 + 3 + 3 3를 5번 더하기!

$3 \times 5 = \square$

3 + 3 + 3 + 3 + 3 + 3 3를 6번 더하기!

$3 \times 6 = \square$

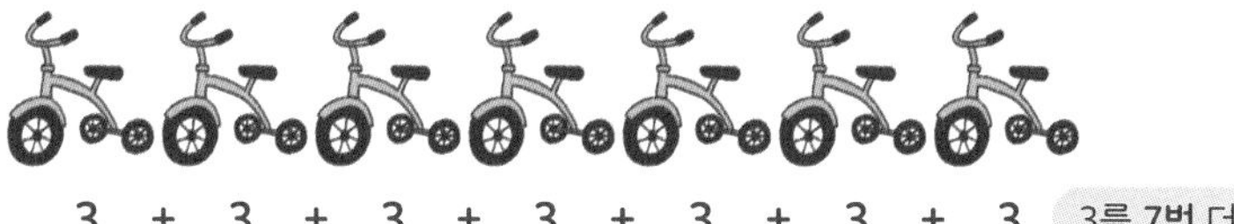

3 + 3 + 3 + 3 + 3 + 3 + 3 3를 7번 더하기!

$3 \times 7 = \square$

3 + 3 + 3 + 3 + 3 + 3 + 3 + 3 3를 8번 더하기!

$3 \times 8 = \square$

3 + 3 + 3 + 3 + 3 + 3 + 3 + 3 + 3 3를 9번 더하기!

$3 \times 9 = \square$

3단은 ☐ 씩 커져요.

정답 12쪽

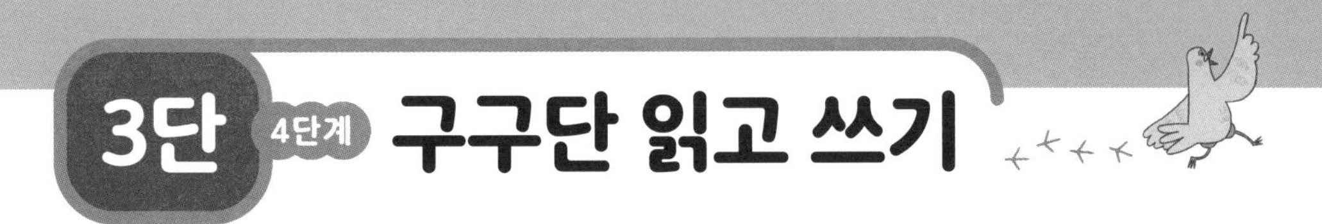

✎ 3단을 따라 쓰고 읽어 보세요.

구구단 쓰기	구구단 읽기
3 × 1 = 3	삼 일은 삼
3 × 2 = 6	삼 이 육
3 × 3 = 9	삼 삼은 구
3 × 4 = 12	삼 사 십이
3 × 5 = 15	삼 오 십오
3 × 6 = 18	삼 육 십팔
3 × 7 = 21	삼 칠 이십일
3 × 8 = 24	삼 팔 이십사
3 × 9 = 27	삼 구 이십칠

✎ 3단을 소리 내어 읽고 바르게 써 보세요.

삼 일은 삼  □ × □ = □

삼 이 육 ➡ □ × □ = □

삼 삼은 구 ➡ □ × □ = □

삼 사 십이 ➡ □ × □ = □

삼 오 십오 ➡ □ × □ = □

삼 육 십팔 ➡ 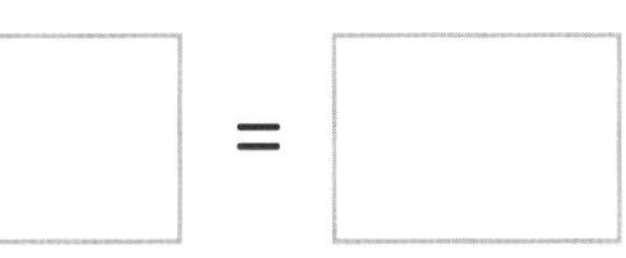 □ × □ = □

삼 칠 이십일 ➡ □ × □ = □

삼 팔 이십사 ➡ □ × □ = □

삼 구 이십칠 ➡ □ × □ = □

정답 12쪽

3단 5단계 연습하기

✎ 3단을 완성해 보세요.

3 × 1 = ☐	3 × 5 = ☐
3 × 2 = ☐	3 × 9 = ☐
3 × 3 = ☐	3 × 7 = ☐
3 × 4 = ☐	3 × 1 = ☐
3 × 5 = ☐	3 × 2 = ☐
3 × 6 = ☐	3 × 8 = ☐
3 × 7 = ☐	3 × 6 = ☐
3 × 8 = ☐	3 × 3 = ☐
3 × 9 = ☐	3 × 4 = ☐

✎ 빈칸에 알맞은 수를 써넣으세요.

3 × ☐ = 3	3 × ☐ = 12	3 × ☐ = 9
3 × ☐ = 24	3 × ☐ = 18	3 × ☐ = 15
3 × ☐ = 6	3 × ☐ = 21	3 × ☐ = 27

✎ 빈칸에 알맞은 수를 써넣으세요.

1
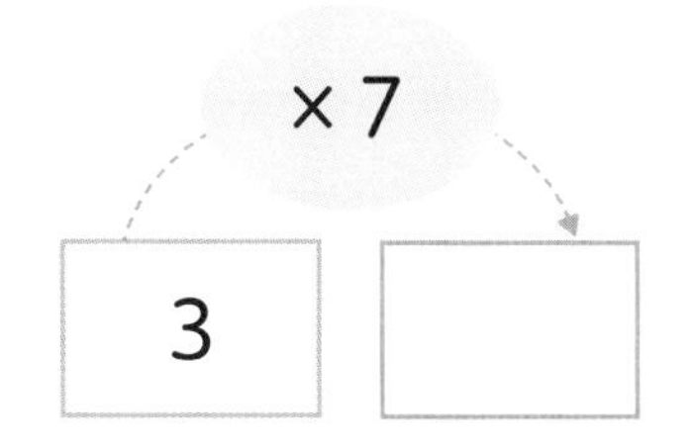

2
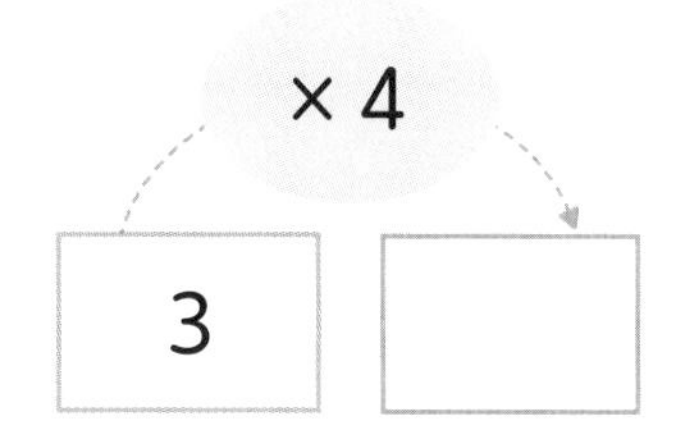

3
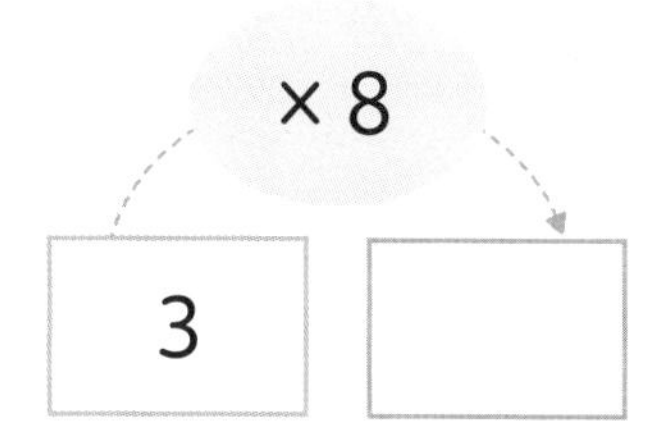

4
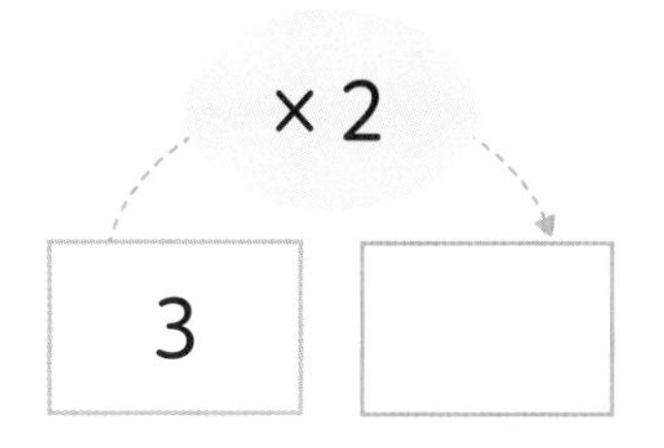

5
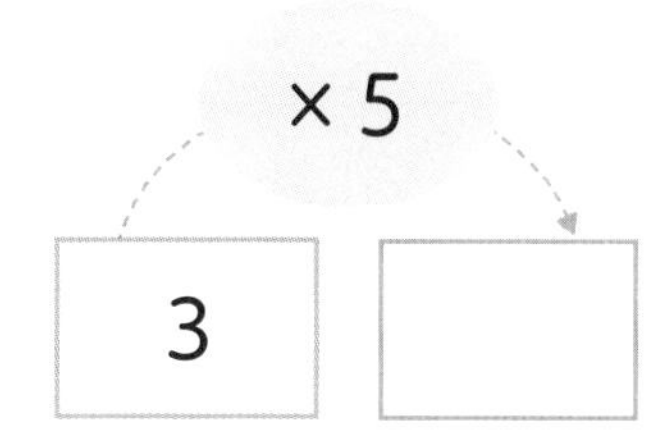

6
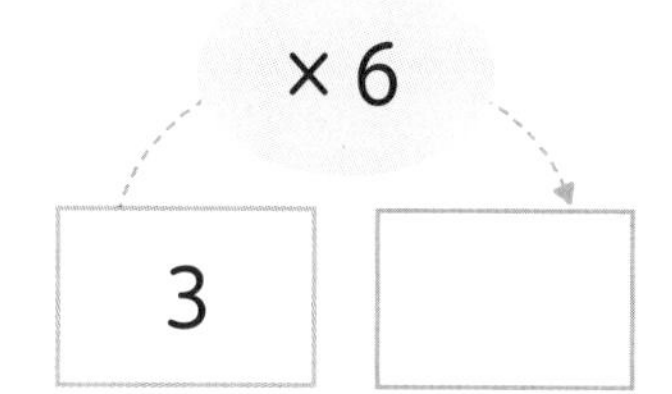

✎ 올바른 곱이 되도록 길을 이어 보세요.

1
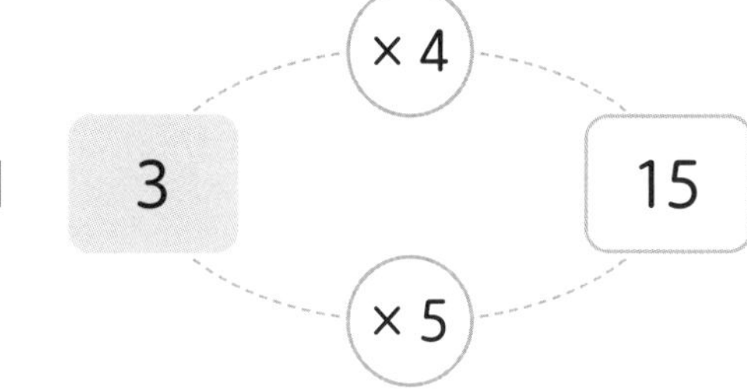

2
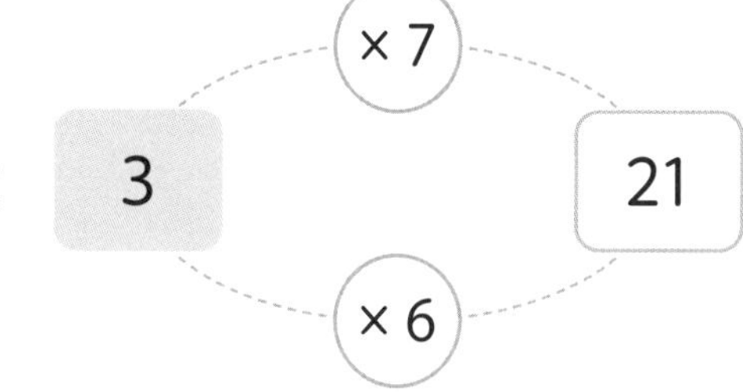

3
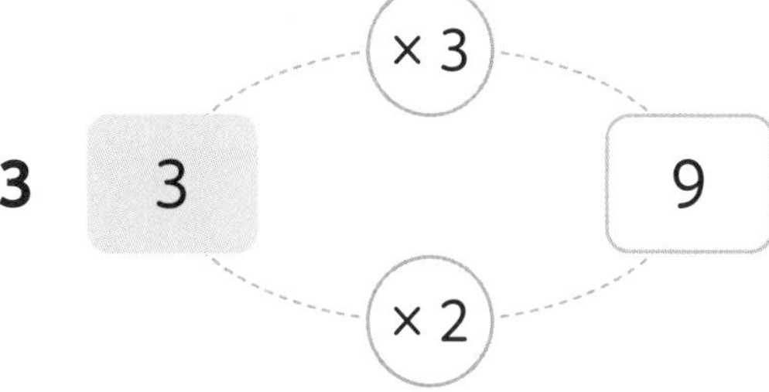

4
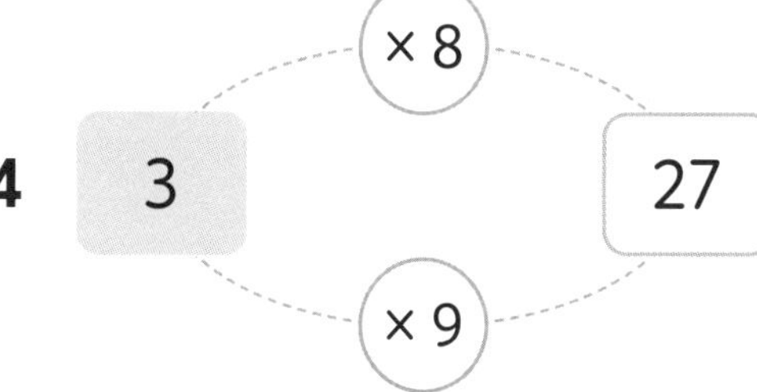

정답 13쪽

3단 6단계 응용 문제 풀기

✎ 3단 곱셈표를 완성하고 일의 자리 숫자를 써넣으세요.

×	1	2	3	4	5	6	7	8	9
3									
일의 자리 숫자									

✎ 3단의 일의 자리 숫자를 선으로 이으며 구구단을 소리 내어 읽어 보세요.

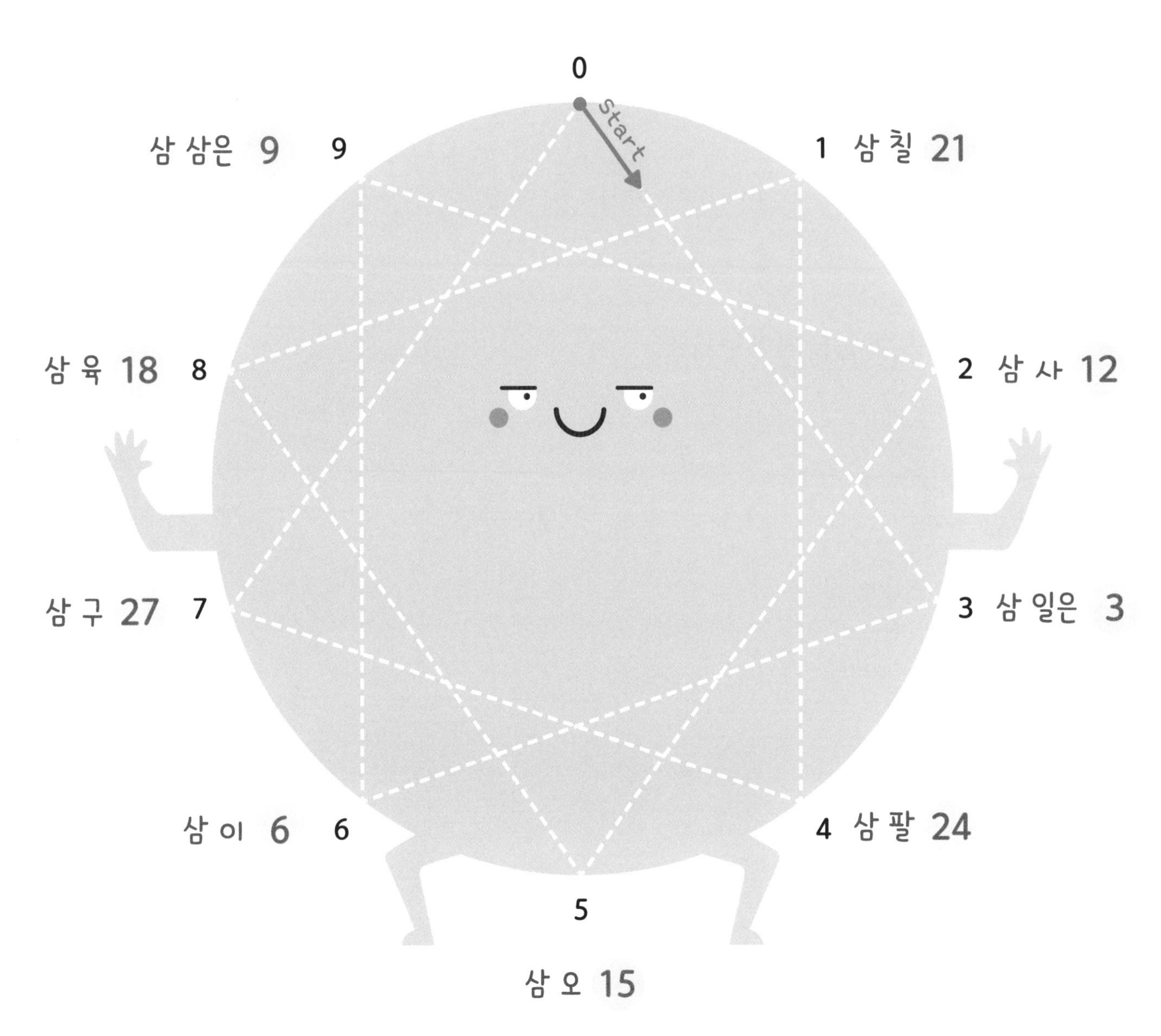

✎ 3단을 이용하여 문제를 풀어 보세요.

보기 열쇠 꾸러미 하나에 열쇠가 3개씩 달려 있습니다. 열쇠 꾸러미 5개에 달려 있는 열쇠는 모두 몇 개일까요?

곱셈식 3 × 5 = 15 답 15 개

1 체리가 3개씩 올라간 아이스크림을 4개 샀습니다. 체리는 모두 몇 개일까요?

곱셈식 □ × □ = □ 답 □ 개

2 유나는 책을 하루에 3권씩 읽기로 했습니다. 7일 동안 유나가 읽은 책은 모두 몇 권일까요?

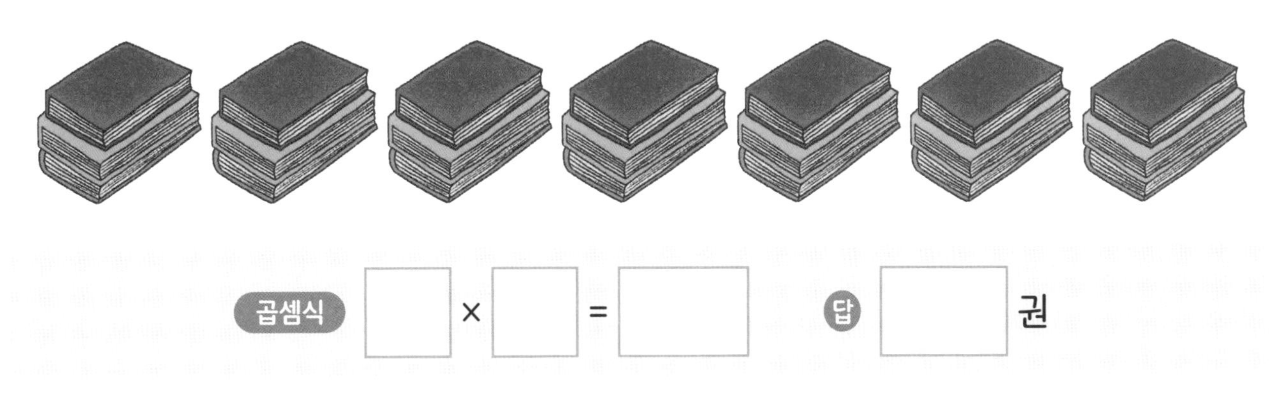

곱셈식 □ × □ = □ 답 □ 권

정답 13쪽

6단 1단계 같은 수 더하기

✎ 6씩 뛰어 세며 빈칸에 알맞은 수를 써넣으세요.

연습 문제

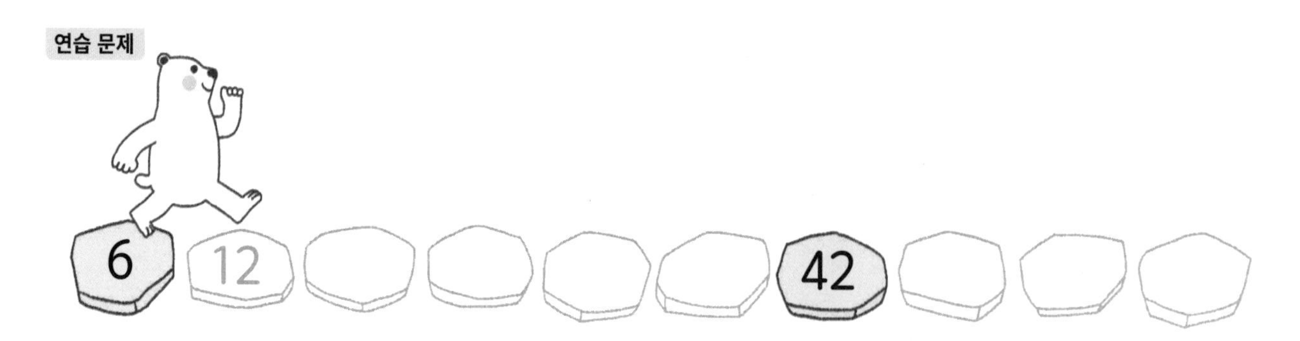

1

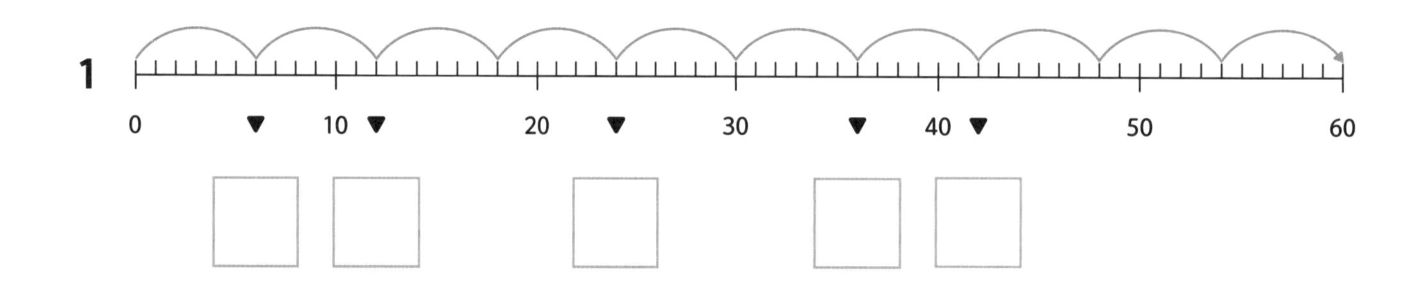

2

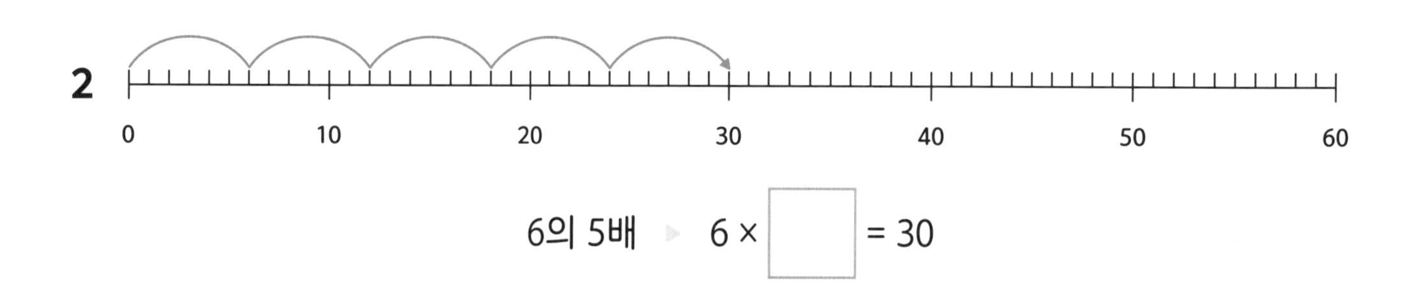

6의 5배 ▸ 6 × ☐ = 30

3

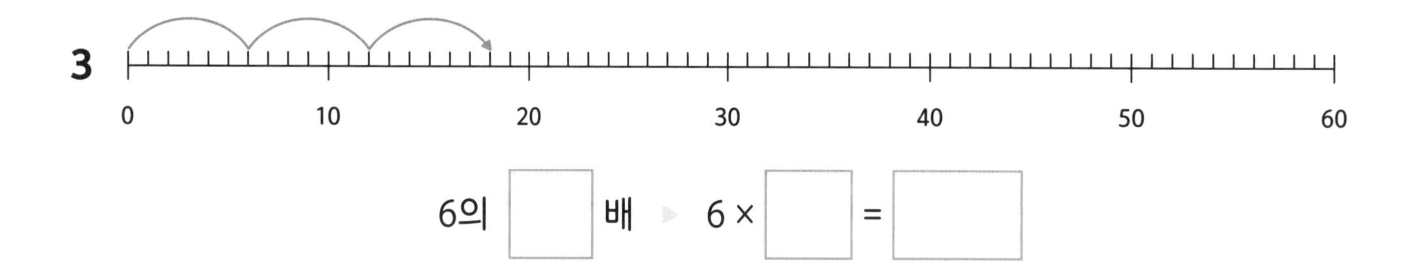

6의 ☐ 배 ▸ 6 × ☐ = ☐

4

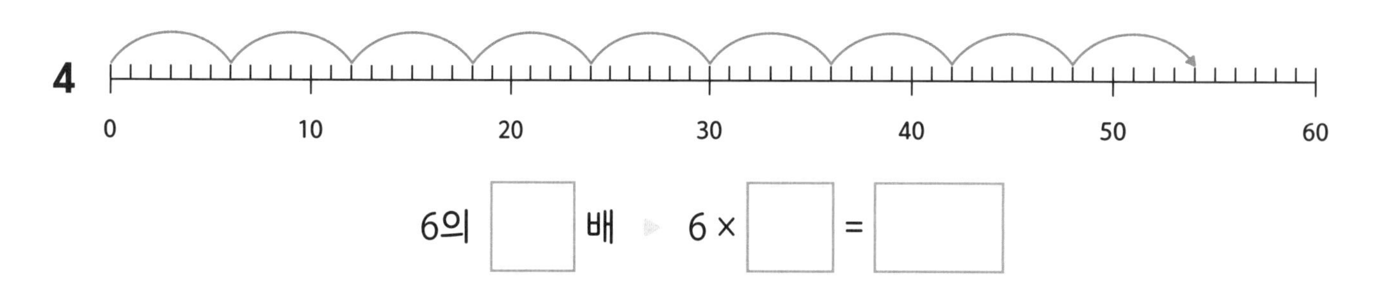

6의 ☐ 배 ▸ 6 × ☐ = ☐

✎ 6씩 묶어 세며 빈칸에 알맞은 수를 써넣으세요.

1

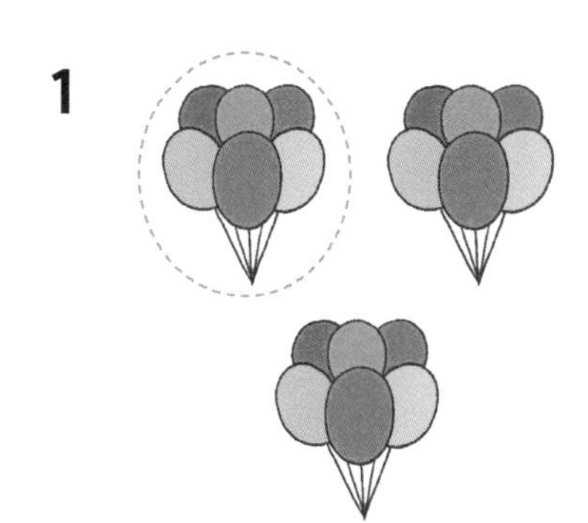

6씩 [3] 묶음 ▸ 6의 [3] 배

6 + 6 + 6 = [18]

6 × [3] = [18]

2

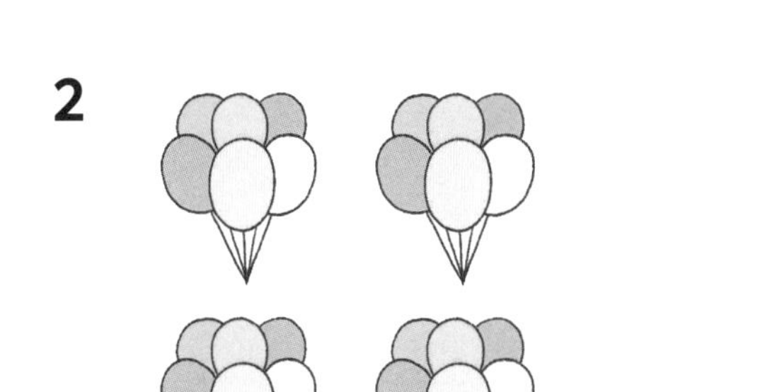

6씩 [ ] 묶음 ▸ 6의 [ ] 배

6 + 6 + 6 + 6 = [ ]

6 × [ ] = [ ]

3

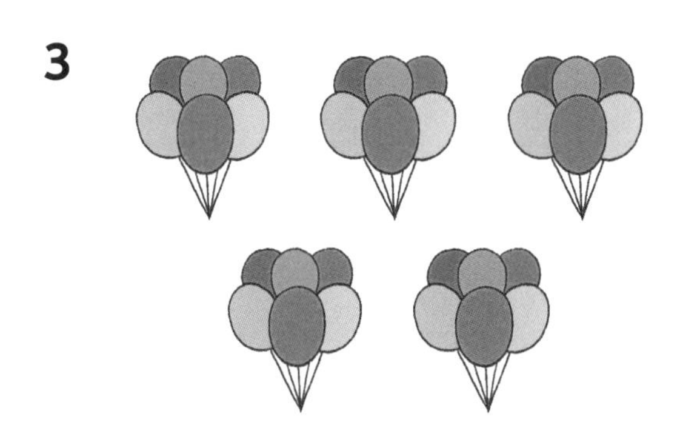

6의 [ ] 배

6 × [ ] = [ ]

4

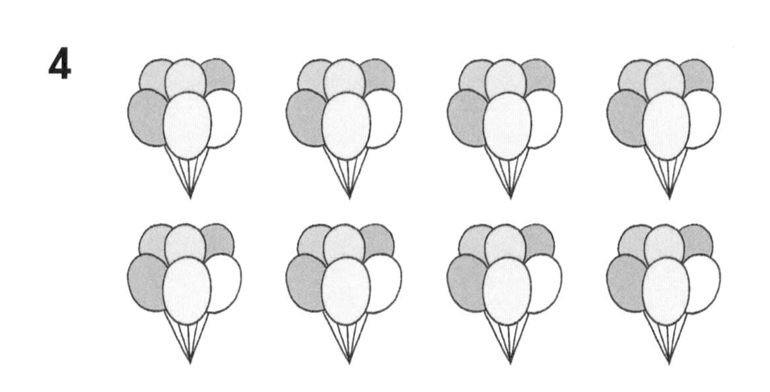

6의 [ ] 배

6 × [ ] = [ ]

6단 2단계 곱셈식 익히기

✎ 보기를 보고 그림을 곱셈식으로 나타내 보세요.

보기 $6 \times 4 = 24$

1

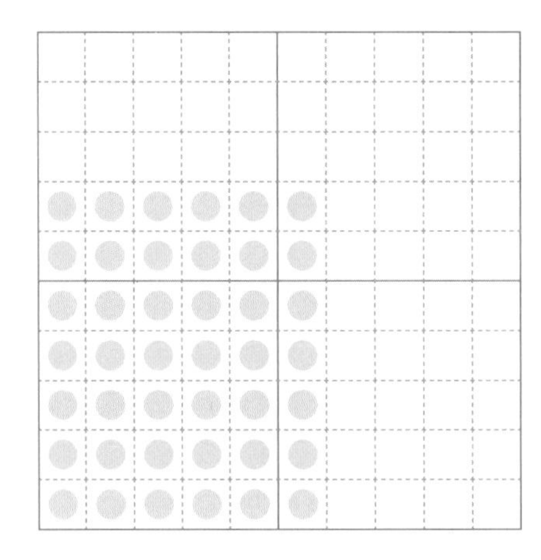

□ × □ = □

2

□ × □ = □

3

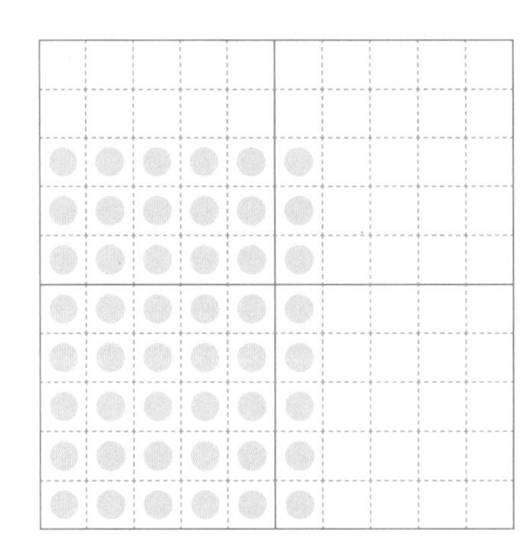

□ × □ = □

4

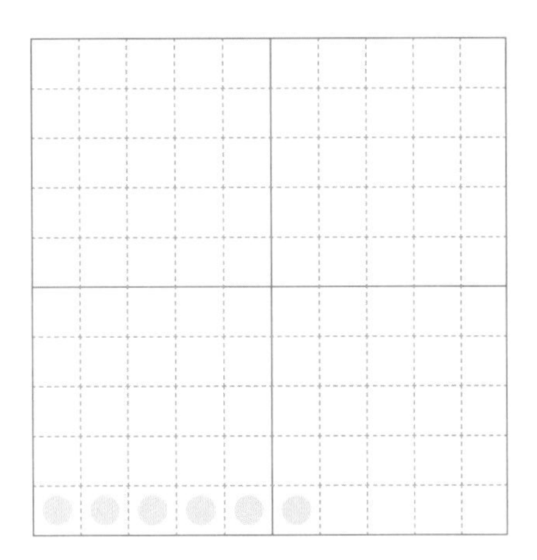

□ × □ = □

5

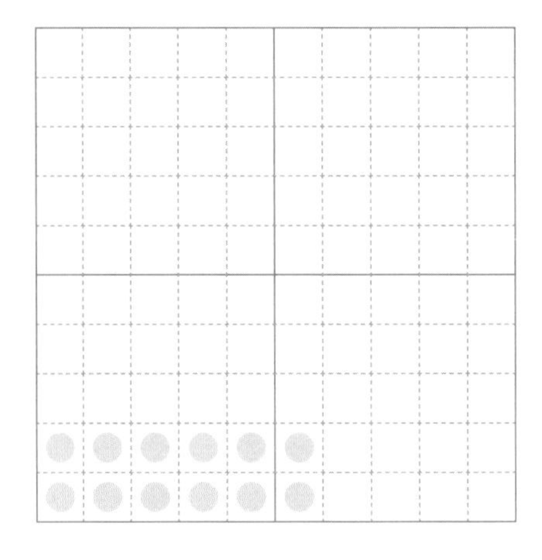

□ × □ = □

✎ 보기를 보고 곱셈식을 그림으로 나타내 보세요.

보기 $6 \times 3 = 18$

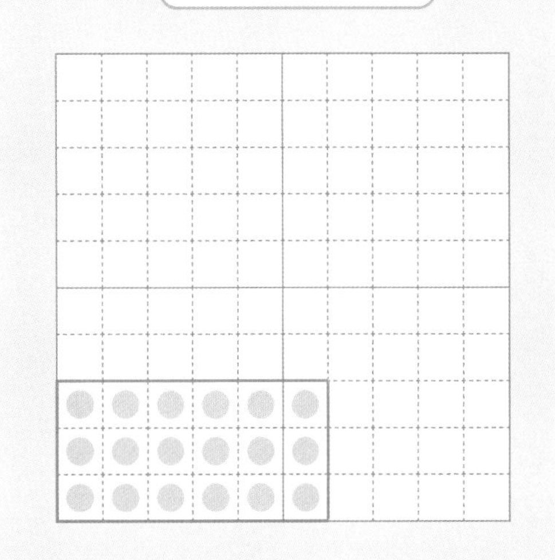

1 $6 \times 6 = 36$

2 $6 \times 4 = 24$

3 $6 \times 9 = 54$

4 $6 \times 5 = 30$

5 $6 \times 8 = 48$

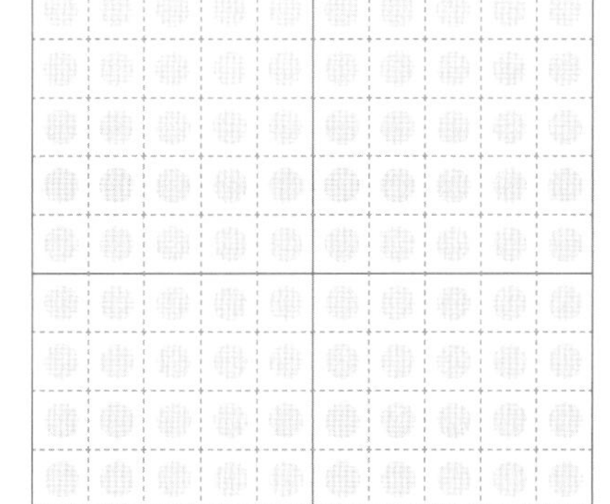

정답 14쪽

6단 3단계 구구단 규칙 알기

✎ 다음 덧셈을 하며 6단의 규칙을 알아보세요.

	6	+ 6 =	☐
6 + 6	12	+ 6 =	☐
6 + 6 + 6	18	+ 6 =	☐
6 + 6 + 6 + 6	24	+ 6 =	☐
6 + 6 + 6 + 6 + 6	30	+ 6 =	☐
6 + 6 + 6 + 6 + 6 + 6	36	+ 6 =	☐
6 + 6 + 6 + 6 + 6 + 6 + 6	42	+ 6 =	☐
6 + 6 + 6 + 6 + 6 + 6 + 6 + 6	48	+ 6 =	☐
6 + 6 + 6 + 6 + 6 + 6 + 6 + 6 + 6	54	+ 6 =	☐

+6 +6 +6 +6 +6 +6 +6 +6

✎ 과일의 개수를 보고 곱셈식을 완성하세요.

6

$6 \times 1 =$ ☐

6 + 6 6을 **2번** 더하기!

$6 \times 2 =$ ☐

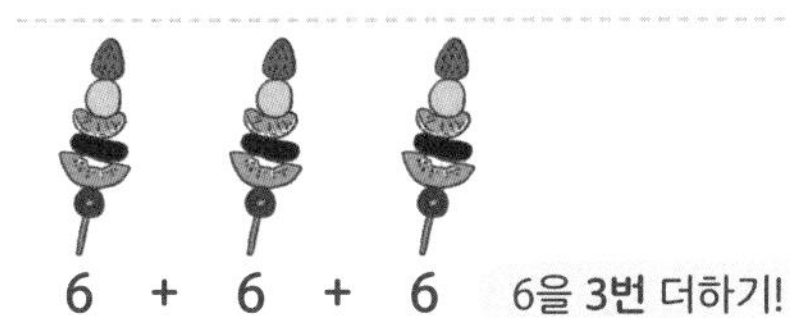

6 + 6 + 6 6을 **3번** 더하기!

$6 \times 3 =$ ☐

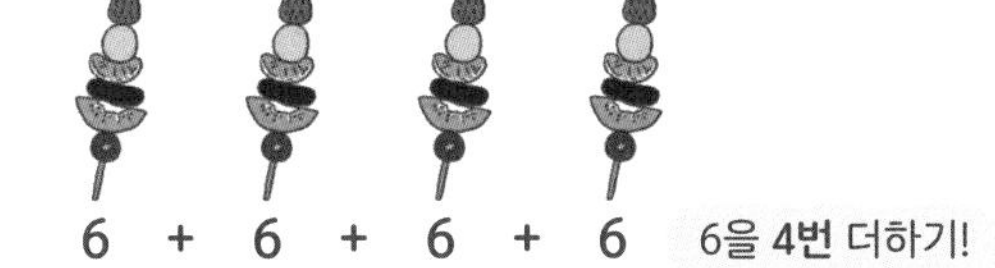

6 + 6 + 6 + 6 6을 **4번** 더하기!

$6 \times 4 =$ ☐

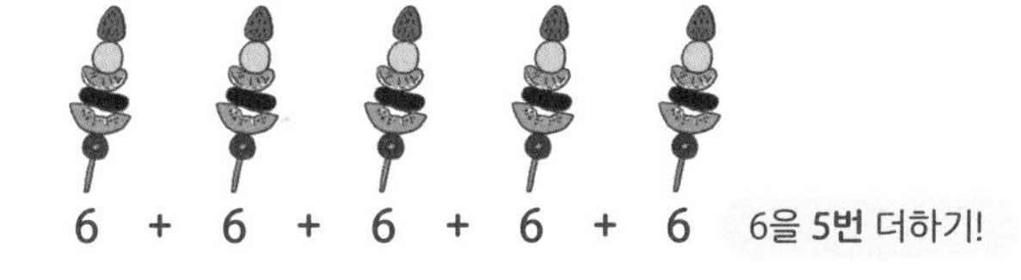

6 + 6 + 6 + 6 + 6 6을 **5번** 더하기!

$6 \times 5 =$ ☐

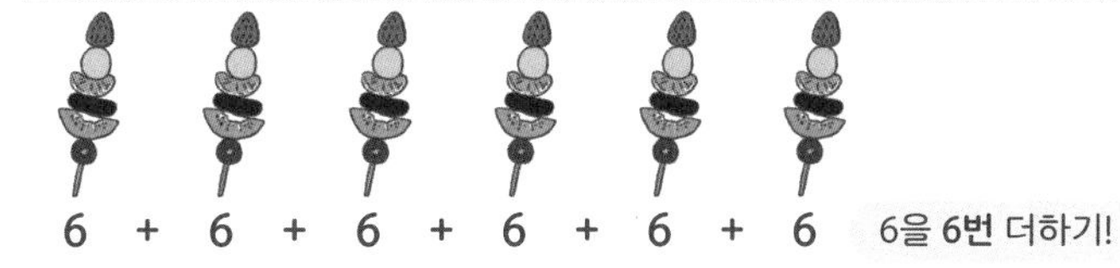

6 + 6 + 6 + 6 + 6 + 6 6을 **6번** 더하기!

$6 \times 6 =$ ☐

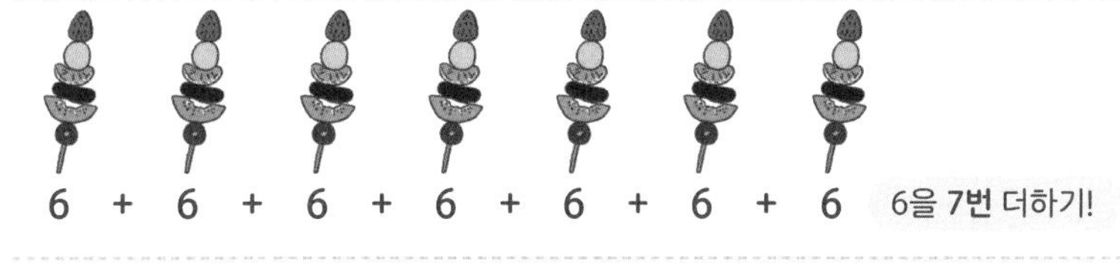

6 + 6 + 6 + 6 + 6 + 6 + 6 6을 **7번** 더하기!

$6 \times 7 =$ ☐

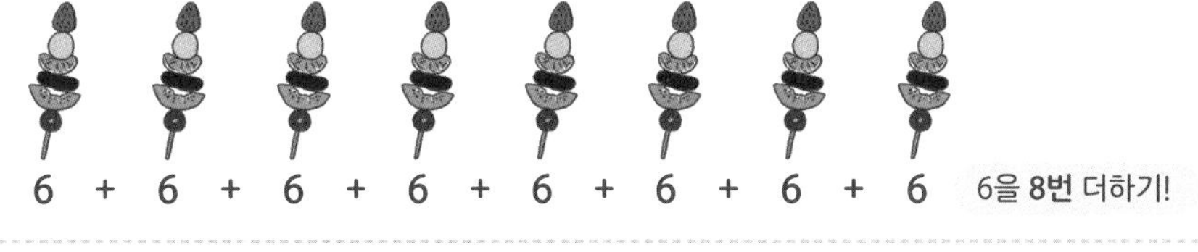

6 + 6 + 6 + 6 + 6 + 6 + 6 + 6 6을 **8번** 더하기!

$6 \times 8 =$ ☐

6 + 6 + 6 + 6 + 6 + 6 + 6 + 6 + 6 6을 **9번** 더하기!

$6 \times 9 =$ ☐

6단은 ☐ 씩 커져요.

정답 **15쪽**

6단 4단계 구구단 읽고 쓰기

✎ 6단을 따라 쓰고 읽어 보세요.

구구단 쓰기	구구단 읽기
$6 \times 1 = 6$	육 일은 육
$6 \times 2 = 12$	육 이 십이
$6 \times 3 = 18$	육 삼 십팔
$6 \times 4 = 24$	육 사 이십사
$6 \times 5 = 30$	육 오 삼십
$6 \times 6 = 36$	육 육 삼십육
$6 \times 7 = 42$	육 칠 사십이
$6 \times 8 = 48$	육 팔 사십팔
$6 \times 9 = 54$	육 구 오십사

✎ 6단을 소리 내어 읽고 바르게 써 보세요.

육 일은 육 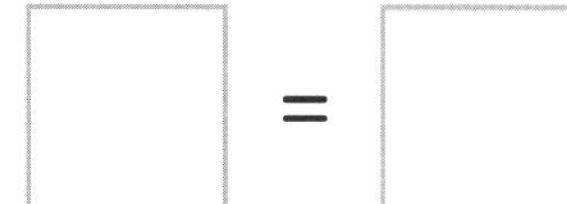 × =

육 이 십이 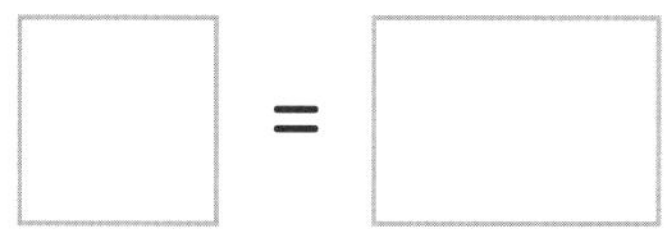 × =

육 삼 십팔  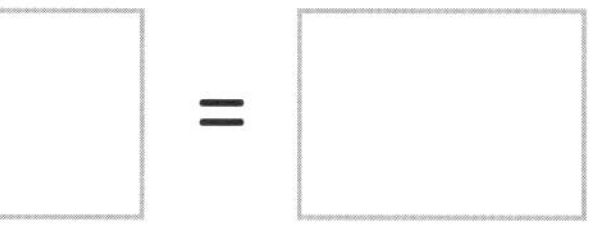 × =

육 사 이십사  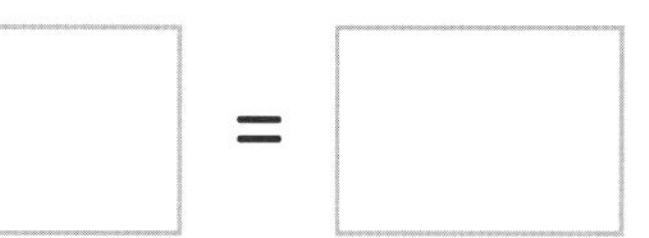 × =

육 오 삼십  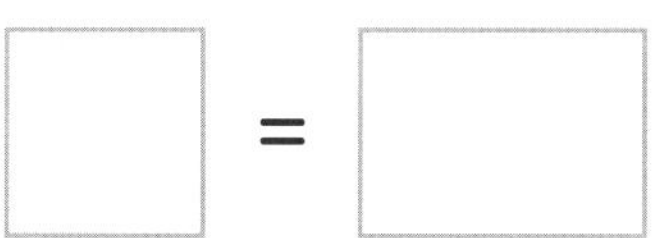 × =

육 육 삼십육   × =

육 칠 사십이 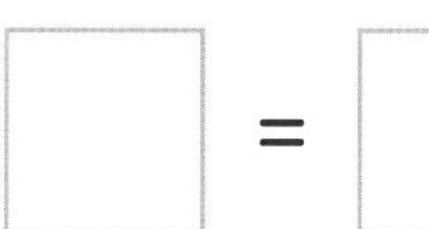 × =

육 팔 사십팔  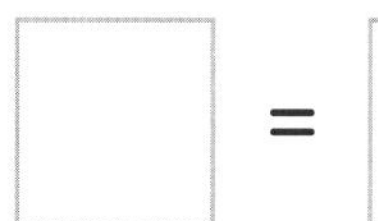 × =

육 구 오십사   × =

정답 15쪽

6단 5단계 연습하기

✎ 6단을 완성해 보세요.

6 × 1 = ☐	6 × 2 = ☐
6 × 2 = ☐	6 × 7 = ☐
6 × 3 = ☐	6 × 1 = ☐
6 × 4 = ☐	6 × 3 = ☐
6 × 5 = ☐	6 × 5 = ☐
6 × 6 = ☐	6 × 8 = ☐
6 × 7 = ☐	6 × 9 = ☐
6 × 8 = ☐	6 × 4 = ☐
6 × 9 = ☐	6 × 6 = ☐

✎ 빈칸에 알맞은 수를 써넣으세요.

6 × ☐ = 54	6 × ☐ = 18	6 × ☐ = 42
6 × ☐ = 12	6 × ☐ = 36	6 × ☐ = 24
6 × ☐ = 30	6 × ☐ = 6	6 × ☐ = 48

✎ 빈칸에 알맞은 수를 써넣으세요.

1

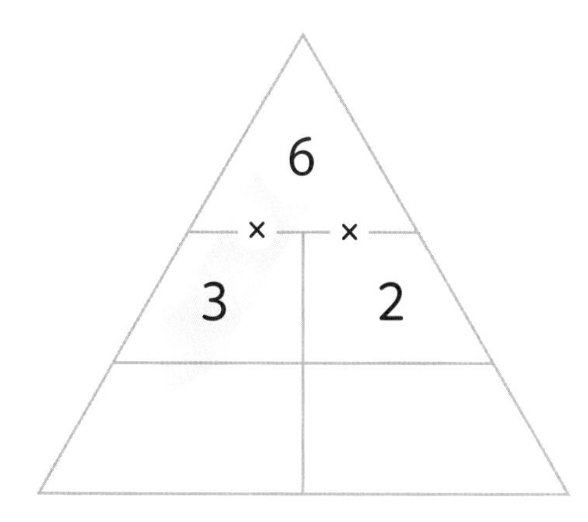

2

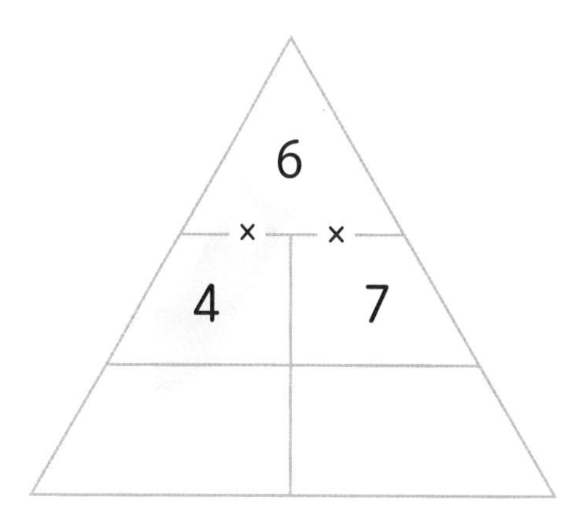

3

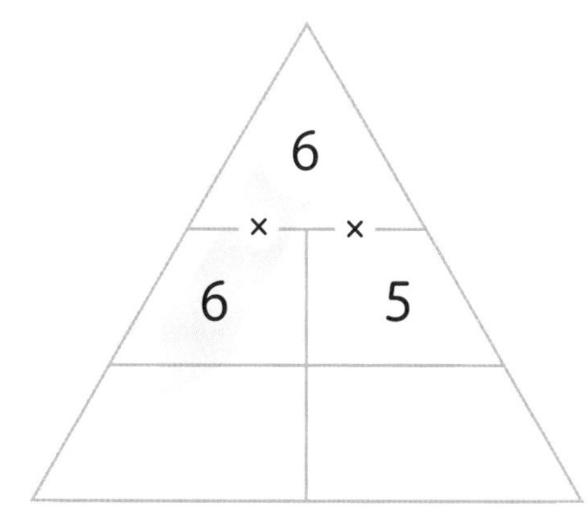

4

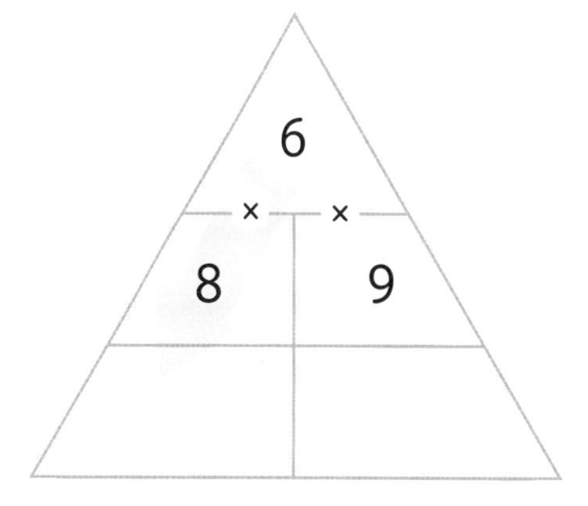

✎ 두 수의 곱으로 알맞은 것을 찾아 이어 보세요.

6 × 3　　6 × 5　　6 × 7　　6 × 1

6　　30　　42　　18

24　　54　　12　　48　　36

6 × 8　　6 × 6　　6 × 2　　6 × 4　　6 × 9

6단 6단계 응용 문제 풀기

✎ 6단 곱셈표를 완성하고 일의 자리 숫자를 써넣으세요.

×	1	2	3	4	5	6	7	8	9
6									
일의 자리 숫자									

✎ 6단의 일의 자리 숫자를 선으로 이으며 구구단을 소리 내어 읽어 보세요.

육 오 30

0

Start

9 1

육 삼 18 육 이 12

육 팔 48 8 2 육 칠 42

>◡<

7 3

육 일은 6 6 4 육 사 24

육 육 36 5 육 구 54

✎ 6단을 이용하여 문제를 풀어 보세요.

보기 딸기가 6개 올라간 케이크를 6개 샀습니다. 딸기는 모두 몇 개일까요?

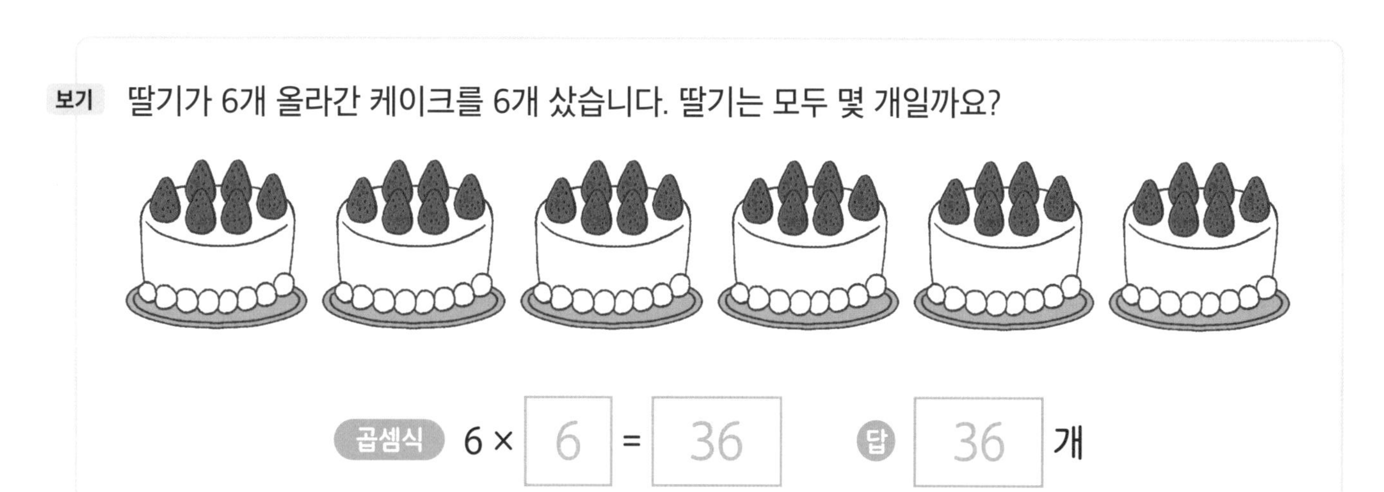

곱셈식 6 × 6 = 36 답 36 개

1 벤치 한 개에 6명이 앉기로 했습니다. 벤치 5개에 모두 몇 명이 앉을 수 있을까요?

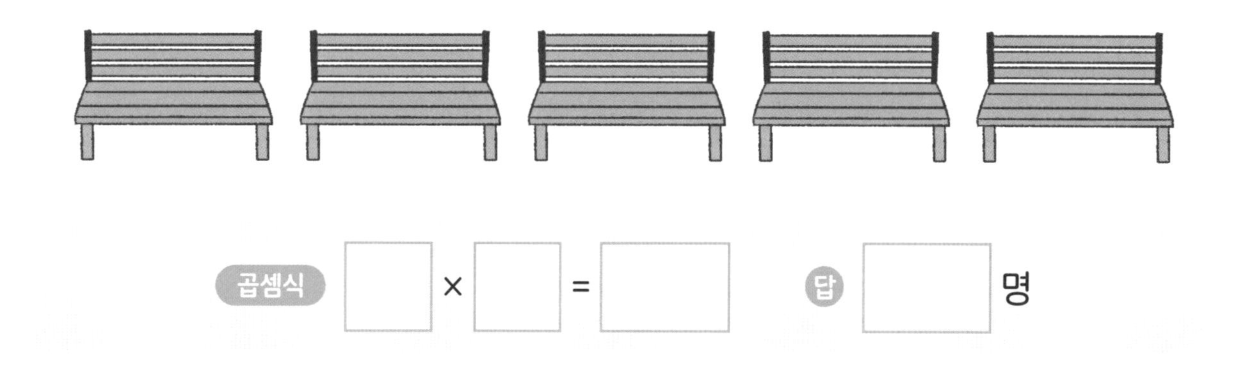

곱셈식 □ × □ = □ 답 □ 명

2 지호는 6자루 들어 있는 색연필을 8개 샀습니다. 지호가 산 색연필은 모두 몇 자루일까요?

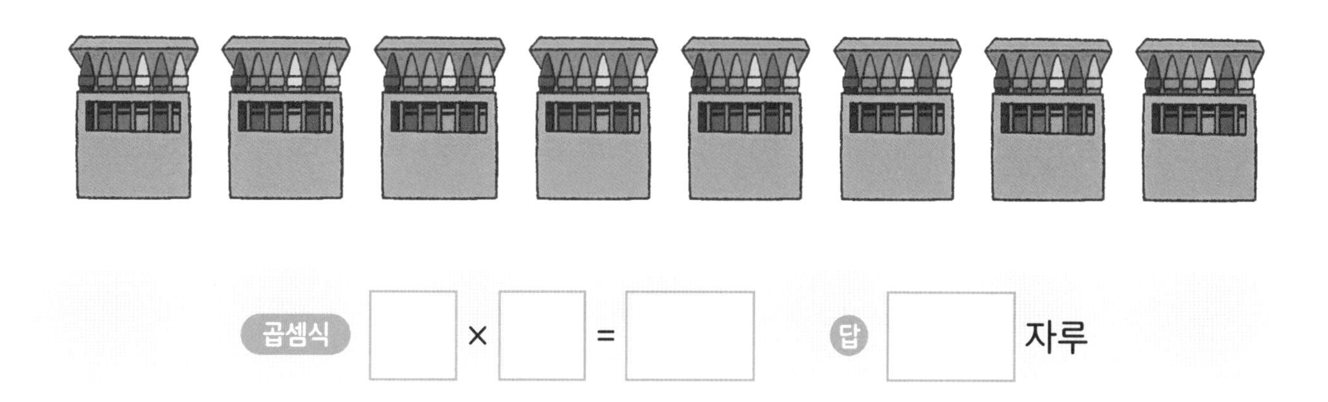

곱셈식 □ × □ = □ 답 □ 자루

정답 16쪽

3단 × 6단 섞어 복습

✎ 수직선을 보고 빈칸에 알맞은 수를 써넣으세요.

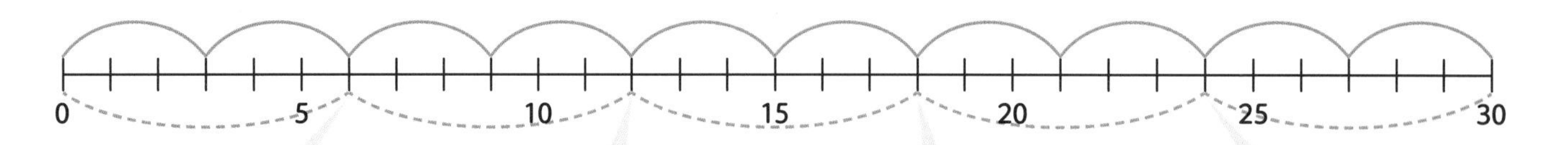

3 × 2 = ☐	3 × ☐ = ☐	3 × ☐ = ☐	3 × ☐ = ☐
6 × ☐ = ☐	6 × ☐ = ☐	6 × ☐ = ☐	6 × ☐ = ☐

➡ 3씩 ☐ 번 뛰어 센 수는 6씩 ☐ 번 뛰어 센 수와 같아요.

✎ 두 수의 곱으로 알맞은 것을 찾아 이어 보세요.

3 × 9	•	• 3	18 •		• 6 × 9
3 × 8	•	• 12	24 •		• 6 × 8
3 × 7	•	• 6	42 •		• 6 × 7
3 × 6	•	• 21	36 •		• 6 × 6
3 × 5	•	• 9	48 •		• 6 × 5
3 × 4	•	• 15	12 •		• 6 × 4
3 × 3	•	• 24	54 •		• 6 × 3
3 × 2	•	• 27	6 •		• 6 × 2
3 × 1	•	• 18	30 •		• 6 × 1

✎ 두 수의 곱 중에서 더 큰 수에 ○표 하세요.

1	3×8	6×3
2	3×5	6×8
3	6×2	3×7
4	6×9	3×6
5	3×9	6×4
6	3×3	6×5

✎ 안의 수가 곱이 되도록 빈칸에 알맞은 수를 써넣으세요.

1 12

$3 \times \square$

$6 \times \square$

2 24

$3 \times \square$

$6 \times \square$

3 6

$3 \times \square$

$6 \times \square$

4 18

$3 \times \square$

$6 \times \square$

정답 **34쪽**

4단 1단계 같은 수 더하기

✎ 4씩 뛰어 세며 빈칸에 알맞은 수를 써넣으세요.

연습 문제

1

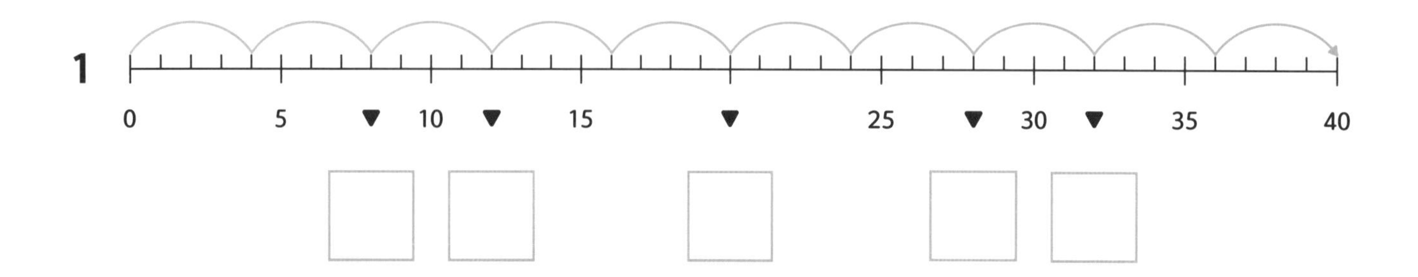

2

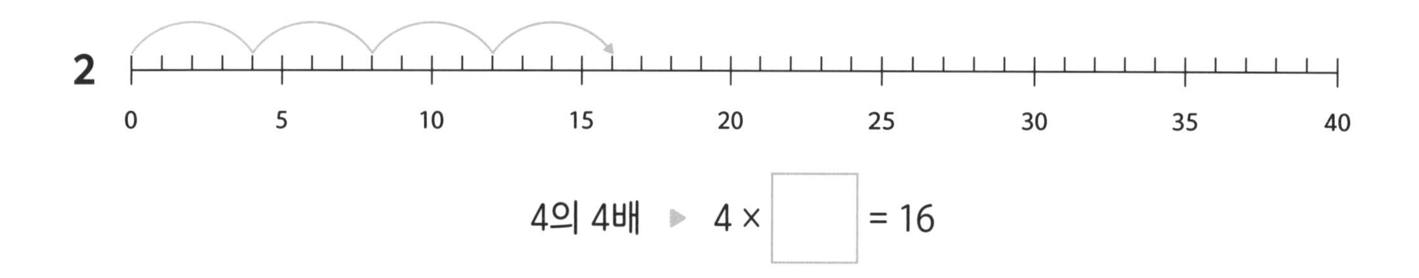

4의 4배 ▶ 4 × □ = 16

3

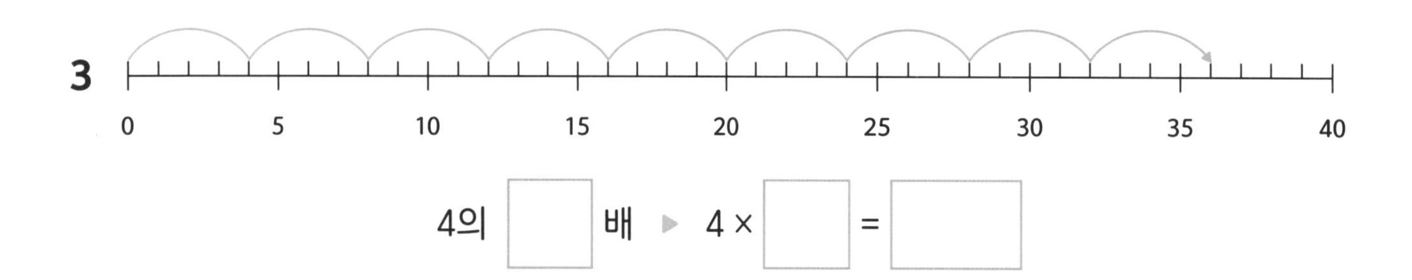

4의 □ 배 ▶ 4 × □ = □

4

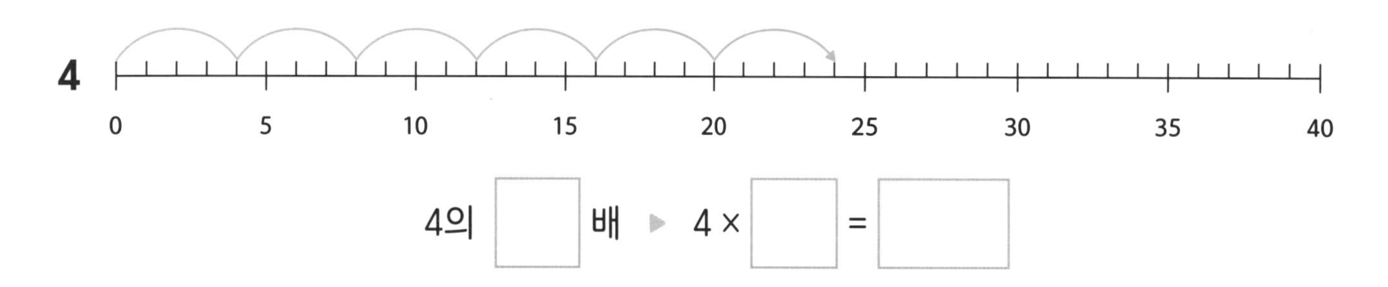

4의 □ 배 ▶ 4 × □ = □

✎ 4씩 묶어 세며 빈칸에 알맞은 수를 써넣으세요.

1

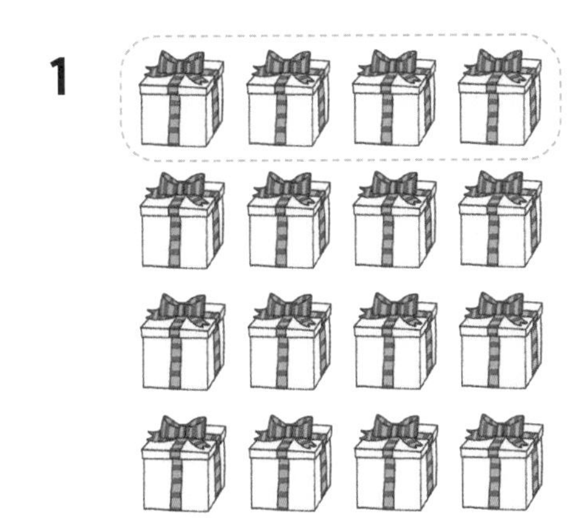

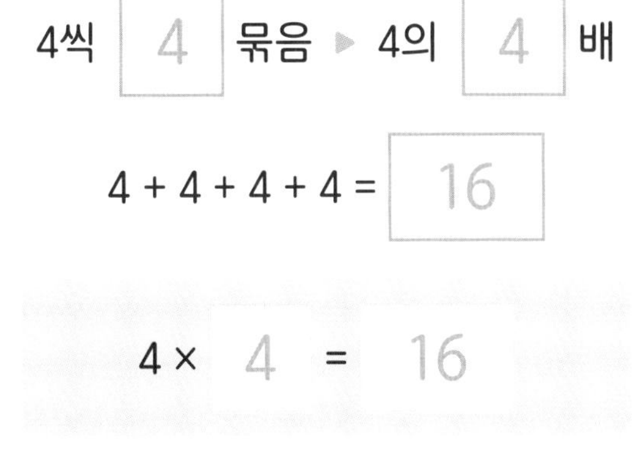

4씩 [4] 묶음 ▸ 4의 [4] 배

4 + 4 + 4 + 4 = [16]

4 × 4 = 16

2

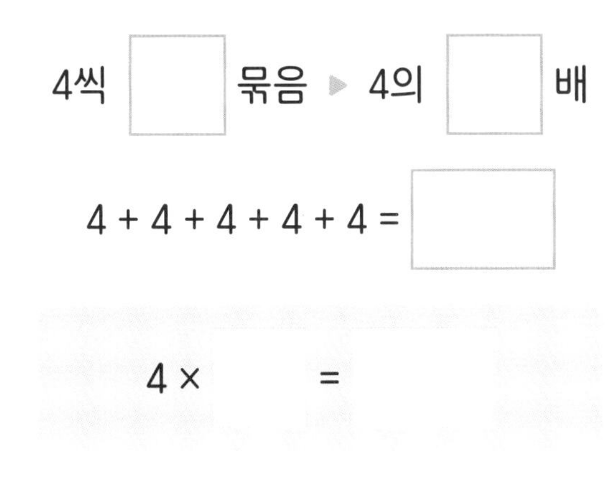

4씩 [ ] 묶음 ▸ 4의 [ ] 배

4 + 4 + 4 + 4 + 4 = [ ]

4 × [ ] = [ ]

3

4의 [ ] 배

4 × [ ] = [ ]

4

4의 [ ] 배

4 × [ ] = [ ]

4단 2단계 곱셈식 익히기

✎ 보기를 보고 그림을 곱셈식으로 나타내 보세요.

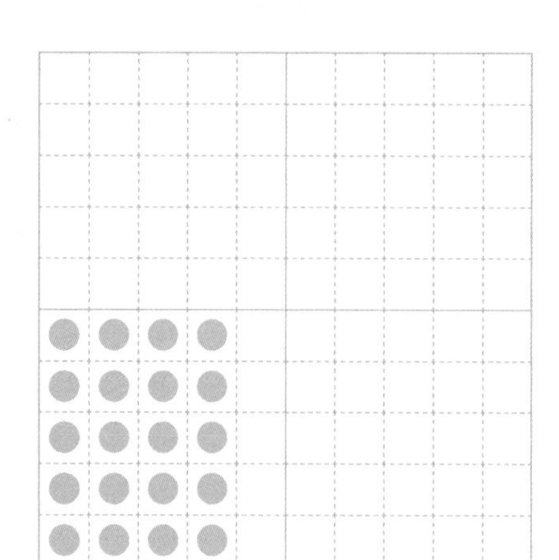

보기 $4 \times 5 = 20$

1

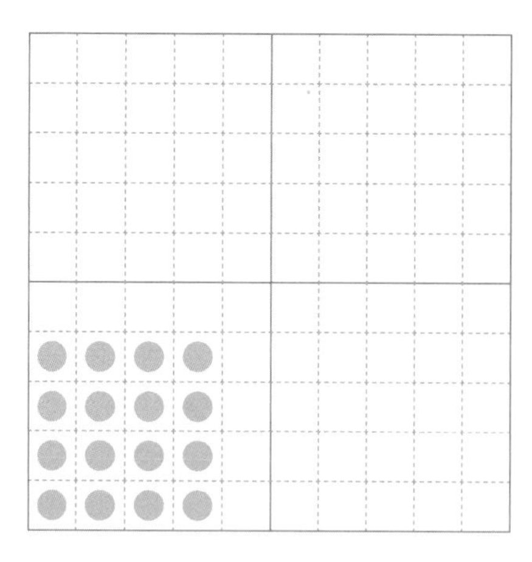

$\square \times \square = \square$

2

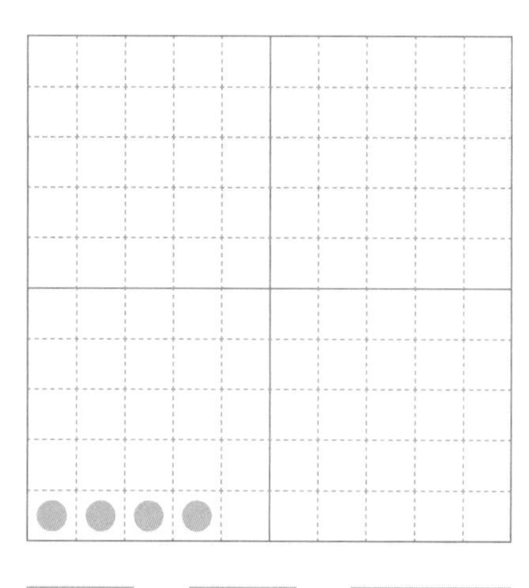

$\square \times \square = \square$

3

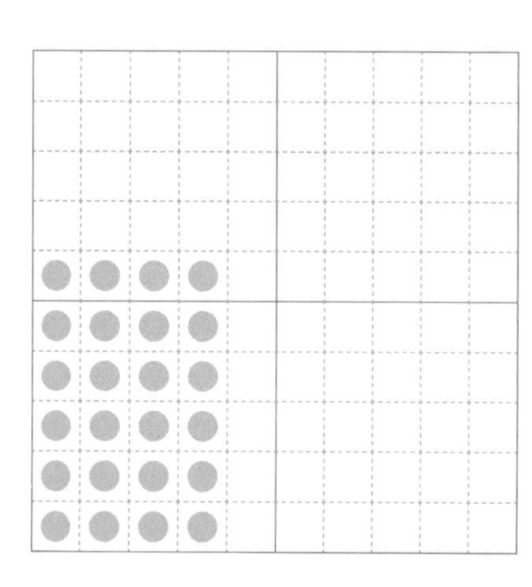

$\square \times \square = \square$

4

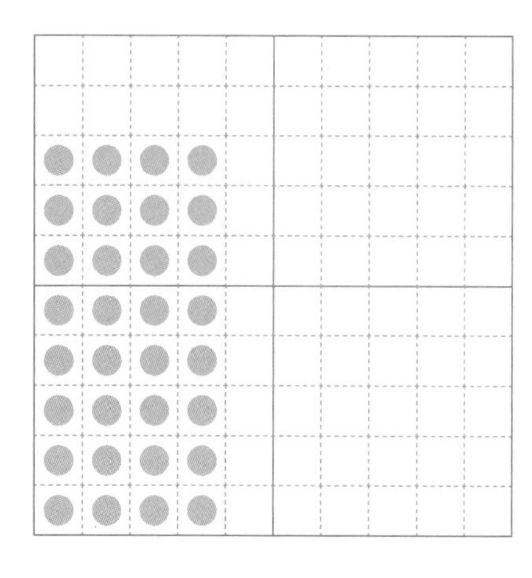

$\square \times \square = \square$

5

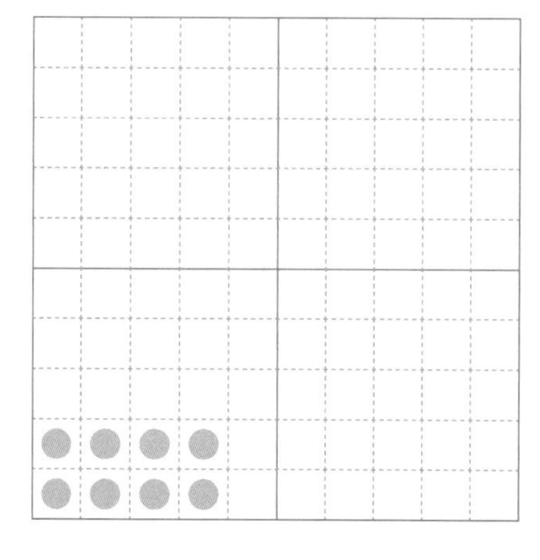

$\square \times \square = \square$

✎ 보기를 보고 곱셈식을 그림으로 나타내 보세요.

보기 $4 \times 8 = 32$

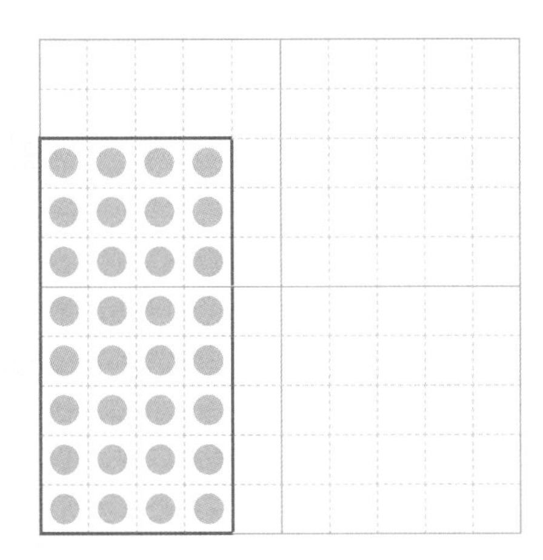

1 $4 \times 5 = 20$

2 $4 \times 3 = 12$

3 $4 \times 9 = 36$

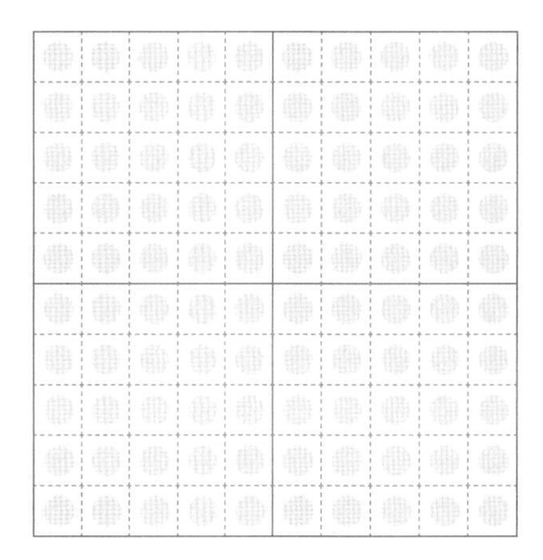

4 $4 \times 2 = 8$

5 $4 \times 7 = 28$

정답 17쪽

4단 3단계 구구단 규칙 알기

✎ 다음 덧셈을 하며 4단의 규칙을 알아보세요.

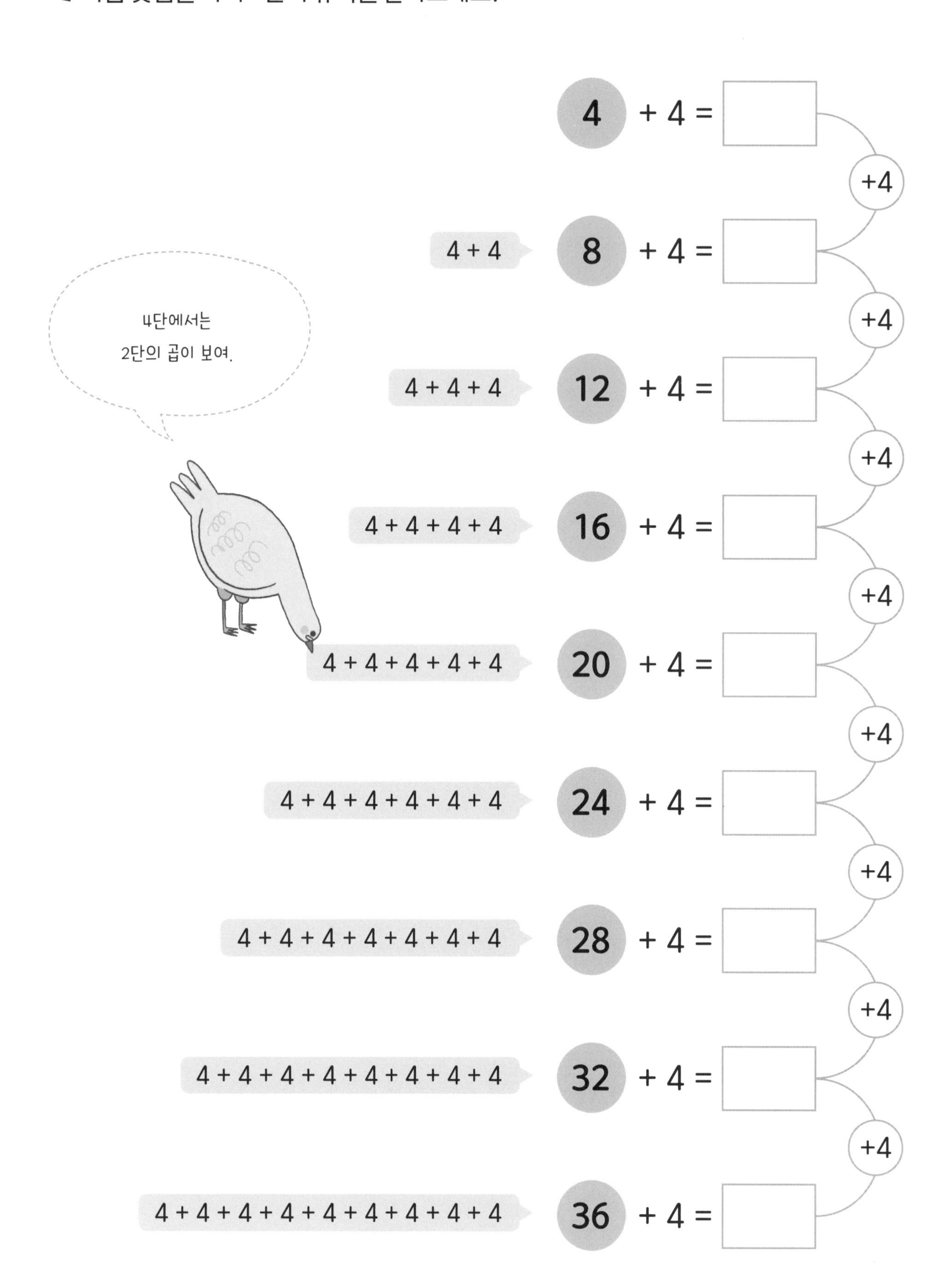

✎ 네잎클로버 잎의 개수를 보고 곱셈식을 완성하세요.

4

$4 \times 1 =$ ☐

4 + 4 4를 2번 더하기!

$4 \times 2 =$ ☐

4 + 4 + 4 4를 3번 더하기!

$4 \times 3 =$ ☐

4 + 4 + 4 + 4 4를 4번 더하기!

$4 \times 4 =$ ☐

4 + 4 + 4 + 4 + 4 4를 5번 더하기!

$4 \times 5 =$ ☐

4 + 4 + 4 + 4 + 4 + 4 4를 6번 더하기!

$4 \times 6 =$ ☐

4 + 4 + 4 + 4 + 4 + 4 + 4 4를 7번 더하기!

$4 \times 7 =$ ☐

4 + 4 + 4 + 4 + 4 + 4 + 4 + 4 4를 8번 더하기!

$4 \times 8 =$ ☐

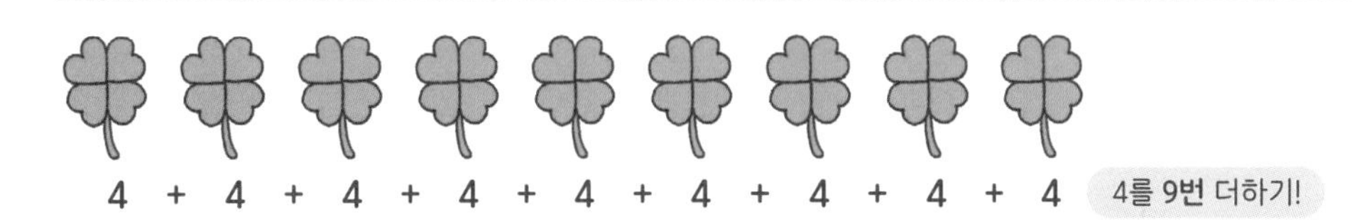

4 + 4 + 4 + 4 + 4 + 4 + 4 + 4 + 4 4를 9번 더하기!

$4 \times 9 =$ ☐

4단은 ☐ 씩 커져요.

4단 4단계 구구단 읽고 쓰기

✎ 4단을 따라 쓰고 읽어 보세요.

구구단 쓰기	구구단 읽기
4 × 1 = 4	사 일은 사
4 × 2 = 8	사 이 팔
4 × 3 = 12	사 삼 십이
4 × 4 = 16	사 사 십육
4 × 5 = 20	사 오 이십
4 × 6 = 24	사 육 이십사
4 × 7 = 28	사 칠 이십팔
4 × 8 = 32	사 팔 삼십이
4 × 9 = 36	사 구 삼십육

✎ 4단을 소리 내어 읽고 바르게 써 보세요.

사 일은 사  □ × □ = □

사 이 팔  □ × □ = □

사 삼 십이   × 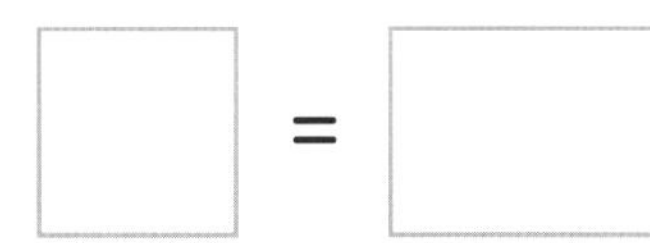 □

사 사 십육   × □ = □

사 오 이십   × 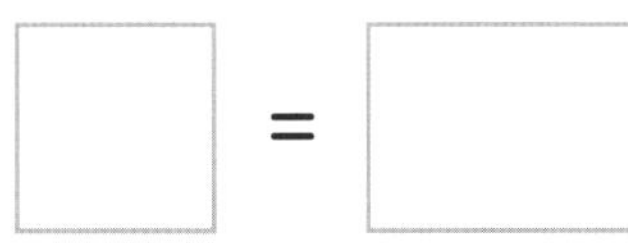 □

사 육 이십사   × □ = □

사 칠 이십팔  □ ×  □

사 팔 삼십이   × □ = □

사 구 삼십육 ➡  × □ = □

4단 5단계 연습하기

✎ 4단을 완성해 보세요.

4 × 1 = ☐	4 × 4 = ☐
4 × 2 = ☐	4 × 3 = ☐
4 × 3 = ☐	4 × 6 = ☐
4 × 4 = ☐	4 × 2 = ☐
4 × 5 = ☐	4 × 8 = ☐
4 × 6 = ☐	4 × 1 = ☐
4 × 7 = ☐	4 × 7 = ☐
4 × 8 = ☐	4 × 9 = ☐
4 × 9 = ☐	4 × 5 = ☐

✎ 빈칸에 알맞은 수를 써넣으세요.

4 × ☐ = 20	4 × ☐ = 12	4 × ☐ = 8
4 × ☐ = 4	4 × ☐ = 16	4 × ☐ = 32
4 × ☐ = 36	4 × ☐ = 24	4 × ☐ = 28

✎ 올바른 곱이 되도록 길을 이어 보세요.

1
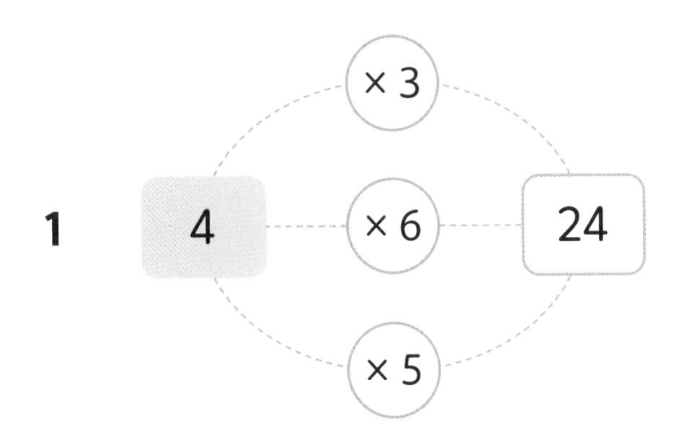

2
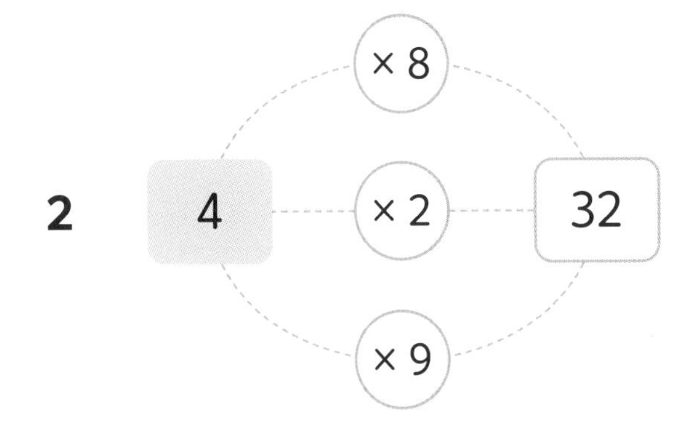

3
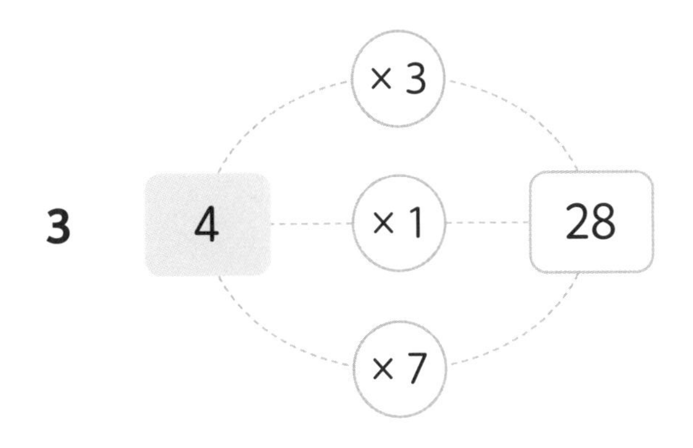

4
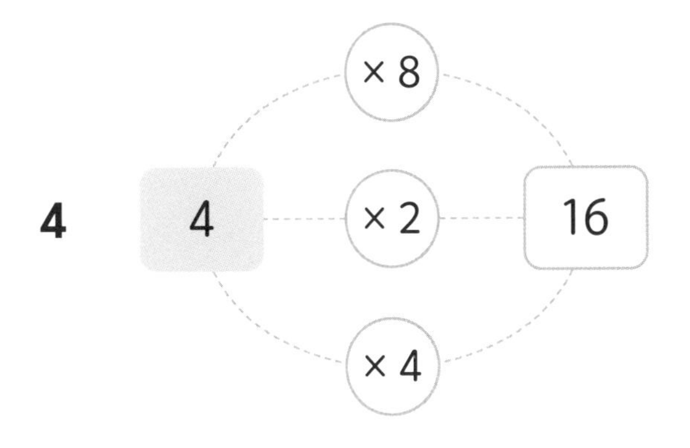

✎ 두 수의 곱으로 알맞은 것에 O표 하세요.

1
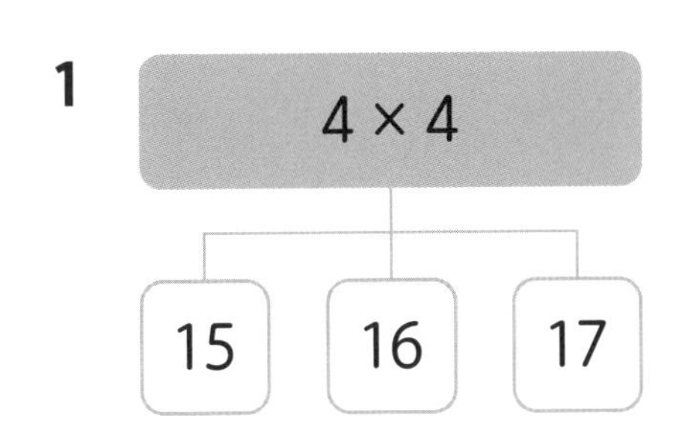

2
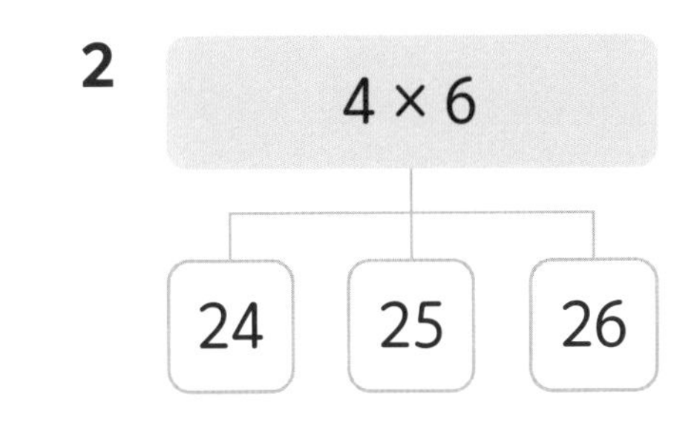

3
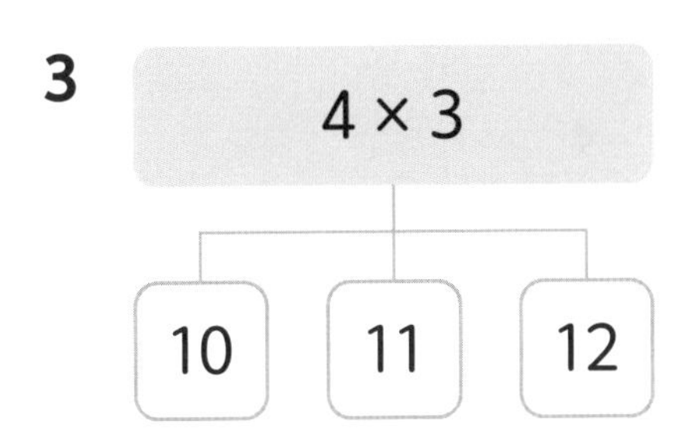

4
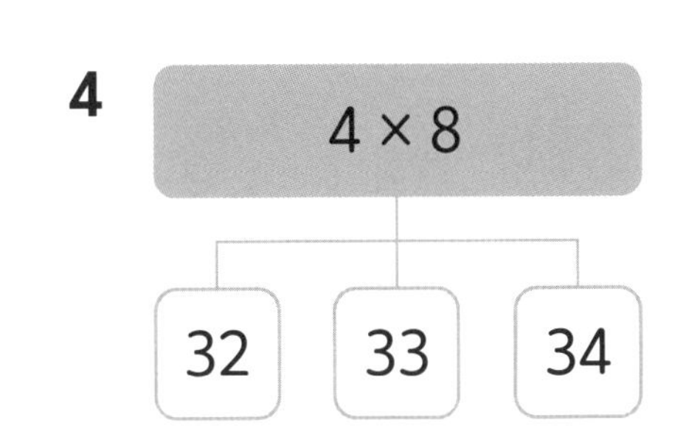

정답 19쪽

4단 6단계 응용 문제 풀기

✎ 4단 곱셈표를 완성하고 일의 자리 숫자를 써넣으세요.

×	1	2	3	4	5	6	7	8	9
4									
일의 자리 숫자									

✎ 4단의 일의 자리 숫자를 선으로 이으며 구구단을 소리 내어 읽어 보세요.

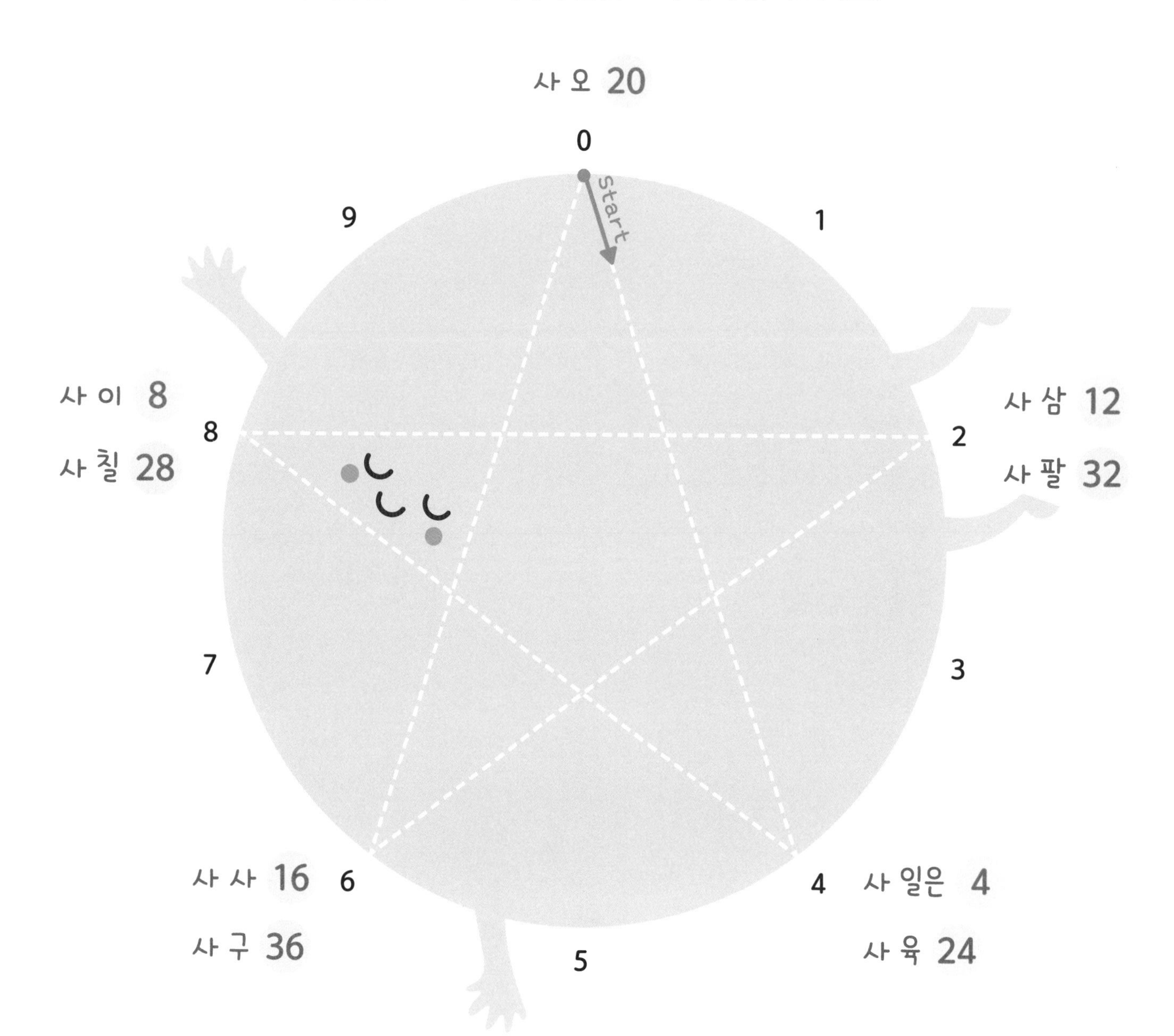

✎ 4단을 이용하여 문제를 풀어 보세요.

보기 날개가 4개인 풍차가 6대 있습니다. 풍차의 날개는 모두 몇 개일까요?

곱셈식 4 × 6 = 24 답 24 개

1 봉지 4개에 요구르트를 4개씩 담으려고 합니다. 요구르트는 모두 몇 개가 필요할까요?

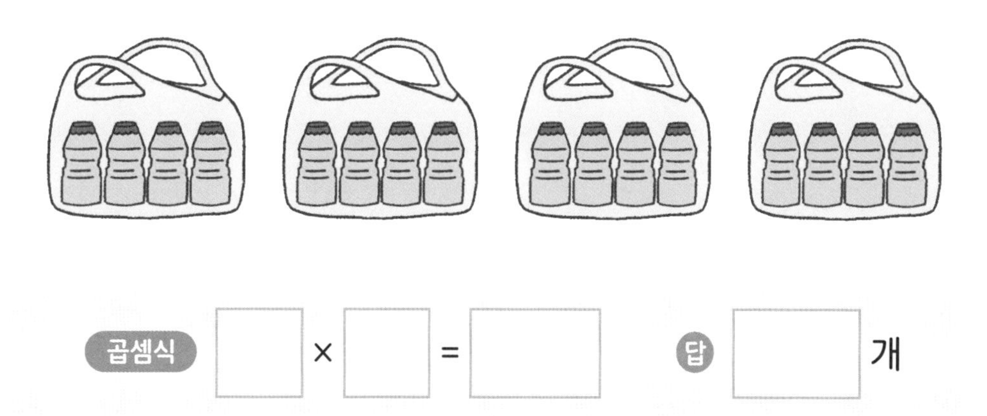

곱셈식 ☐ × ☐ = ☐ 답 ☐ 개

2 목걸이에 보석을 4개씩 달았습니다. 목걸이 7개에 달린 보석은 모두 몇 개일까요?

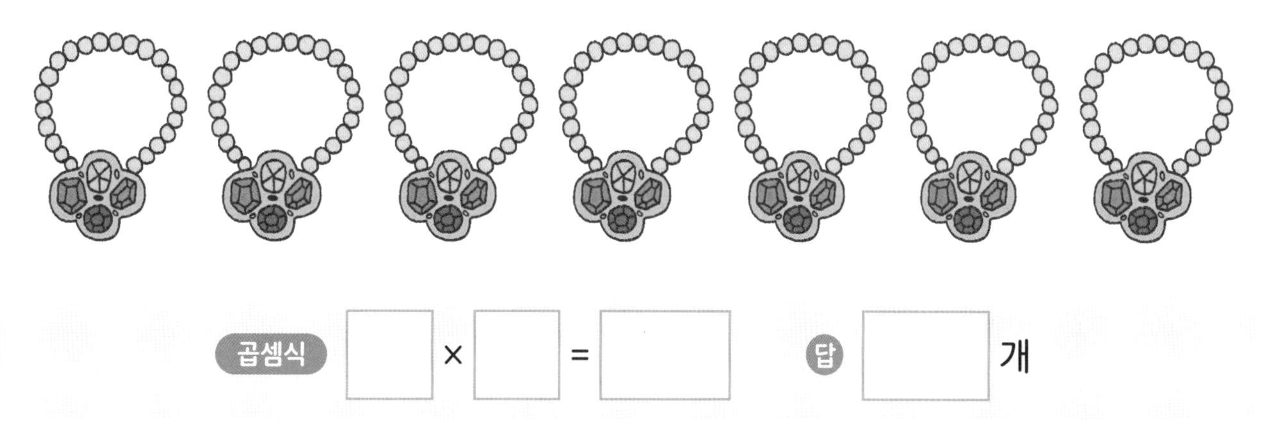

곱셈식 ☐ × ☐ = ☐ 답 ☐ 개

정답 19쪽

8단 1단계 같은 수 더하기

✎ 8씩 뛰어 세며 빈칸에 알맞은 수를 써넣으세요.

연습 문제

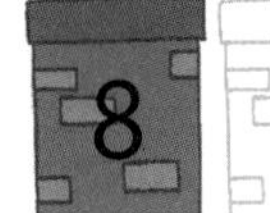

1

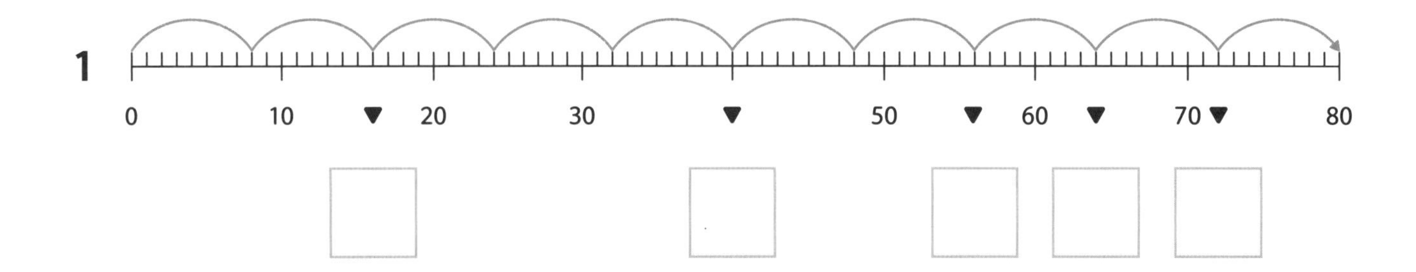

2

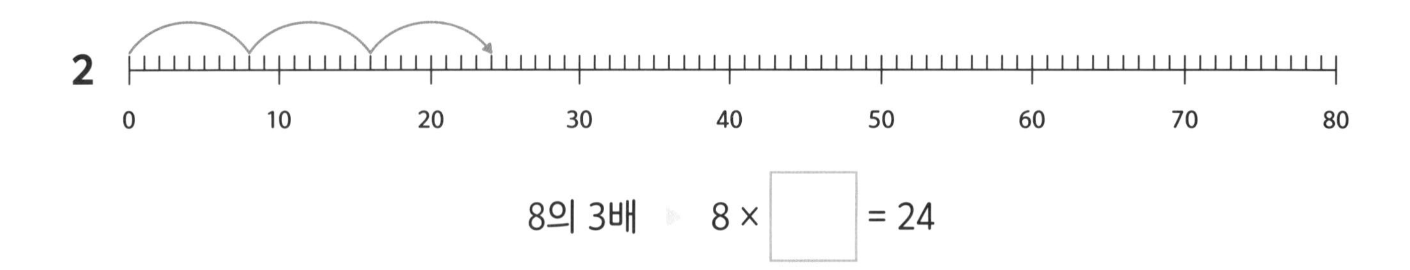

8의 3배 ▸ 8 × □ = 24

3

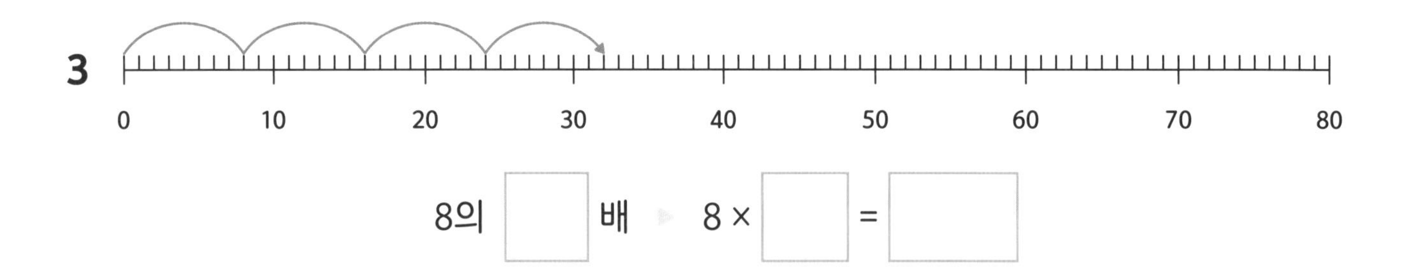

8의 □ 배 ▸ 8 × □ = □

4

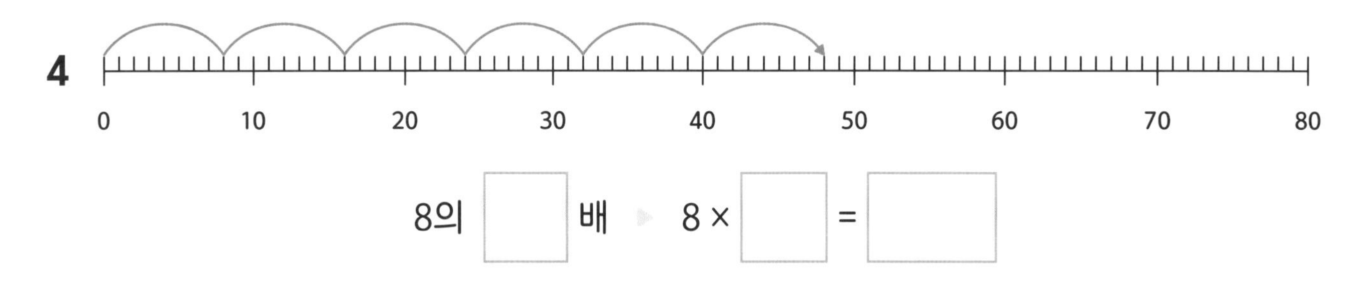

8의 □ 배 ▸ 8 × □ = □

✎ 8씩 묶어 세며 빈칸에 알맞은 수를 써넣으세요.

1

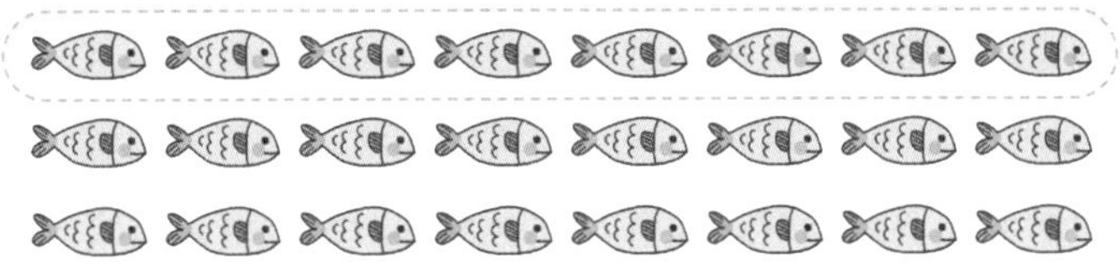

8씩 [3] 묶음 ▸ 8의 [3] 배

8 + 8 + 8 = [24]

8 × [3] = [24]

2

8씩 [ ] 묶음 ▸ 8의 [ ] 배

8 + 8 + 8 + 8 + 8 + 8 = [ ]

8 × [ ] = [ ]

3

8의 [ ] 배

8 × [ ] = [ ]

4

8의 [ ] 배

8 × [ ] = [ ]

정답 20쪽

8단 2단계 곱셈식 익히기

✎ 보기를 보고 그림을 곱셈식으로 나타내 보세요.

보기 $8 \times 6 = 48$

1

$\square \times \square = \square$

2

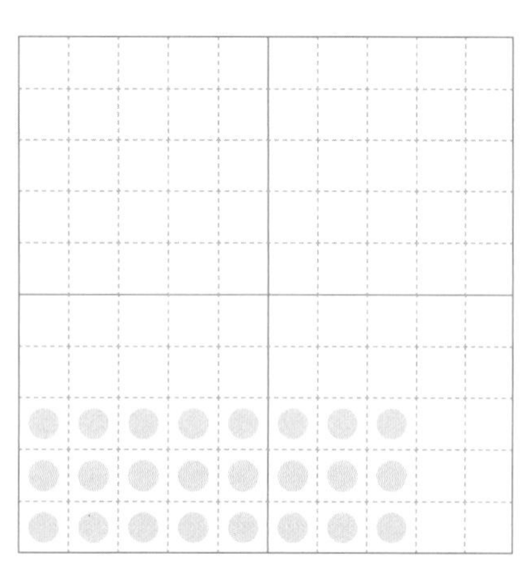

$\square \times \square = \square$

3

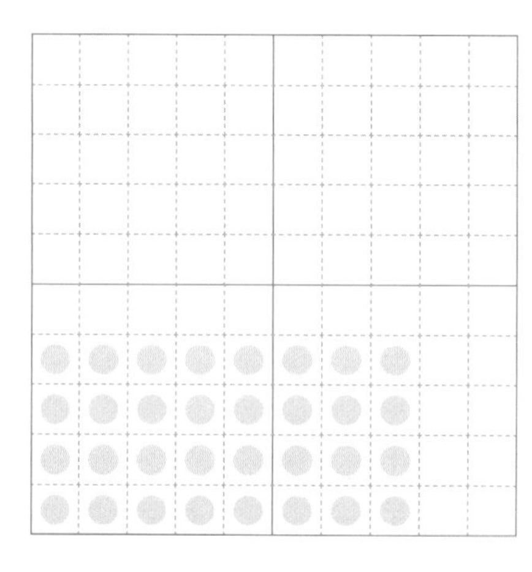

$\square \times \square = \square$

4

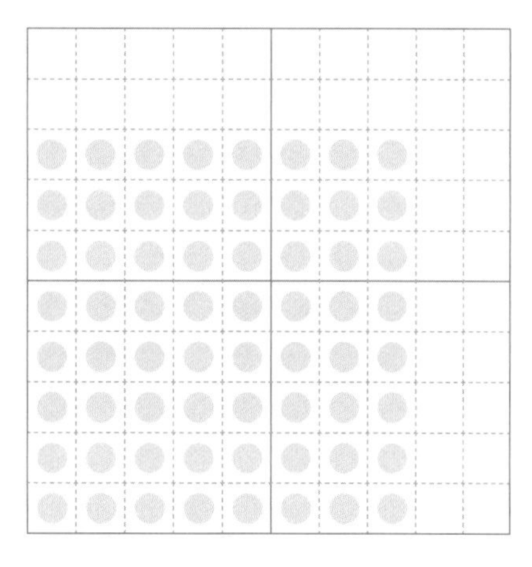

$\square \times \square = \square$

5

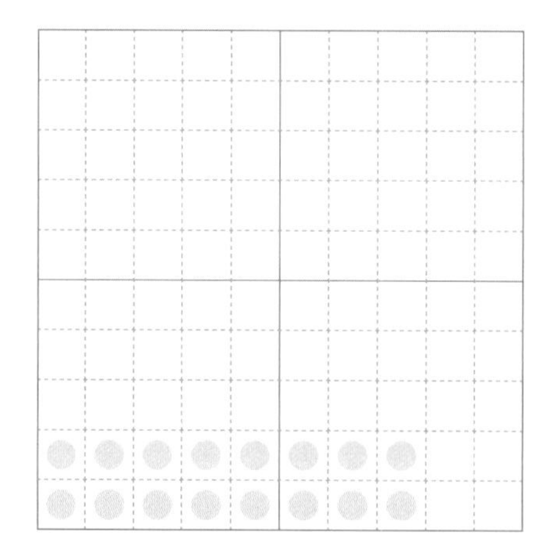

$\square \times \square = \square$

✎ 보기를 보고 곱셈식을 그림으로 나타내 보세요.

보기 $8 \times 8 = 64$

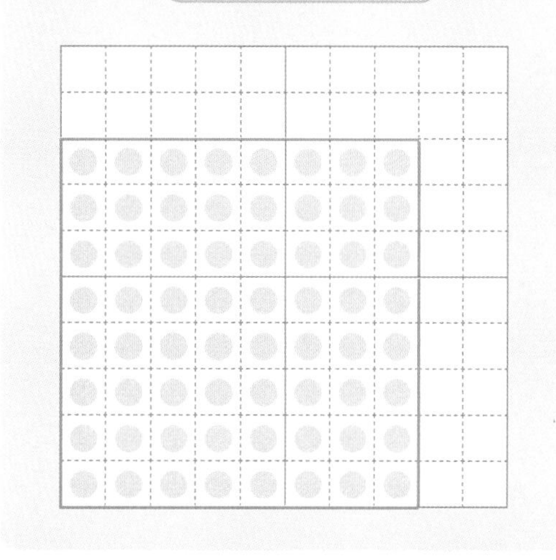

1 $8 \times 1 = 8$

2 $8 \times 9 = 72$

3 $8 \times 5 = 40$

4 $8 \times 6 = 48$

5 $8 \times 7 = 56$

정답 20쪽

8단 3단계 구구단 규칙 알기

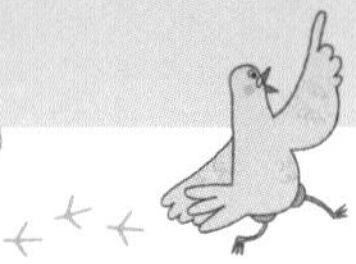

✎ 다음 덧셈을 하며 8단의 규칙을 알아보세요.

	8	+ 8 =	□
			+8
8 + 8	**16**	+ 8 =	□
			+8
8 + 8 + 8	**24**	+ 8 =	□
			+8
8 + 8 + 8 + 8	**32**	+ 8 =	□
			+8
8 + 8 + 8 + 8 + 8	**40**	+ 8 =	□
			+8
8 + 8 + 8 + 8 + 8 + 8	**48**	+ 8 =	□
			+8
8 + 8 + 8 + 8 + 8 + 8 + 8	**56**	+ 8 =	□
			+8
8 + 8 + 8 + 8 + 8 + 8 + 8 + 8	**64**	+ 8 =	□
			+8
8 + 8 + 8 + 8 + 8 + 8 + 8 + 8 + 8	**72**	+ 8 =	□

✎ 문어의 다리 개수를 보고 곱셈식을 완성하세요.

8

$8 \times 1 =$ ☐

8 + 8 8을 **2번** 더하기!

$8 \times 2 =$ ☐

8 + 8 + 8 8을 **3번** 더하기!

$8 \times 3 =$ 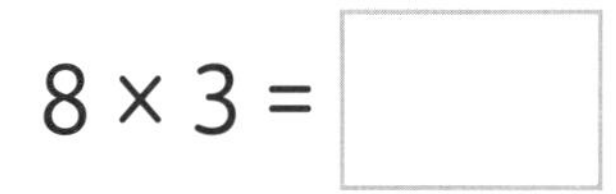

8 + 8 + 8 + 8 8을 **4번** 더하기!

$8 \times 4 =$ 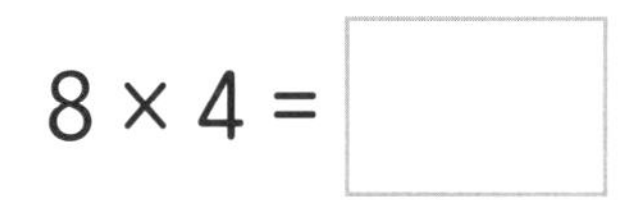

8 + 8 + 8 + 8 + 8 8을 **5번** 더하기!

$8 \times 5 =$ 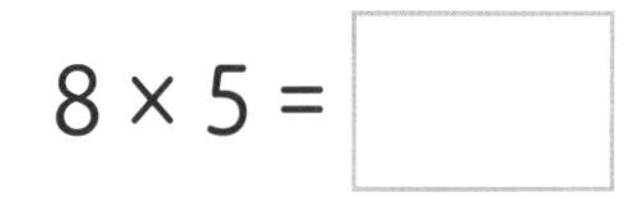

8 + 8 + 8 + 8 + 8 + 8 8을 **6번** 더하기!

$8 \times 6 =$ ☐

8 + 8 + 8 + 8 + 8 + 8 + 8 8을 **7번** 더하기!

$8 \times 7 =$ ☐

8 + 8 + 8 + 8 + 8 + 8 + 8 + 8 8을 **8번** 더하기!

$8 \times 8 =$ ☐

8 + 8 + 8 + 8 + 8 + 8 + 8 + 8 + 8 8을 **9번** 더하기!

$8 \times 9 =$ ☐

8단은 ☐ 씩 커져요.

정답 **21쪽**

8단 4단계 구구단 읽고 쓰기

✎ 8단을 따라 쓰고 읽어 보세요.

구구단 쓰기	구구단 읽기
8 × 1 = 8	팔 일은 팔
8 × 2 = 16	팔 이 십육
8 × 3 = 24	팔 삼 이십사
8 × 4 = 32	팔 사 삼십이
8 × 5 = 40	팔 오 사십
8 × 6 = 48	팔 육 사십팔
8 × 7 = 56	팔 칠 오십육
8 × 8 = 64	팔 팔 육십사
8 × 9 = 72	팔 구 칠십이

✎ 8단을 소리 내어 읽고 바르게 써 보세요.

팔 일은 팔  ☐ × ☐ = ☐

팔 이 십육  ☐ × 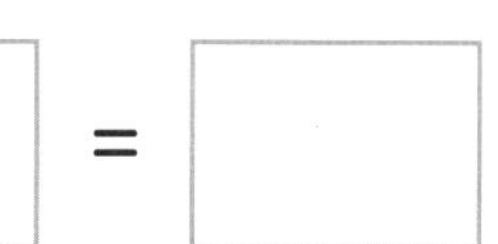 ☐ = ☐

팔 삼 이십사 ☐ ×  ☐ = ☐

팔 사 삼십이 ☐ × ☐ = ☐

팔 오 사십   ☐  × 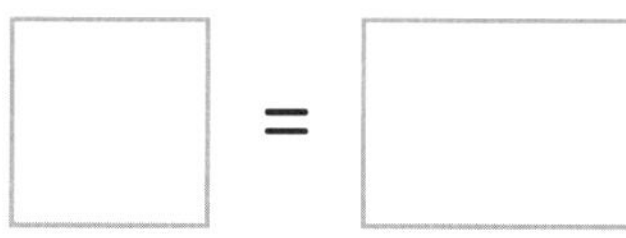 ☐ = ☐

팔 육 사십팔   ☐  × 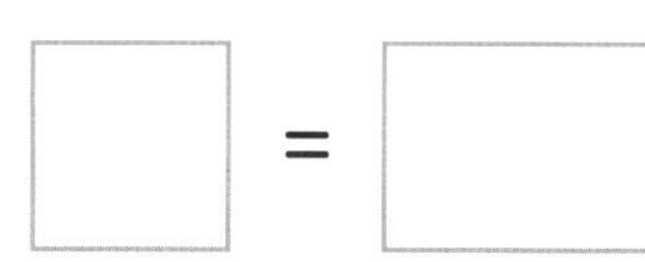 ☐ = ☐

팔 칠 오십육  ☐ × 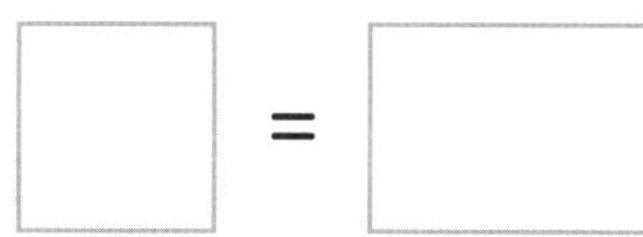 ☐ = ☐

팔 팔 육십사 ☐ × ☐ = ☐

팔 구 칠십이 ☐ × ☐ = ☐

정답 21쪽

8단 5단계 연습하기

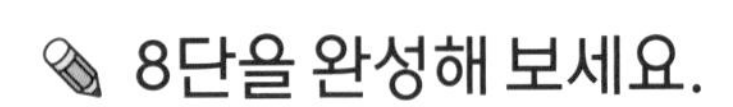

✎ 8단을 완성해 보세요.

$8 \times 1 = \square$	$8 \times 5 = \square$
$8 \times 2 = \square$	$8 \times 9 = \square$
$8 \times 3 = \square$	$8 \times 2 = \square$
$8 \times 4 = \square$	$8 \times 7 = \square$
$8 \times 5 = \square$	$8 \times 8 = \square$
$8 \times 6 = \square$	$8 \times 3 = \square$
$8 \times 7 = \square$	$8 \times 1 = \square$
$8 \times 8 = \square$	$8 \times 6 = \square$
$8 \times 9 = \square$	$8 \times 4 = \square$

✎ 빈칸에 알맞은 수를 써넣으세요.

$8 \times \square = 8$	$8 \times \square = 32$	$8 \times \square = 64$
$8 \times \square = 48$	$8 \times \square = 24$	$8 \times \square = 16$
$8 \times \square = 72$	$8 \times \square = 56$	$8 \times \square = 40$

✎ 빈칸에 알맞은 수를 써넣으세요.

1

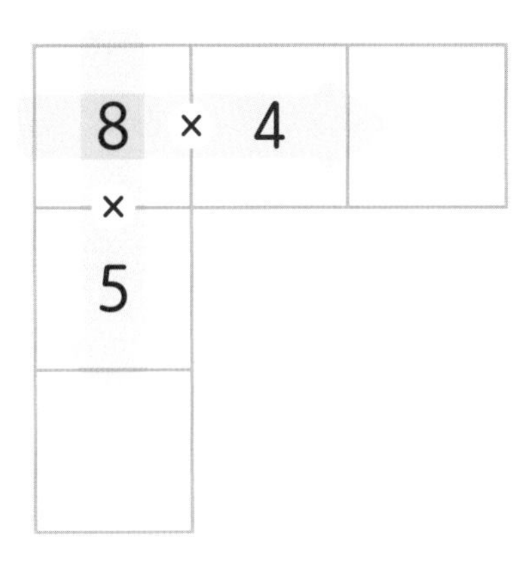

2

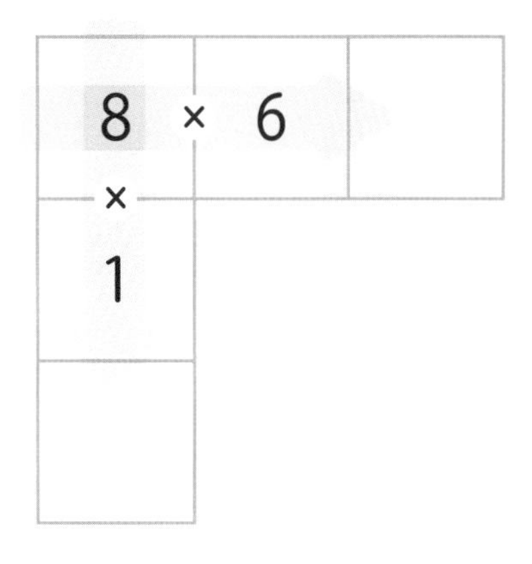

3

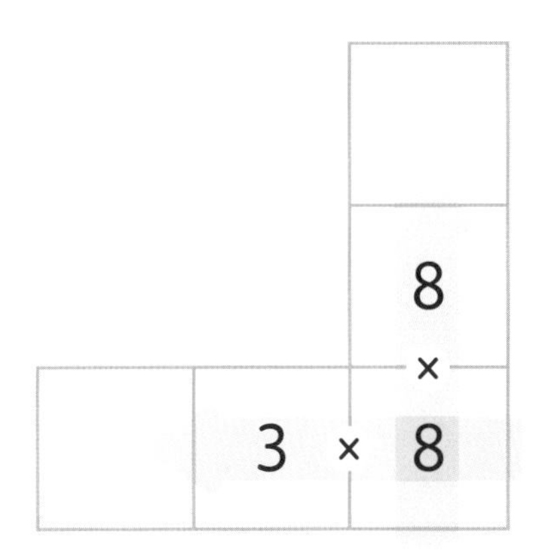

4

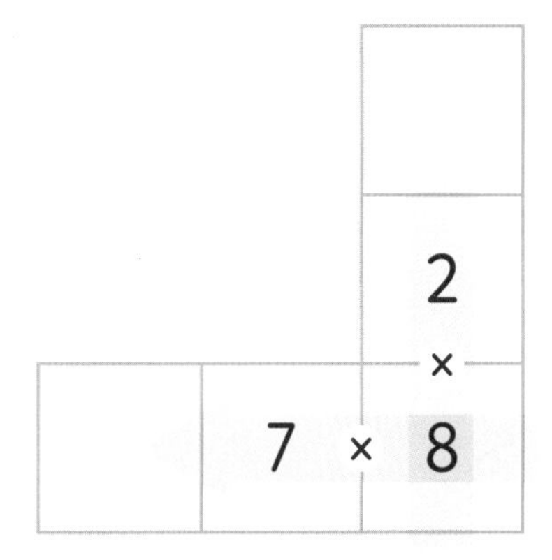

✎ 올바른 곱셈식에 ○표 하고 잘못된 곱은 바르게 고치세요.

1 [○] 8 × 2 = 16

2 [ ] 8 × 5 = 30

3 [ ] 8 × 4 = 30

4 [ ] 8 × 7 = 55

5 [ ] 8 × 6 = 48

6 [ ] 8 × 8 = 64

7 [ ] 8 × 3 = 24

8 [ ] 8 × 9 = 70

정답 22쪽

8단 6단계 응용 문제 풀기

✎ 8단 곱셈표를 완성하고 일의 자리 숫자를 써넣으세요.

×	1	2	3	4	5	6	7	8	9
8									
일의 자리 숫자									

✎ 8단의 일의 자리 숫자를 선으로 이으며 구구단을 소리 내어 읽어 보세요.

팔 오 40

0

Start

9 1

팔 일은 8 팔 사 32

팔 육 48 8 2 팔 구 72

7 3

팔 이 16 6 4 팔 삼 24

팔 칠 56 5 팔 팔 64

✎ 8단을 이용하여 문제를 풀어 보세요.

보기 피자 한 판을 8조각으로 나누었습니다. 피자 3판은 모두 몇 조각일까요?

곱셈식 8 × [3] = [24] 답 [24] 조각

1 대관람차 한 칸에 8명이 탈 수 있습니다. 8칸짜리 대관람차 한 대에 모두 몇 명이 탈 수 있을까요?

곱셈식 [ ] × [ ] = [ ] 답 [ ] 명

2 한 모둠에 8명이 모여 기차놀이를 하려고 합니다. 4모둠을 만들려면 모두 몇 명이 있어야 할까요?

곱셈식 [ ] × [ ] = [ ]

답 [ ] 명

정답 22쪽

4단 × 8단 섞어 복습

✎ 수직선을 보고 빈칸에 알맞은 수를 써넣으세요.

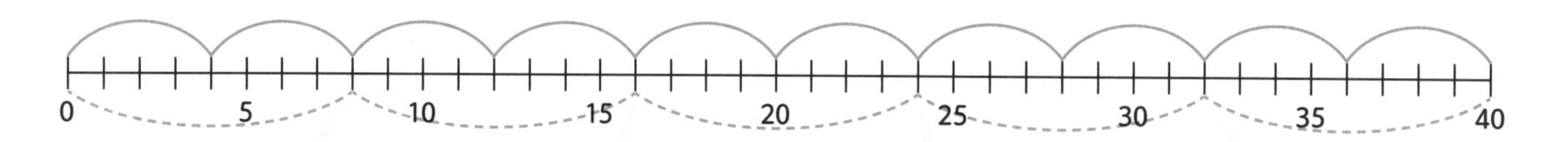

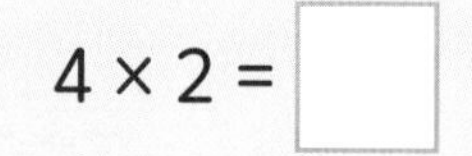

4 × 2 = ☐	4 × ☐ = ☐	4 × ☐ = ☐	4 × ☐ = ☐
8 × ☐ = ☐	8 × ☐ = ☐	8 × ☐ = ☐	8 × ☐ = ☐

➡ 4씩 ☐ 번 뛰어 센 수는 8씩 ☐ 번 뛰어 센 수와 같아요.

✎ 두 수의 곱을 찾아 선으로 이어 보세요.

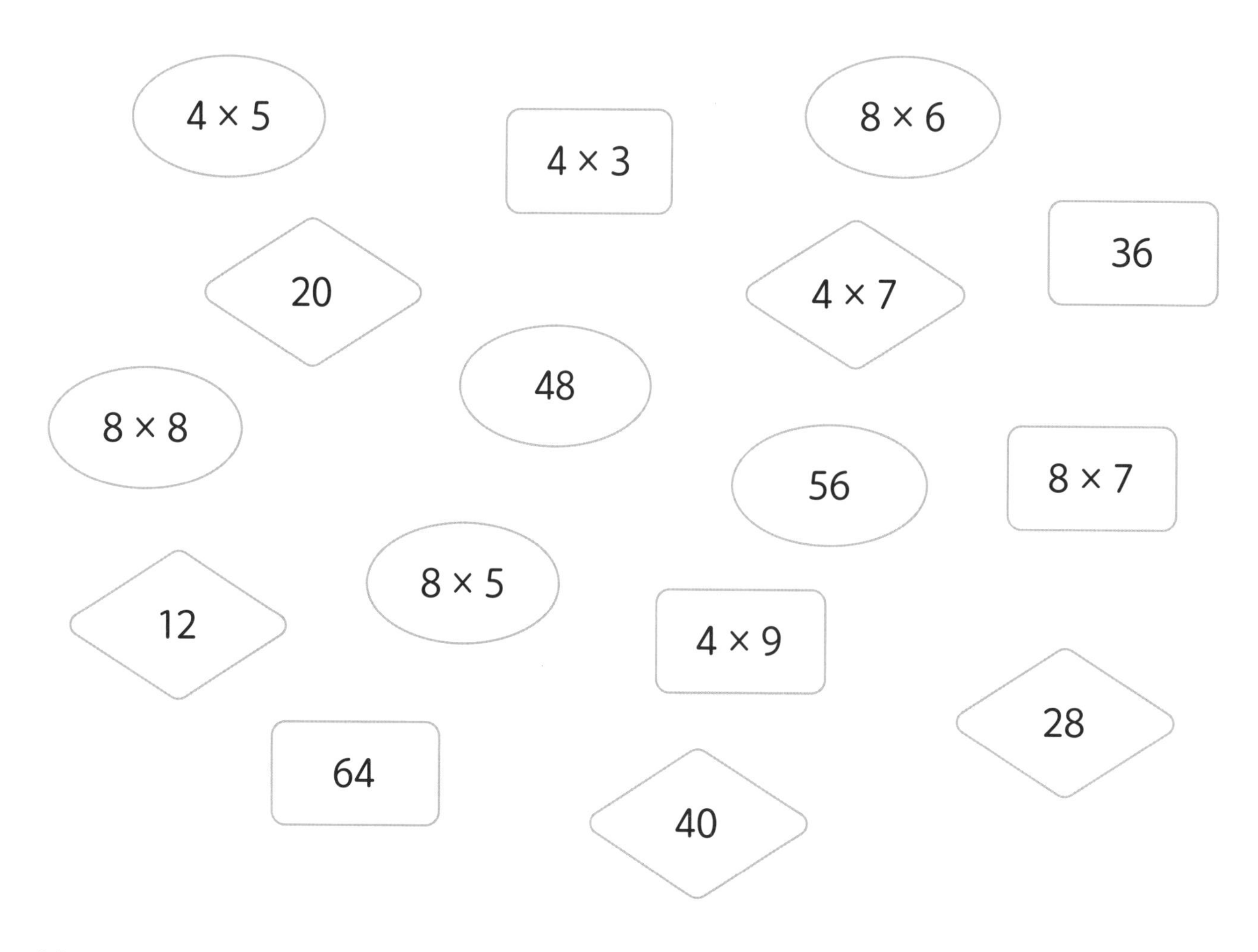

✎ 원의 개수를 4단과 8단을 이용하여 나타내 보세요.

1

$4 \times \square = \square$　　$8 \times \square = \square$

2

$4 \times \square = \square$　　$8 \times \square = \square$

✎ 곱셈 퍼즐의 빈칸을 채워 보세요.

								8
								×
4	×		=	8				
				×				=
				4	×	4	=	
				=				
	×	8	=					

7단 1단계 같은 수 더하기

✎ 7씩 뛰어 세며 빈칸에 알맞은 수를 써넣으세요.

연습 문제

1

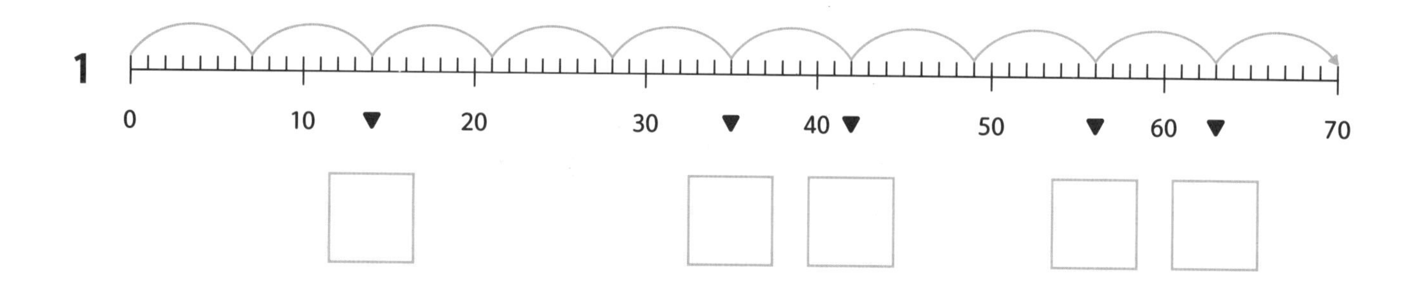

2

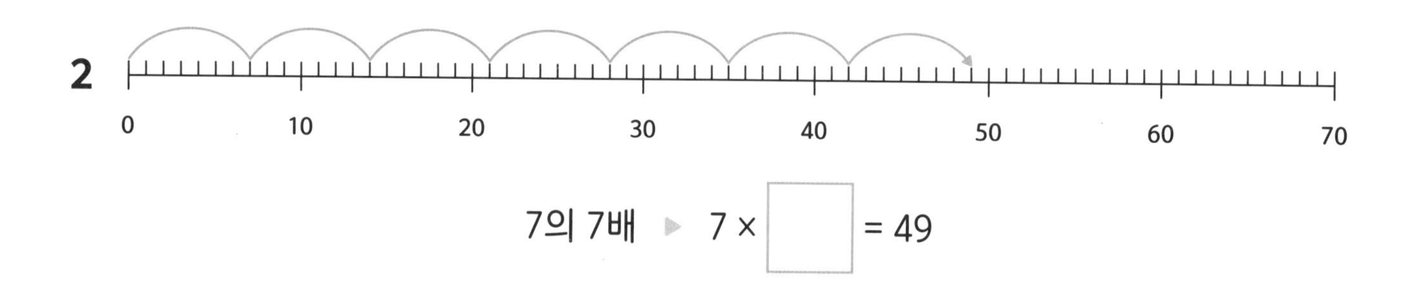

7의 7배 ▶ 7 × ☐ = 49

3

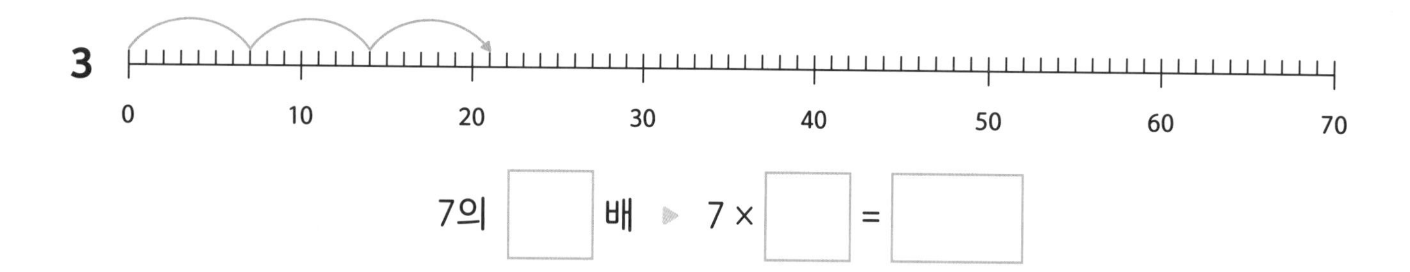

7의 ☐ 배 ▶ 7 × ☐ = ☐

4

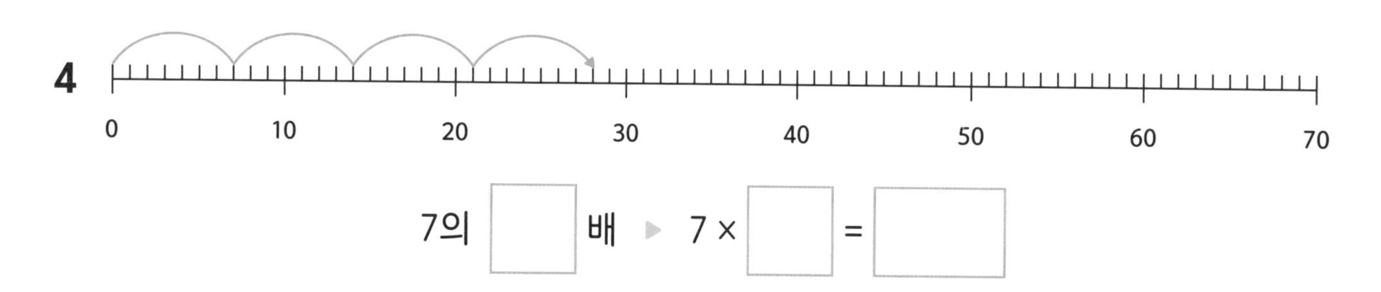

7의 ☐ 배 ▶ 7 × ☐ = ☐

✎ 7씩 묶어 세며 빈칸에 알맞은 수를 써넣으세요.

1

7씩 [5] 묶음 ▸ 7의 [5] 배

7 + 7 + 7 + 7 + 7 = [35]

7 × [5] = [35]

2

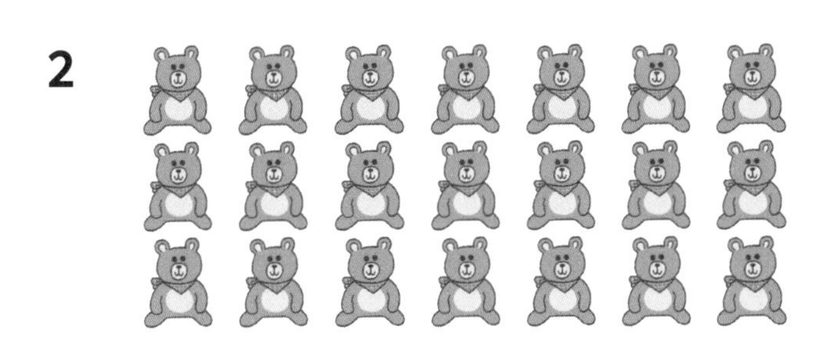

7씩 [ ] 묶음 ▸ 7의 [ ] 배

7 + 7 + 7 = [ ]

7 × [ ] = [ ]

3

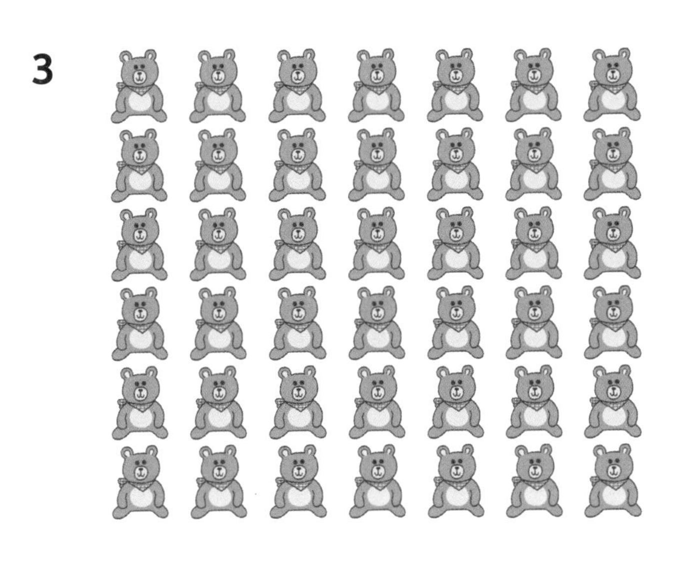

7의 [ ] 배

7 × [ ] = [ ]

4

7의 [ ] 배

7 × [ ] = [ ]

정답 23쪽

7단 2단계 곱셈식 익히기

✎ 보기를 보고 그림을 곱셈식으로 나타내 보세요.

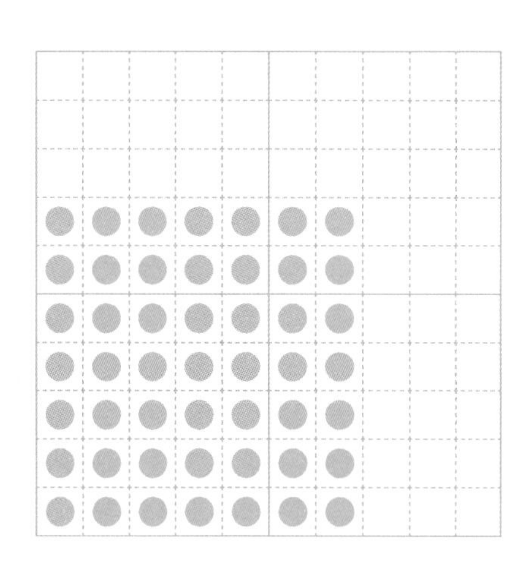

보기 7 × 7 = 49

1

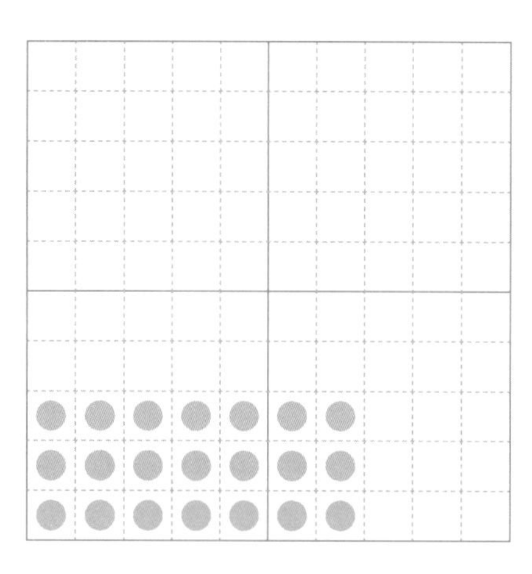

□ × □ = □

2

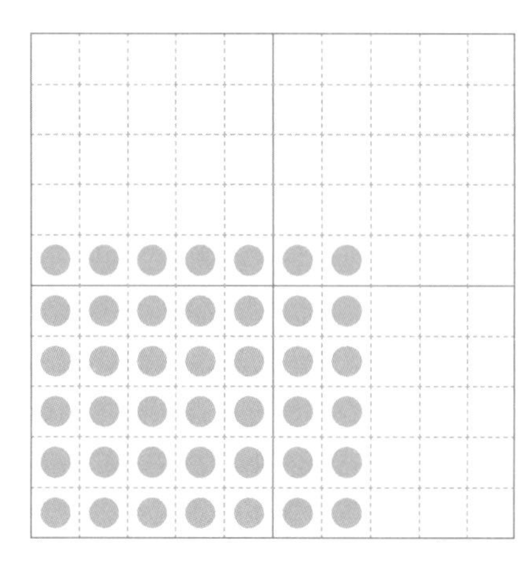

□ × □ = □

3

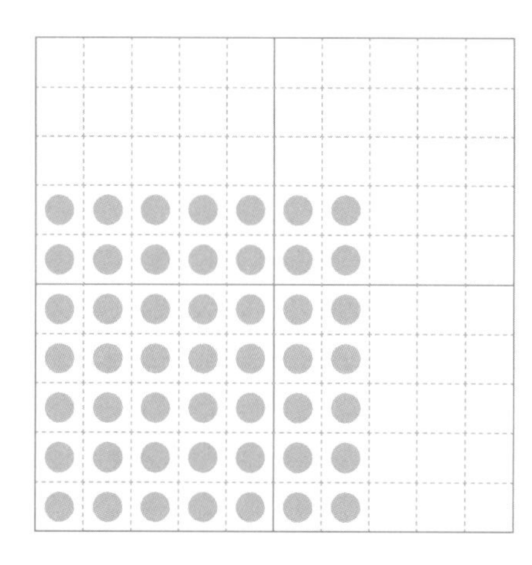

□ × □ = □

4

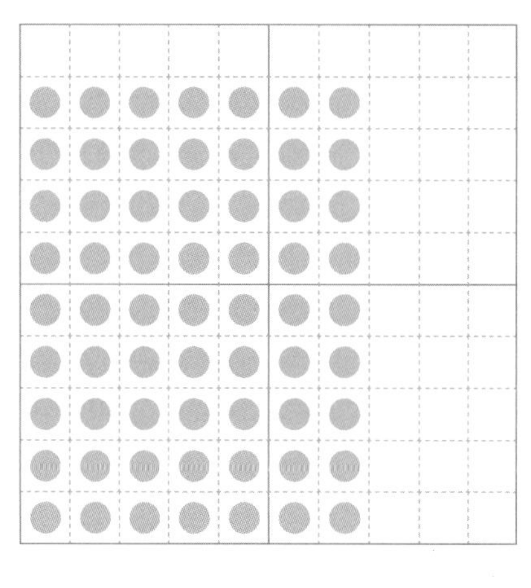

□ × □ = □

5

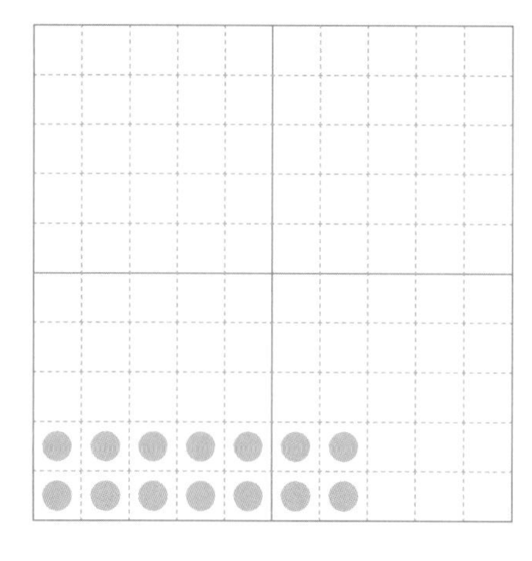

□ × □ = □

✎ 보기를 보고 곱셈식을 그림으로 나타내 보세요.

보기 $7 \times 3 = 21$

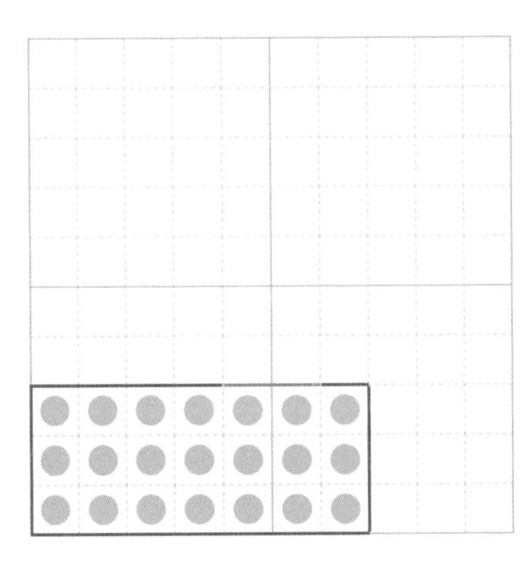

1 $7 \times 5 = 35$

2 $7 \times 6 = 42$

3 $7 \times 8 = 56$

4 $7 \times 1 = 7$

5 $7 \times 4 = 28$

7단 3단계 구구단 규칙 알기

✎ 다음 덧셈을 하며 7단의 규칙을 알아보세요.

숫자가 커지니까
같은 수를 여러 번
더하는 것이 어려워져.

7 + 7 = ☐

+7

7 + 7 → 14 + 7 = ☐

+7

7 + 7 + 7 → 21 + 7 = ☐

+7

7 + 7 + 7 + 7 → 28 + 7 = ☐

+7

7 + 7 + 7 + 7 + 7 → 35 + 7 = ☐

+7

7 + 7 + 7 + 7 + 7 + 7 → 42 + 7 = ☐

+7

7 + 7 + 7 + 7 + 7 + 7 + 7 → 49 + 7 = ☐

+7

7 + 7 + 7 + 7 + 7 + 7 + 7 + 7 → 56 + 7 = ☐

+7

7 + 7 + 7 + 7 + 7 + 7 + 7 + 7 + 7 → 63 + 7 = ☐

✎ 색연필의 개수를 보고 곱셈식을 완성하세요.

7

$7 \times 1 =$ ☐

7 + 7 7을 **2번** 더하기!

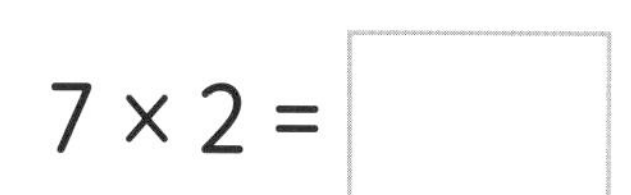

$7 \times 2 =$ ☐

7 + 7 + 7 7을 **3번** 더하기!

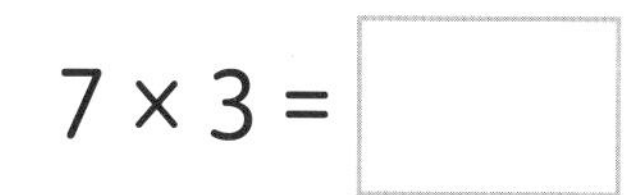

$7 \times 3 =$ ☐

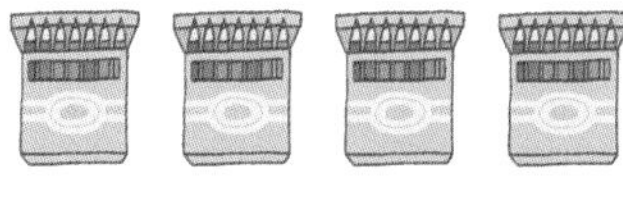

7 + 7 + 7 + 7 7을 **4번** 더하기!

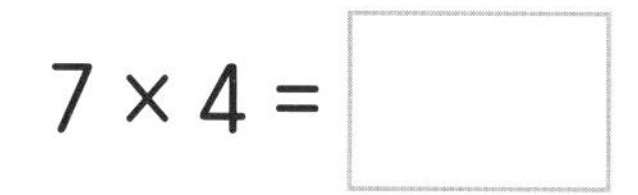

$7 \times 4 =$ ☐

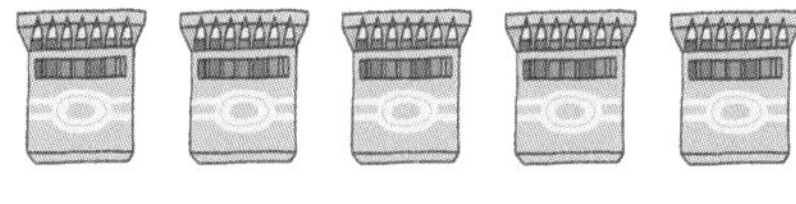

7 + 7 + 7 + 7 + 7 7을 **5번** 더하기!

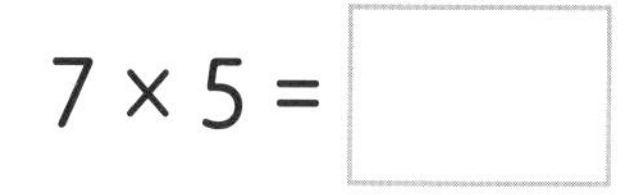

$7 \times 5 =$ ☐

7 + 7 + 7 + 7 + 7 + 7 7을 **6번** 더하기!

$7 \times 6 =$ ☐

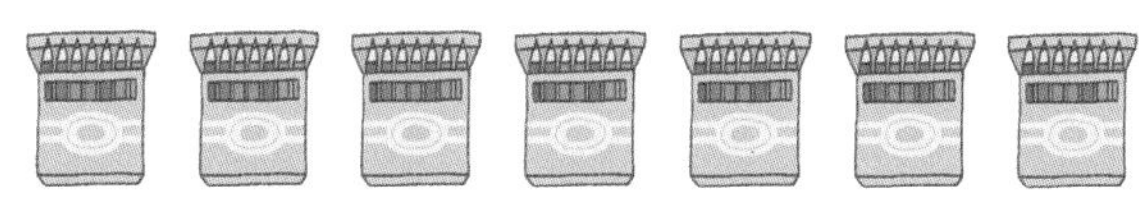

7 + 7 + 7 + 7 + 7 + 7 + 7 7을 **7번** 더하기!

$7 \times 7 =$ ☐

7 + 7 + 7 + 7 + 7 + 7 + 7 + 7 7을 **8번** 더하기!

$7 \times 8 =$ ☐

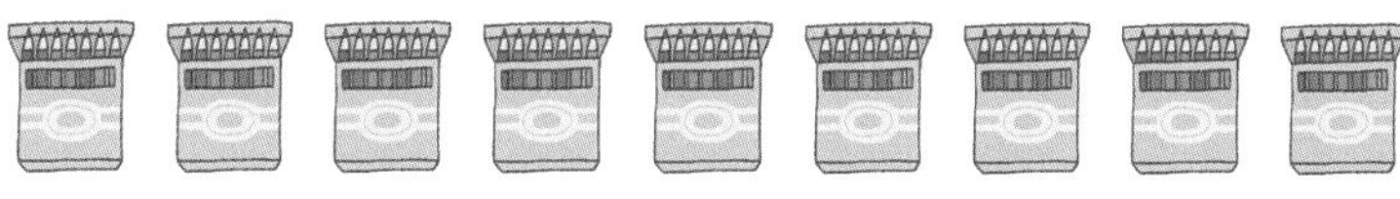

7 + 7 + 7 + 7 + 7 + 7 + 7 + 7 + 7 7을 **9번** 더하기!

$7 \times 9 =$ ☐

7단은 ☐ 씩 커져요.

정답 **24쪽**

7단 4단계 구구단 읽고 쓰기

✎ 7단을 따라 쓰고 읽어 보세요.

구구단 쓰기	구구단 읽기
7 × 1 = 7	칠 일은 칠
7 × 2 = 14	칠 이 십사
7 × 3 = 21	칠 삼 이십일
7 × 4 = 28	칠 사 이십팔
7 × 5 = 35	칠 오 삼십오
7 × 6 = 42	칠 육 사십이
7 × 7 = 49	칠 칠 사십구
7 × 8 = 56	칠 팔 오십육
7 × 9 = 63	칠 구 육십삼

✎ 7단을 소리 내어 읽고 바르게 써 보세요.

칠 일은 칠 ➡ □ × □ = □

칠 이 십사 ➡ □ × □ = □

칠 삼 이십일 ➡ □ × □ = □

칠 사 이십팔 ➡ □ × □ = □

칠 오 삼십오 ➡ □ × □ = □

칠 육 사십이 ➡ □ × □ = □

칠 칠 사십구 ➡ □ × □ = □

칠 팔 오십육 ➡ □ × □ = □

칠 구 육십삼 ➡ □ × □ = □

정답 24쪽

7단 5단계 연습하기

✎ 7단을 완성해 보세요.

$7 \times 1 =$ ☐	$7 \times 5 =$ ☐
$7 \times 2 =$ ☐	$7 \times 7 =$ ☐
$7 \times 3 =$ ☐	$7 \times 8 =$ ☐
$7 \times 4 =$ ☐	$7 \times 1 =$ ☐
$7 \times 5 =$ ☐	$7 \times 9 =$ ☐
$7 \times 6 =$ ☐	$7 \times 2 =$ ☐
$7 \times 7 =$ ☐	$7 \times 4 =$ ☐
$7 \times 8 =$ ☐	$7 \times 3 =$ ☐
$7 \times 9 =$ ☐	$7 \times 6 =$ ☐

✎ 빈칸에 알맞은 수를 써넣으세요.

$7 \times$ ☐ $= 49$	$7 \times$ ☐ $= 35$	$7 \times$ ☐ $= 14$
$7 \times$ ☐ $= 21$	$7 \times$ ☐ $= 28$	$7 \times$ ☐ $= 7$
$7 \times$ ☐ $= 42$	$7 \times$ ☐ $= 56$	$7 \times$ ☐ $= 63$

✎ 두 수의 곱을 보고 빈칸에 알맞은 수를 써넣으세요.

1
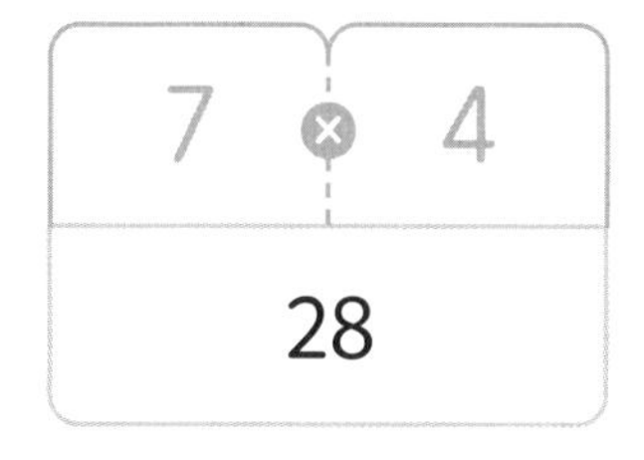

2
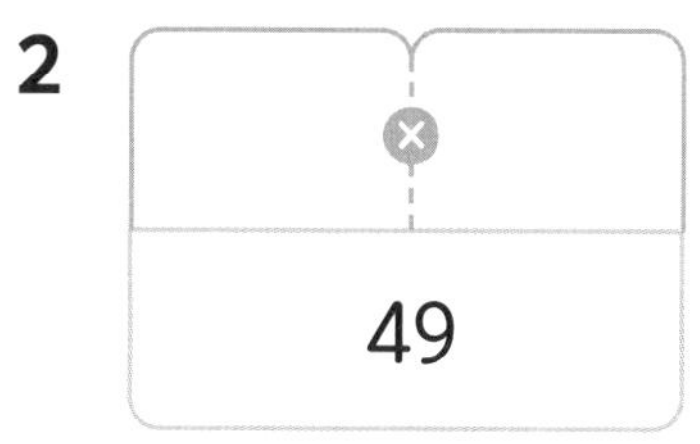

3
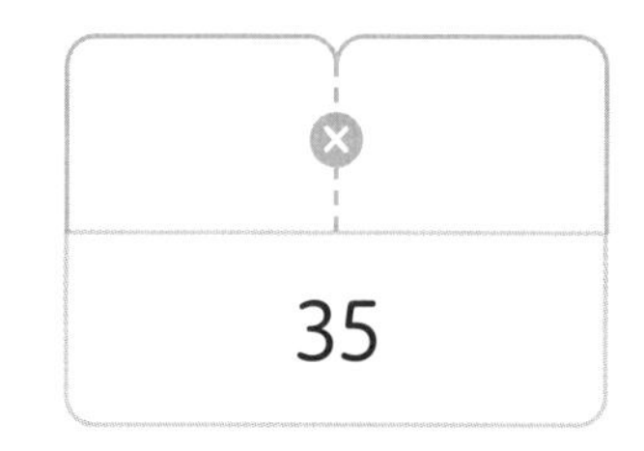

4
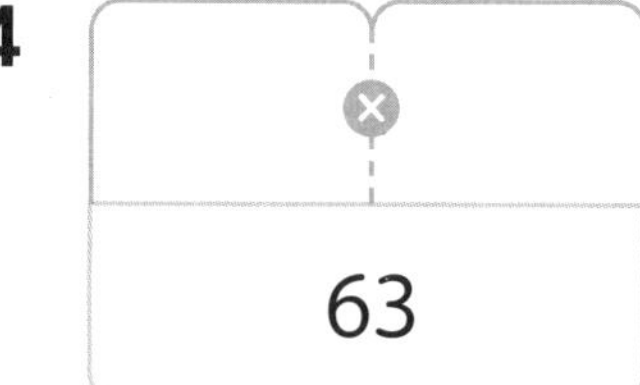

✎ 사다리를 따라가 찾은 빈칸에 두 수의 곱을 써넣으세요.

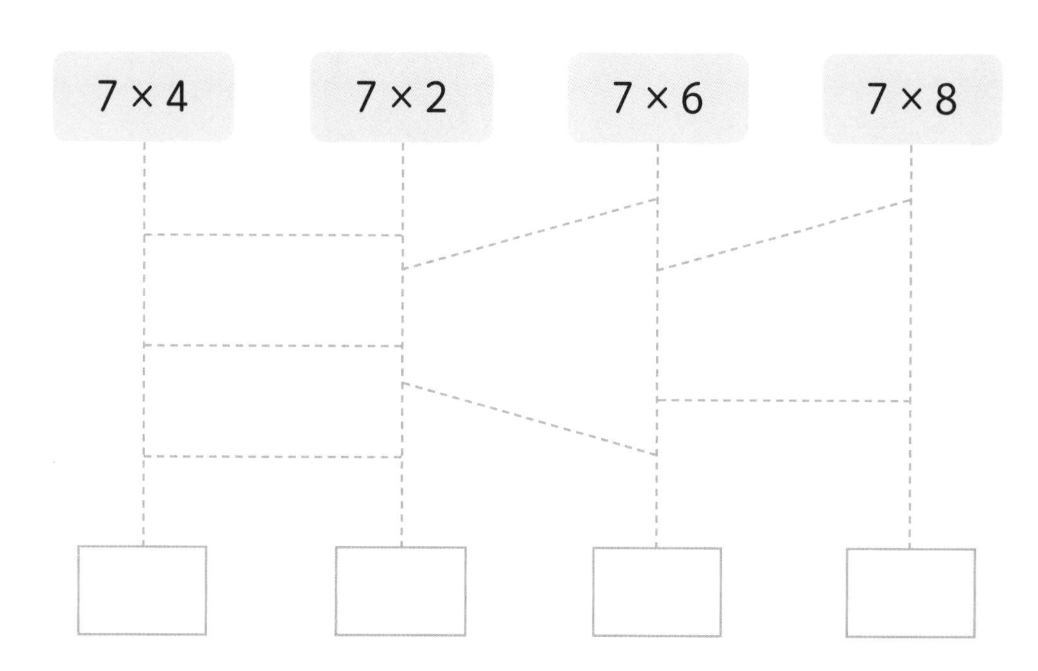

7단 6단계 응용 문제 풀기

✎ 7단 곱셈표를 완성하고 일의 자리 숫자를 써넣으세요.

×	1	2	3	4	5	6	7	8	9
7									
일의 자리 숫자									

✎ 7단의 일의 자리 숫자를 선으로 이으며 구구단을 소리 내어 읽어 보세요.

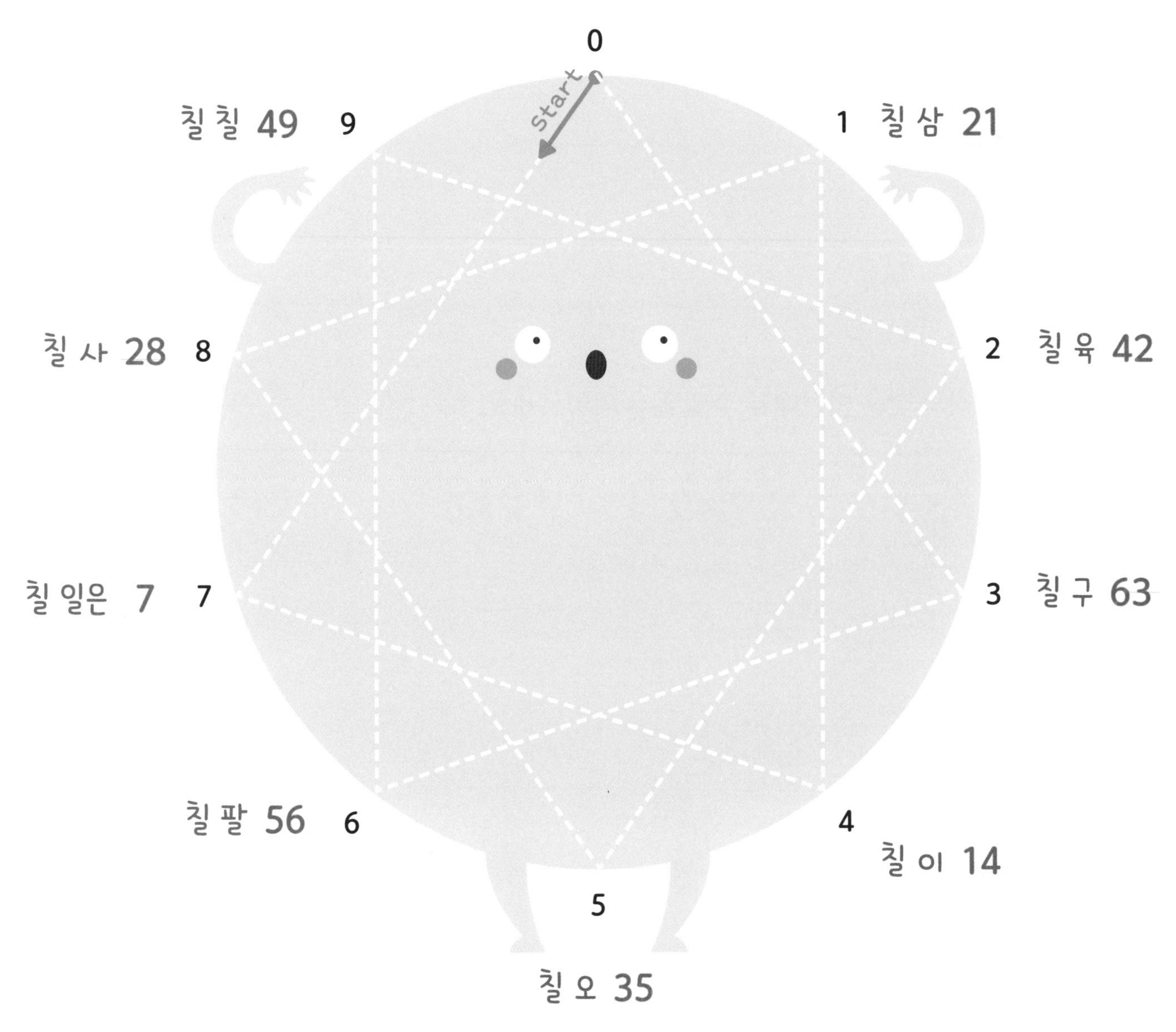

✎ 7단을 이용하여 문제를 풀어 보세요.

보기 새우튀김을 주문하면 1인분에 7개가 나옵니다. 새우튀김을 4인분 주문하면 모두 몇 개가 나올까요?

곱셈식 7 × 4 = 28 답 28 개

1 우산꽂이 한 개에 우산을 7개 꽂을 수 있습니다. 우산꽂이 6개에 몇 개의 우산을 꽂을 수 있을까요?

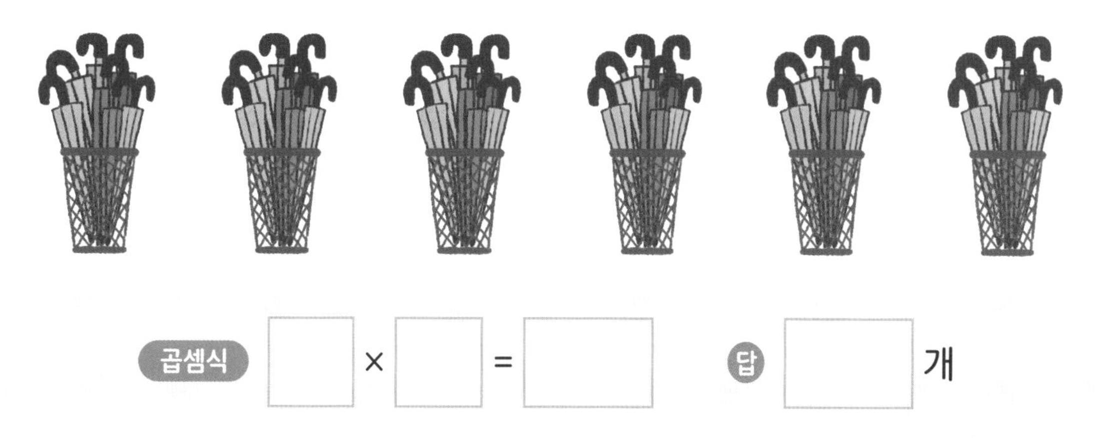

곱셈식 □ × □ = □ 답 □ 개

2 도넛이 7개 들어 있는 상자가 3박스 있습니다. 도넛은 모두 몇 개일까요?

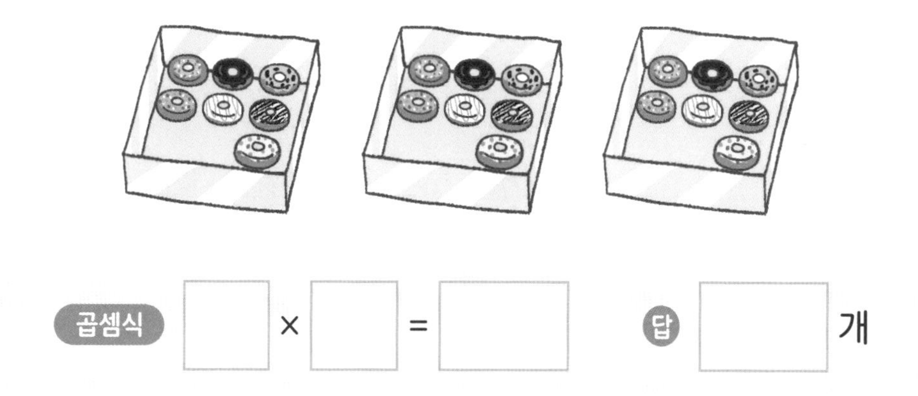

곱셈식 □ × □ = □ 답 □ 개

정답 25쪽

9단 1단계 같은 수 더하기

✎ 9씩 뛰어 세며 빈칸에 알맞은 수를 써넣으세요.

연습 문제

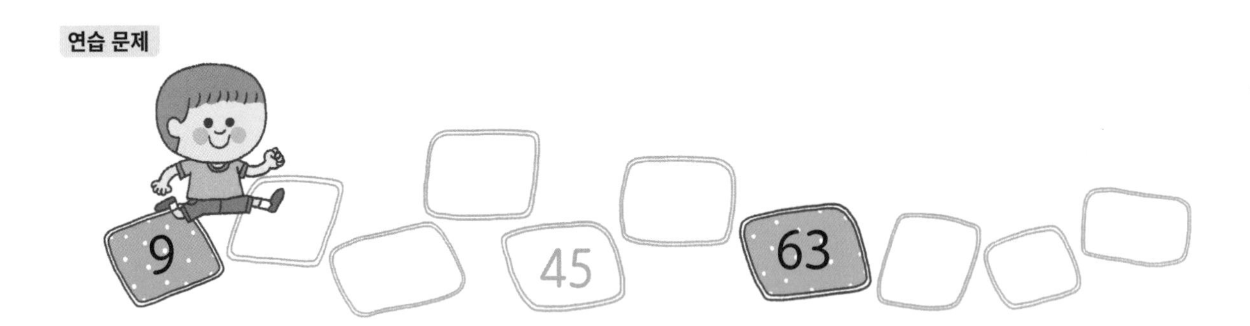

1

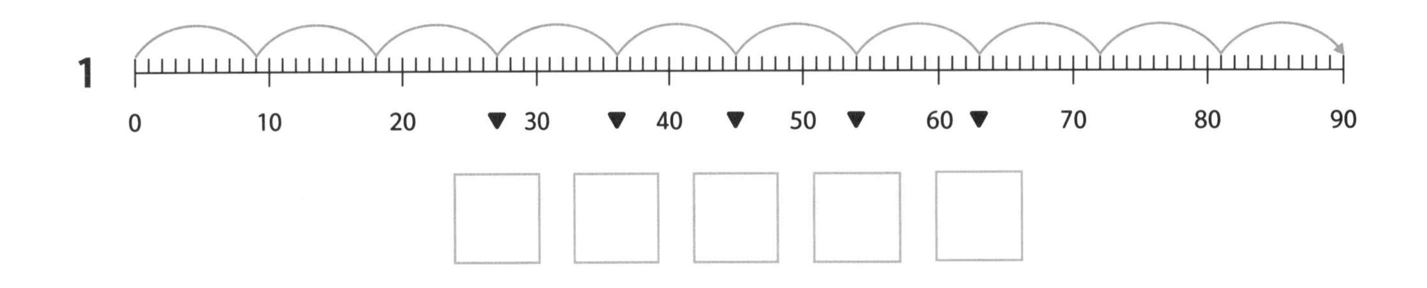

2

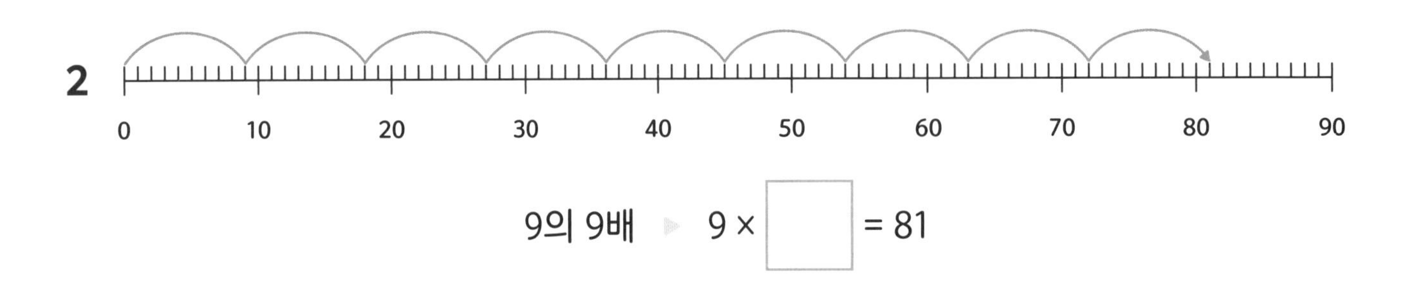

9의 9배 ▸ 9 × ☐ = 81

3

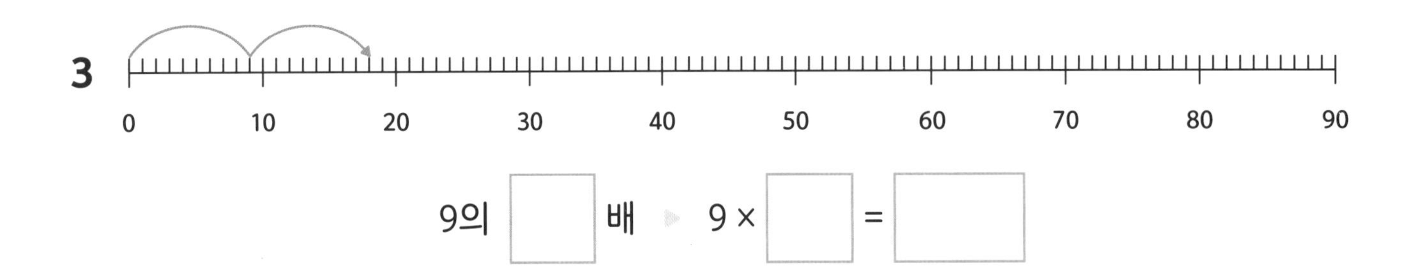

9의 ☐ 배 ▸ 9 × ☐ = ☐

4

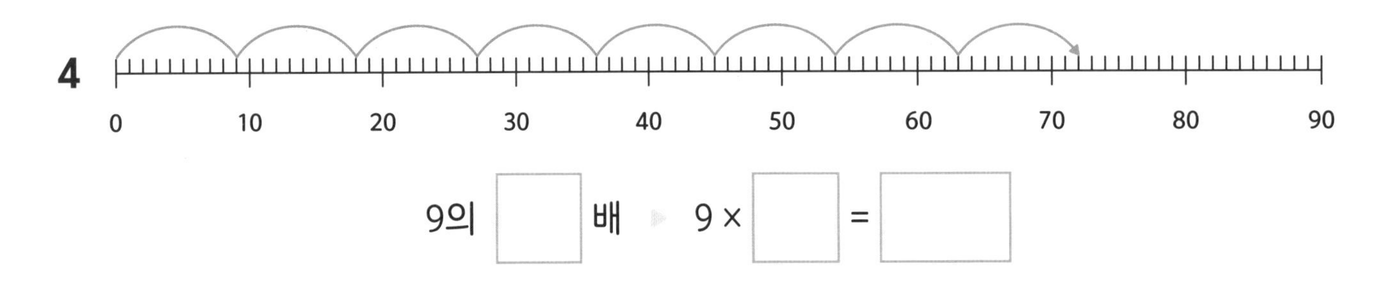

9의 ☐ 배 ▸ 9 × ☐ = ☐

✎ 9씩 묶어 세며 빈칸에 알맞은 수를 써넣으세요.

1

9씩 [5] 묶음 ▸ 9의 [5] 배

9 + 9 + 9 + 9 + 9 = [45]

9 × [5] = [45]

2

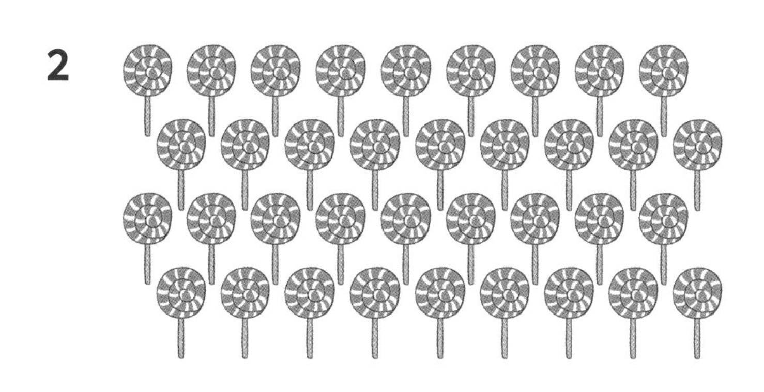

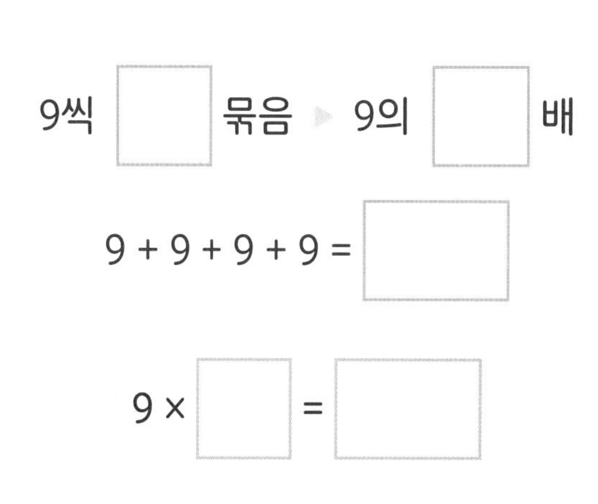

9씩 [ ] 묶음 ▸ 9의 [ ] 배

9 + 9 + 9 + 9 = [ ]

9 × [ ] = [ ]

3

9의 [ ] 배

9 × [ ] = [ ]

4

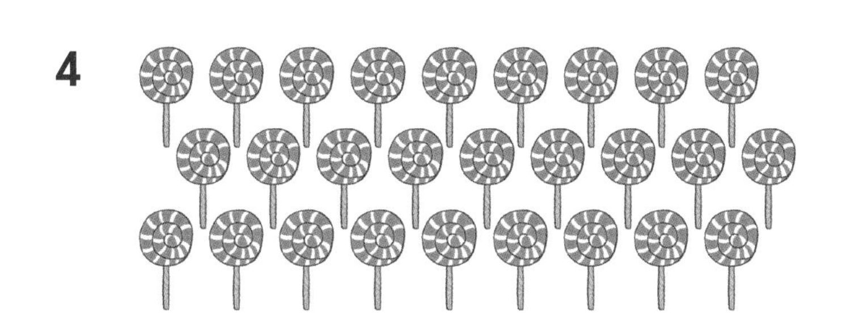

9의 [ ] 배

9 × [ ] = [ ]

정답 26쪽

9단 2단계 곱셈식 익히기

✎ 보기를 보고 그림을 곱셈식으로 나타내 보세요.

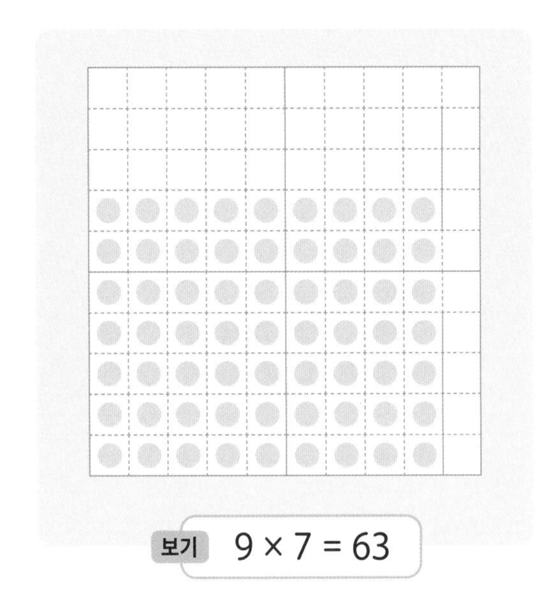

보기 9 × 7 = 63

1

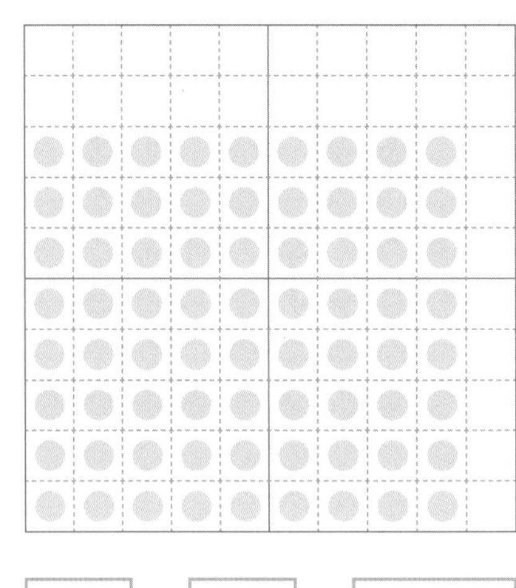

□ × □ = □

2

□ × □ = □

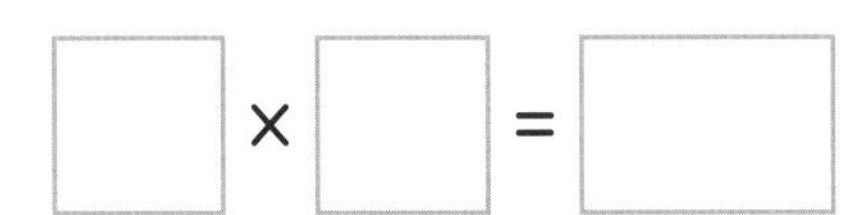

3

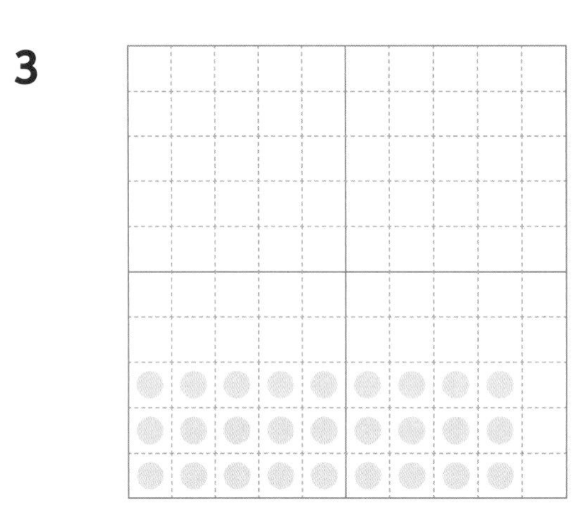

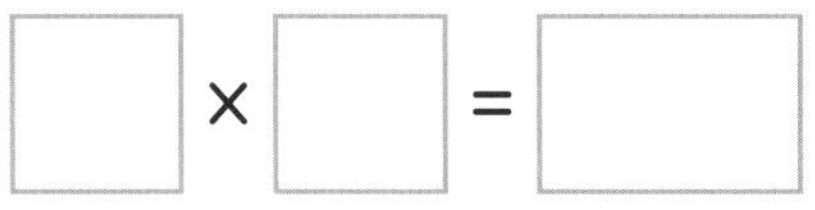

4

□ × □ = □

5

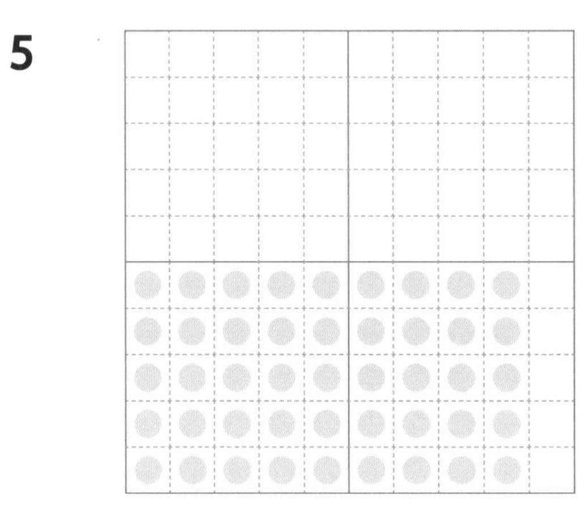

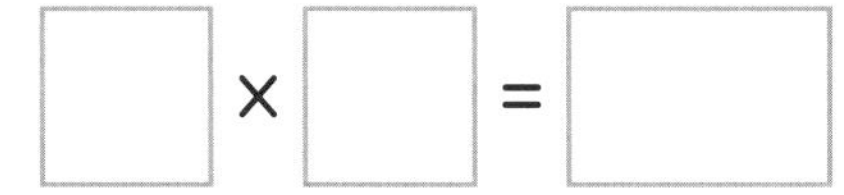

✎ 보기를 보고 곱셈식을 그림으로 나타내 보세요.

보기 $9 \times 3 = 27$

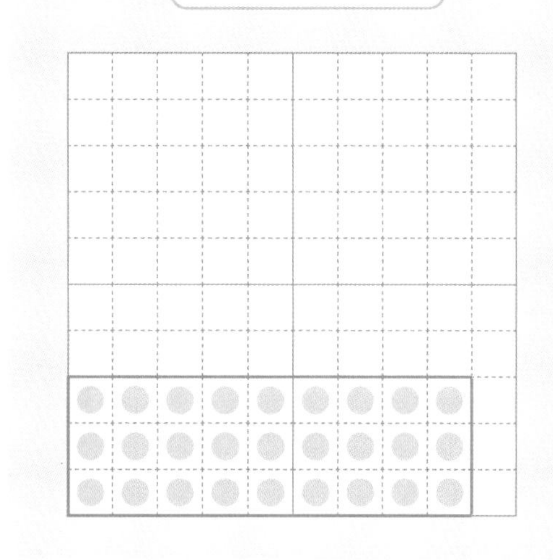

1 $9 \times 1 = 9$

2 $9 \times 4 = 36$

3 $9 \times 6 = 54$

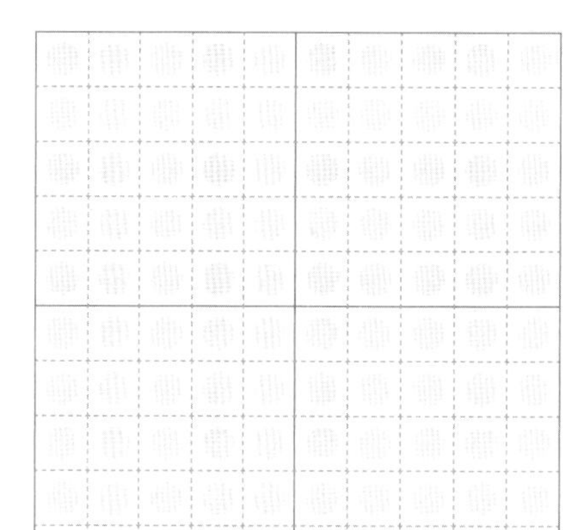

4 $9 \times 7 = 63$

5 $9 \times 2 = 18$

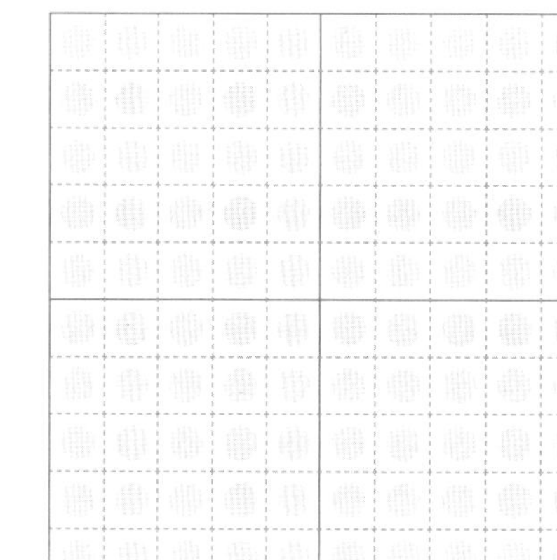

정답 26쪽

9단 3단계 구구단 규칙 알기

✎ 다음 덧셈을 하며 9단의 규칙을 알아보세요.

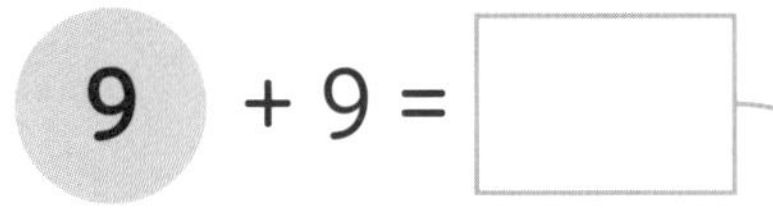

9 + 9 = ☐

(+9)

9 + 9 → 18 + 9 = ☐

(+9)

9 + 9 + 9 → 27 + 9 = ☐

(+9)

9 + 9 + 9 + 9 → 36 + 9 = ☐

(+9)

9 + 9 + 9 + 9 + 9 → 45 + 9 = ☐

(+9)

9 + 9 + 9 + 9 + 9 + 9 → 54 + 9 = ☐

(+9)

9 + 9 + 9 + 9 + 9 + 9 + 9 → 63 + 9 = ☐

(+9)

9 + 9 + 9 + 9 + 9 + 9 + 9 + 9 → 72 + 9 = ☐

(+9)

9 + 9 + 9 + 9 + 9 + 9 + 9 + 9 + 9 → 81 + 9 = ☐

9씩 더한 값을 보면
십의 자리 숫자는 1씩 늘어나고,
일의 자리 숫자는 1씩 줄어들어.

✎ 잎의 개수를 보고 곱셈식을 완성하세요.

9

$9 \times 1 = \square$

9 + 9 9를 **2번** 더하기!

$9 \times 2 = \square$

9 + 9 + 9 9를 **3번** 더하기!

$9 \times 3 = \square$

9 + 9 + 9 + 9 9를 **4번** 더하기!

$9 \times 4 = \square$

9 + 9 + 9 + 9 + 9 9를 **5번** 더하기!

$9 \times 5 = \square$

9 + 9 + 9 + 9 + 9 + 9 9를 **6번** 더하기!

$9 \times 6 = \square$

9 + 9 + 9 + 9 + 9 + 9 + 9 9를 **7번** 더하기!

$9 \times 7 = \square$

9 + 9 + 9 + 9 + 9 + 9 + 9 + 9 9를 **8번** 더하기!

$9 \times 8 = \square$

9 + 9 + 9 + 9 + 9 + 9 + 9 + 9 + 9 9를 **9번** 더하기!

$9 \times 9 = \square$

9단은 $\square$ 씩 커져요.

정답 **27쪽**

9단 4단계 구구단 읽고 쓰기

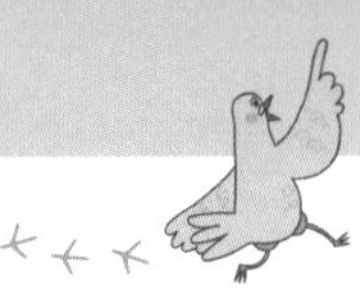

✎ 9단을 따라 쓰고 읽어 보세요.

구구단 쓰기	구구단 읽기
9 × 1 = 9	구 일은 구
9 × 2 = 18	구 이 십팔
9 × 3 = 27	구 삼 이십칠
9 × 4 = 36	구 사 삼십육
9 × 5 = 45	구 오 사십오
9 × 6 = 54	구 육 오십사
9 × 7 = 63	구 칠 육십삼
9 × 8 = 72	구 팔 칠십이
9 × 9 = 81	구 구 팔십일

✎ 9단을 소리 내어 읽고 바르게 써 보세요.

구 일은 구  ☐ × ☐ = ☐

구 이 십팔  ☐ × ☐ = ☐

구 삼 이십칠 ☐ × 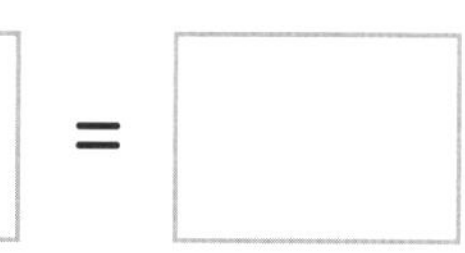 ☐ = ☐

구 사 삼십육 ☐ × ☐ = ☐

구 오 사십오  ☐ ×  ☐ = ☐

구 육 오십사  ☐ × 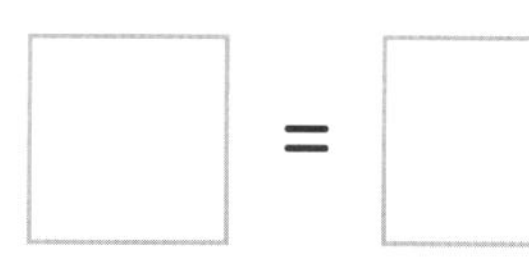 ☐ = ☐

구 칠 육십삼 ☐ × ☐ = ☐

구 팔 칠십이 ☐  ☐ = ☐

구 구 팔십일 ☐ × ☐ = ☐

정답 27쪽

9단 5단계 연습하기

✎ 9단을 완성해 보세요.

$9 \times 1 = \square$	$9 \times 5 = \square$
$9 \times 2 = \square$	$9 \times 8 = \square$
$9 \times 3 = \square$	$9 \times 1 = \square$
$9 \times 4 = \square$	$9 \times 9 = \square$
$9 \times 5 = \square$	$9 \times 3 = \square$
$9 \times 6 = \square$	$9 \times 6 = \square$
$9 \times 7 = \square$	$9 \times 7 = \square$
$9 \times 8 = \square$	$9 \times 2 = \square$
$9 \times 9 = \square$	$9 \times 4 = \square$

✎ 빈칸에 알맞은 수를 써넣으세요.

$9 \times \square = 81$	$9 \times \square = 63$	$9 \times \square = 27$
$9 \times \square = 18$	$9 \times \square = 72$	$9 \times \square = 45$
$9 \times \square = 54$	$9 \times \square = 36$	$9 \times \square = 9$

✎ 가운데 수와 바깥의 수의 곱을 빈칸에 써넣으세요.

1

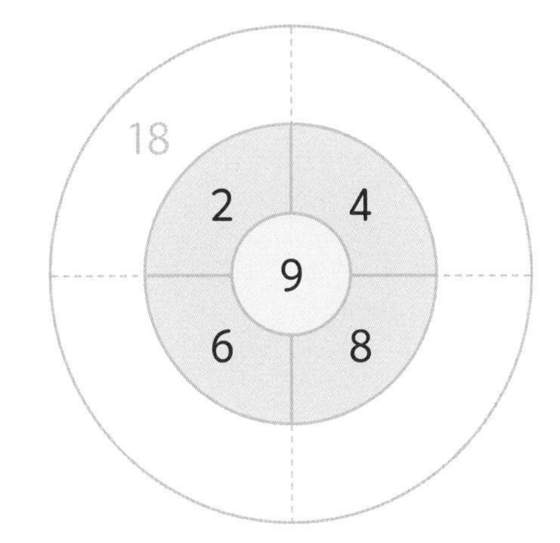

2

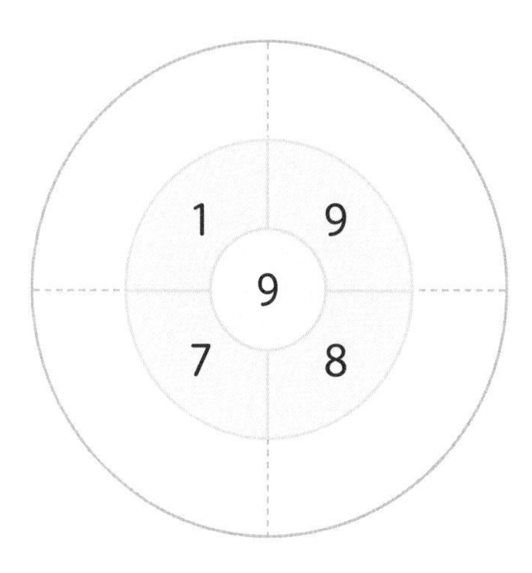

3

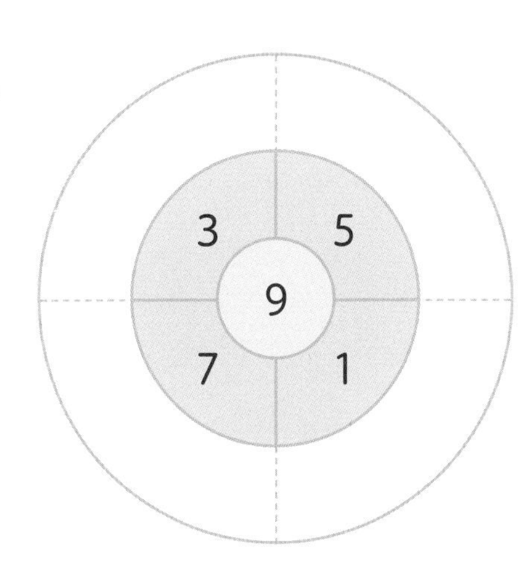

4

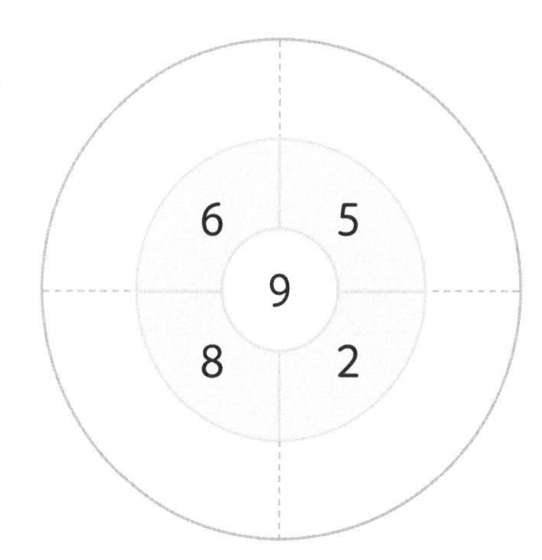

✎ 두 수의 곱으로 알맞은 것에 ○표 하세요.

1

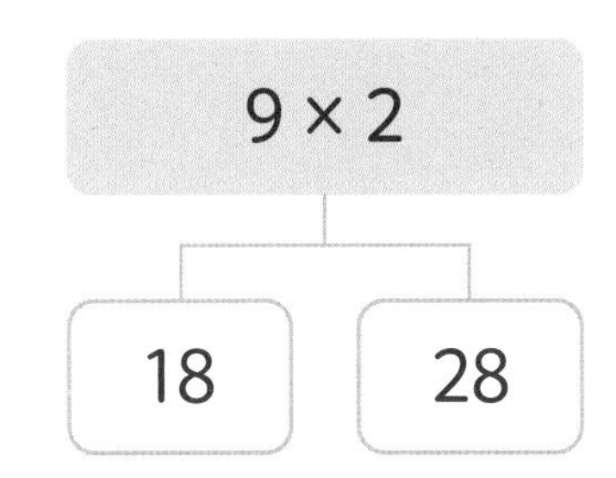

2

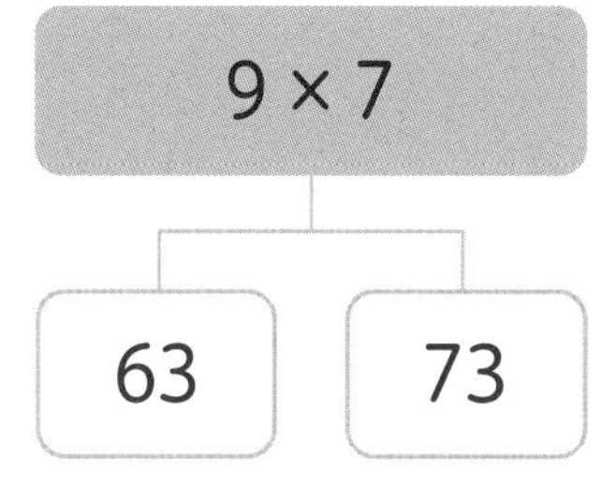

3

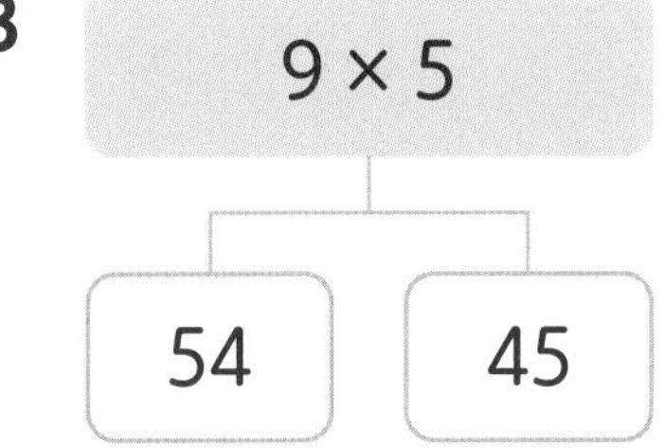

4

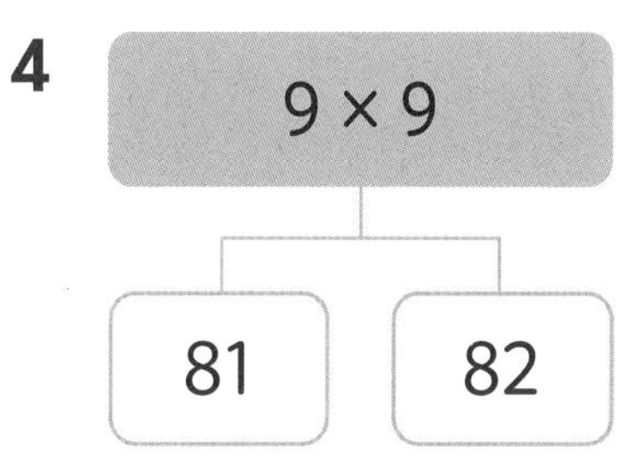

정답 **28쪽**

9단 6단계 응용 문제 풀기

✎ 9단 곱셈표를 완성하고 일의 자리 숫자를 써넣으세요.

×	1	2	3	4	5	6	7	8	9
9									
일의 자리 숫자									

✎ 9단의 일의 자리 숫자를 선으로 이으며 구구단을 소리 내어 읽어 보세요.

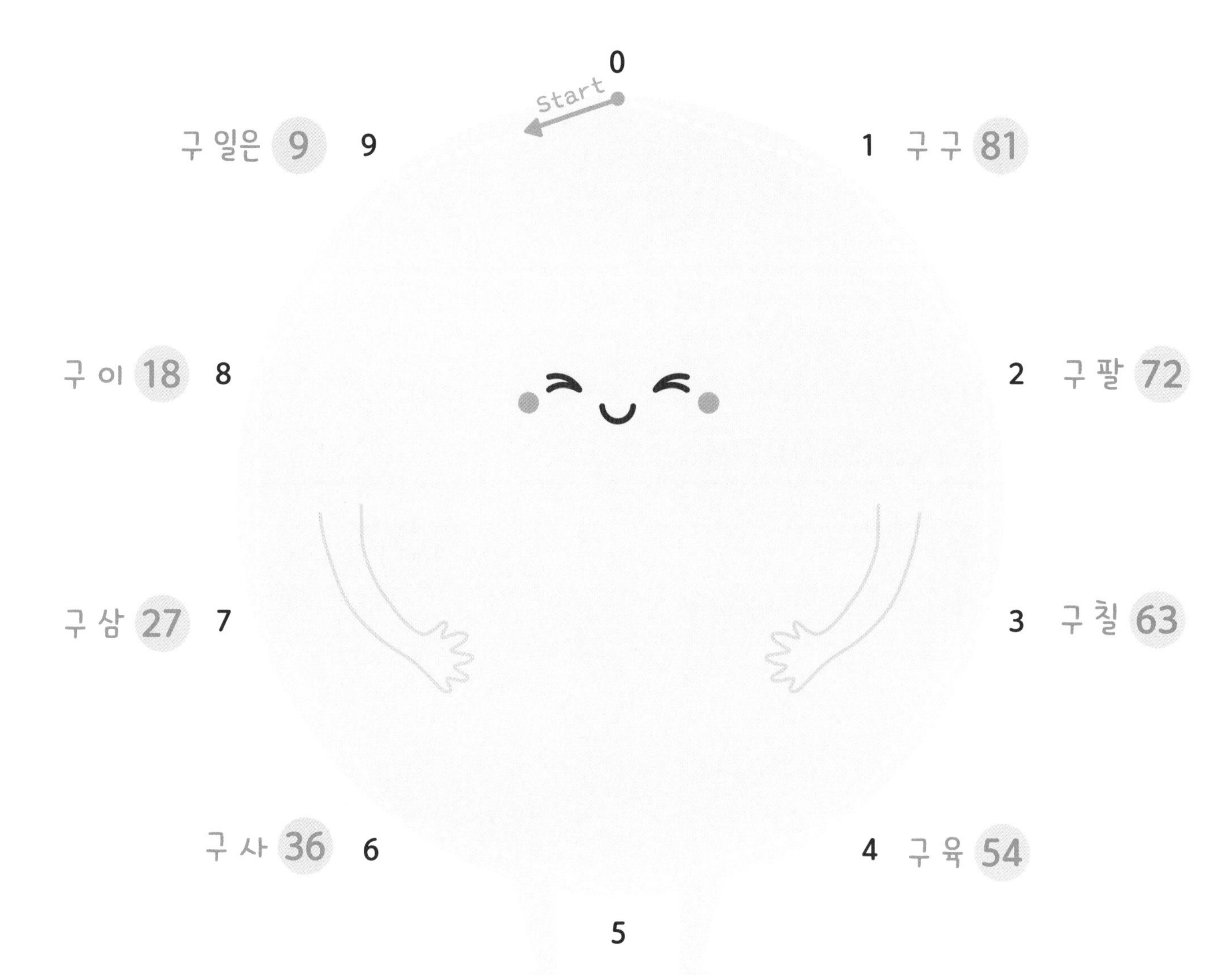

✎ 9단을 이용하여 문제를 풀어 보세요.

보기 한 송이에 포도알이 9개 달린 포도를 샀습니다. 포도 5송이를 사면 포도알은 모두 몇 개일까요?

곱셈식 9 × 5 = 45 답 45 개

1 고리가 9개 걸려 있는 고리 던지기 세트가 4개 있습니다. 고리는 모두 몇 개일까요?

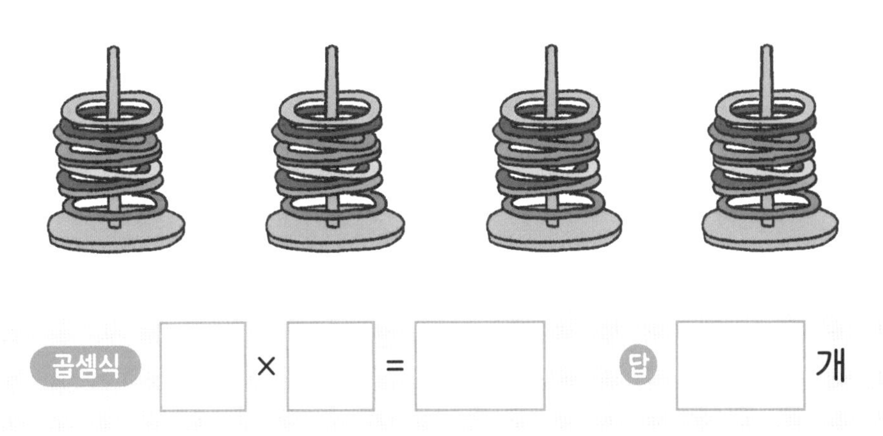

곱셈식 ☐ × ☐ = ☐ 답 ☐ 개

2 하진이는 물을 하루에 9컵 마시기로 했습니다. 하진이는 2일 동안 모두 몇 컵의 물을 마실까요?

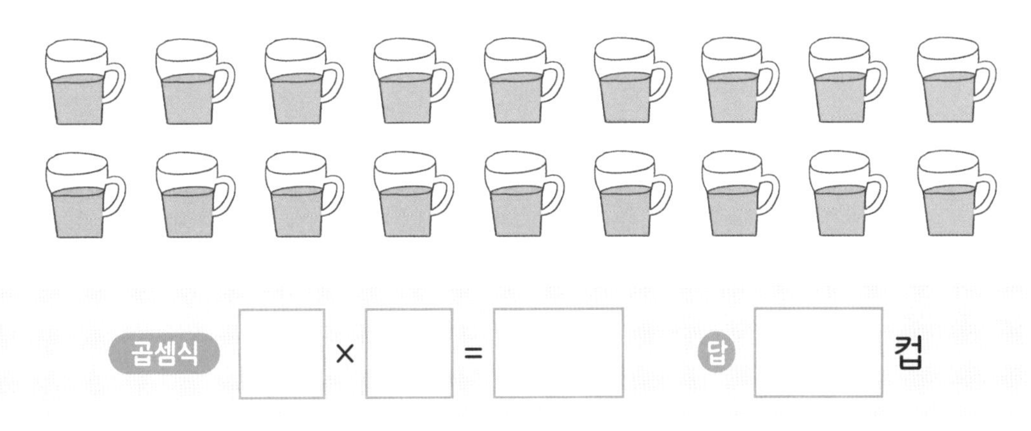

곱셈식 ☐ × ☐ = ☐ 답 ☐ 컵

정답 28쪽

7단 × 9단 섞어 복습

✎ 빈칸을 채워 표를 완성하고 가장 큰 수에 ○표 하세요.

1

×	2	3
7		
9		

2

×	6	4
7		
9		

3

×	5	8
7		
9		

✎ 빈칸에 알맞은 수를 써넣으세요.

1 7 ➡ ×3 ➡ □

2

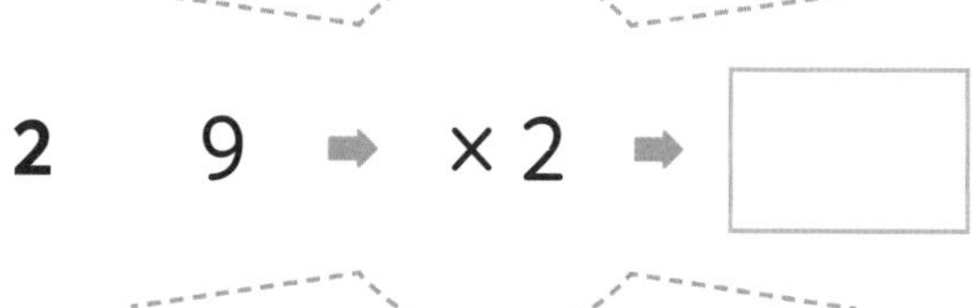

3 7 ➡ ×6 ➡ □

4 9 ➡ ×9 ➡ □

5 7 ➡ ×7 ➡ □

6 9 ➡ ×7 ➡ □

7 7 ➡ ×9 ➡ □

8 9 ➡ ×5 ➡ □

✎ 두 수의 곱을 따라 도착까지 찾아가 보세요.

시작!						
7×2	16	7×6	42	9×6	56	7×8
14		45		54		14
9×3	27	9×5	35	7×3	21	9×9
21		26		14		81
7×9	40	7×5	35	도착!	16	7×7
14		36		14		49
9×8	16	9×4	28	7×4	18	9×2

정답 35쪽

1단, 10단, 0단 구구단 규칙 알기

✎ 1단, 10단, 0단을 빈칸을 채우며 알아보세요.

1단	10단	0단
$1 \times 1 =$ 1	$10 \times 1 =$ 10	$0 \times 1 =$ 0
$1 \times 2 =$ 2	$10 \times 2 =$ 20	$0 \times 2 =$ 0
$1 \times 3 =$ ☐	$10 \times 3 =$ ☐	$0 \times 3 =$ ☐
$1 \times 4 =$ ☐	$10 \times 4 =$ ☐	$0 \times 4 =$ ☐
$1 \times 5 =$ ☐	$10 \times 5 =$ ☐	$0 \times 5 =$ ☐
$1 \times 6 =$ ☐	$10 \times 6 =$ ☐	$0 \times 6 =$ ☐
$1 \times 7 =$ ☐	$10 \times 7 =$ ☐	$0 \times 7 =$ ☐
$1 \times 8 =$ ☐	$10 \times 8 =$ ☐	$0 \times 8 =$ ☐
$1 \times 9 =$ ☐	$10 \times 9 =$ ☐	$0 \times 9 =$ ☐

1과 어떤 수의 곱은
항상 어떤 수 그대로예요.

10단은
10씩 커져요.

0과 어떤 수의 곱은
항상 0이에요.

✎ 그림을 보고 조각 케이크의 개수를 나타내는 곱셈식을 완성하세요.

1

접시 위 조각 케이크의 수 접시의 수

1 ×   

2

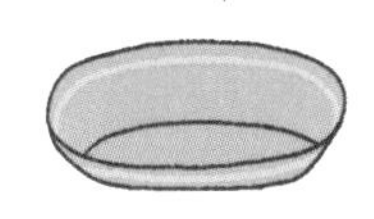 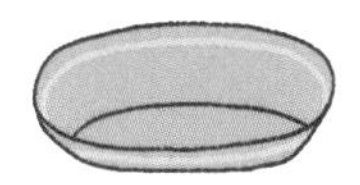 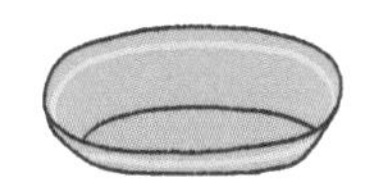 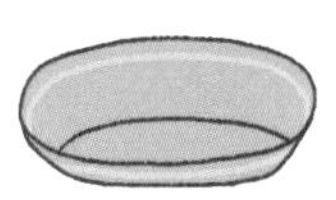 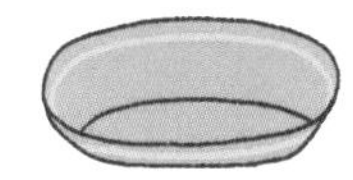

접시 위 조각 케이크의 수 접시의 수

0 ×  = 

✎ 0 × 6과 곱이 같은 것을 모두 찾아 ○표 하세요.

10 × 5	1 × 5	0 × 2	1 × 6	0 × 7

✎ 빈칸에 알맞은 수를 써넣으세요.

1

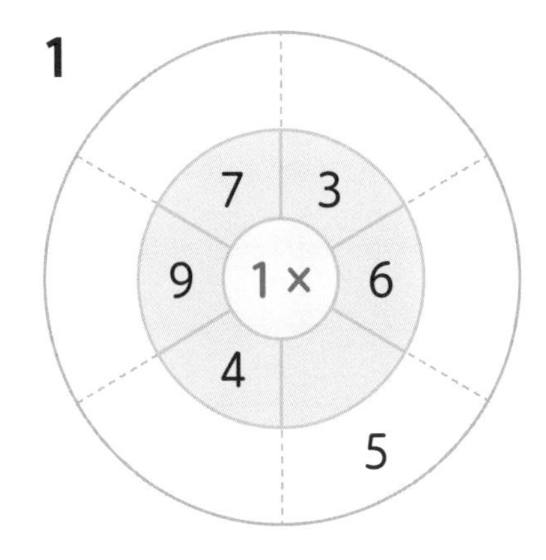

2

0 ×
7 3 6 8 4 2

3

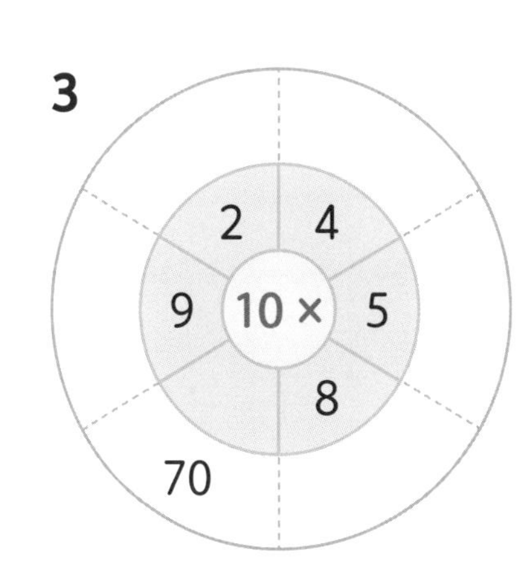

1단, 10단, 0단 연습하기

✎ 그림을 보고 빈칸에 알맞은 수를 써넣으세요.

1

사과의 수 $1 \times 1 =$ ☐

2

꽃의 수 $1 \times 3 =$ ☐

3

새의 수 $0 \times 2 =$ ☐

4

초콜릿의 수 $10 \times 2 =$ ☐

✎ 1단, 10단, 0단의 곱셈표를 완성하세요.

×	1	2	3	4	5	6	7	8	9
1									
10									
0									

✎ 빈칸에 알맞은 수를 써넣으세요.

$1 \times 2 =$ □ $1 \times 6 =$ □ $10 \times 7 =$ □

$0 \times 8 =$ □ $1 \times 9 =$ □ $0 \times 4 =$ □

$10 \times 3 =$ □ $10 \times 5 =$ □ $0 \times 1 =$ □

✎ 곱이 잘못된 식을 모두 찾아 바르게 고치세요.

$1 \times 3 = 1$ $0 \times 8 = 0$ $0 \times 6 = 1$

$10 \times 5 = 0$ $1 \times 7 = 7$ $10 \times 2 = 20$

✎ 두 수의 곱이 같은 것끼리 이어 보세요.

1 10×2 · · 2×2

2 1×4 · · 5×4

3 1×9 · · 3×3

4 0×2 · · 8×0

정답 **29쪽**

곱셈표

✎ 다음 곱셈표를 완성하고 물음에 답하세요.

×	0	1	2	3	4	5	6	7	8	9
0	0									
1		1								
2										
3										
4										
5										
6										
7										
8										
9										

1 빨간색 테두리 안에 있는 수는 ☐ 씩 커져요.

2 파란색 테두리 안에 있는 수는 ☐ 씩 커져요.

3 ☐ 안에 있는 수는 같은 수를 ☐ 번 곱한 값이에요.

4 두 수의 곱이 12인 칸을 모두 찾아 색칠하세요.

✎ 빈칸을 채워 표를 완성하세요.

1

×	3	4	5
2			
3			
4			

2

×	6	7	8
4			
5			
6			

3

×	4		9
2		16	
		40	
6			

4

×	2	3	
3			21
4			
	10		

✎ 표에서 잘못된 부분을 찾아 ×표 하고 바르게 고치세요.

1

×	4	6	8
3	12	18	23
5	20	35	40
7	32	42	55

2

×	7	5	9
2	14	10	21
4	27	19	36
8	59	40	72

정답 36쪽

2단부터 9단까지 정해진 시간 안에 문제를 풀어 실력을 확인해요.

단원평가 형식의 확인 문제로 문제 해결력을 높여요.

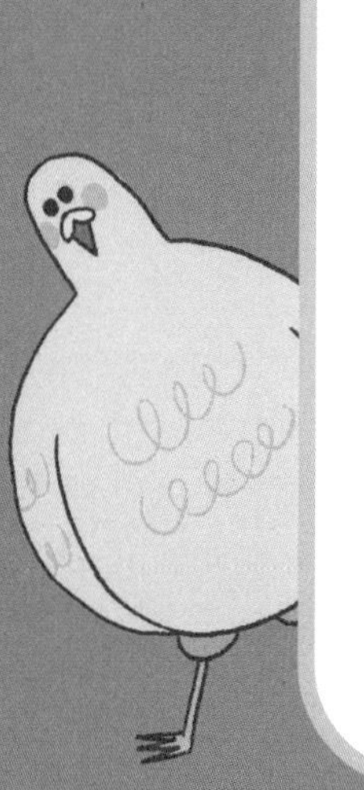

구구단의 고수 1

거꾸로 구구단의 빈칸을 채우세요.

2단

$2 \times 9 =$ ☐

$2 \times 8 =$ ☐

$2 \times 7 =$ ☐

$2 \times 6 =$ ☐

$2 \times 5 =$ ☐

$2 \times 4 =$ ☐

$2 \times 3 =$ ☐

$2 \times 2 =$ ☐

$2 \times 1 =$ ☐

3단

$3 \times 9 =$ ☐

$3 \times 8 =$ ☐

$3 \times 7 =$ ☐

$3 \times 6 =$ ☐

$3 \times 5 =$ ☐

$3 \times 4 =$ ☐

$3 \times 3 =$ ☐

$3 \times 2 =$ ☐

$3 \times 1 =$ ☐

4단

$4 \times 9 =$ ☐

$4 \times 8 =$ ☐

$4 \times 7 =$ ☐

$4 \times 6 =$ ☐

$4 \times 5 =$ ☐

$4 \times 4 =$ ☐

$4 \times 3 =$ ☐

$4 \times 2 =$ ☐

$4 \times 1 =$ ☐

5단

$5 \times 9 =$ ☐

$5 \times 8 =$ ☐

$5 \times 7 =$ ☐

$5 \times 6 =$ ☐

$5 \times 5 =$ ☐

$5 \times 4 =$ ☐

$5 \times 3 =$ ☐

$5 \times 2 =$ ☐

$5 \times 1 =$ ☐

6단

$6 \times 9 =$ □

$6 \times 8 =$ □

$6 \times 7 =$ □

$6 \times 6 =$ □

$6 \times 5 =$ □

$6 \times 4 =$ □

$6 \times 3 =$ □

$6 \times 2 =$ □

$6 \times 1 =$ □

7단

$7 \times 9 =$ □

$7 \times 8 =$ □

$7 \times 7 =$ □

$7 \times 6 =$ □

$7 \times 5 =$ □

$7 \times 4 =$ □

$7 \times 3 =$ □

$7 \times 2 =$ □

$7 \times 1 =$ □

8단

$8 \times 9 =$ □

$8 \times 8 =$ □

$8 \times 7 =$ □

$8 \times 6 =$ □

$8 \times 5 =$ □

$8 \times 4 =$ □

$8 \times 3 =$ □

$8 \times 2 =$ □

$8 \times 1 =$ □

9단

$9 \times 9 =$ □

$9 \times 8 =$ □

$9 \times 7 =$ □

$9 \times 6 =$ □

$9 \times 5 =$ □

$9 \times 4 =$ □

$9 \times 3 =$ □

$9 \times 2 =$ □

$9 \times 1 =$ □

정답 30쪽

구구단의 고수 2

2~9단의 빈칸을 채우세요.

2단

$2 \times 1 =$ □

$2 \times 9 =$ □

$2 \times 3 =$ □

$2 \times 4 =$ □

$2 \times 2 =$ □

$2 \times 6 =$ □

$2 \times 8 =$ □

$2 \times 5 =$ □

$2 \times 7 =$ □

3단

$3 \times 3 =$ □

$3 \times 6 =$ □

$3 \times 8 =$ □

$3 \times 2 =$ □

$3 \times 4 =$ □

$3 \times 7 =$ □

$3 \times 9 =$ □

$3 \times 1 =$ □

$3 \times 5 =$ □

4단

$4 \times 4 =$ □

$4 \times 9 =$ □

$4 \times 7 =$ □

$4 \times 5 =$ □

$4 \times 1 =$ □

$4 \times 3 =$ □

$4 \times 8 =$ □

$4 \times 2 =$ □

$4 \times 6 =$ □

5단

$5 \times 4 =$ □

$5 \times 5 =$ □

$5 \times 8 =$ □

$5 \times 1 =$ □

$5 \times 6 =$ □

$5 \times 2 =$ □

$5 \times 7 =$ □

$5 \times 3 =$ □

$5 \times 9 =$ □

6단

6 × 1 = □
6 × 5 = □
6 × 4 = □
6 × 9 = □
6 × 8 = □
6 × 3 = □
6 × 7 = □
6 × 2 = □
6 × 6 = □

7단

7 × 9 = □
7 × 4 = □
7 × 1 = □
7 × 6 = □
7 × 3 = □
7 × 8 = □
7 × 5 = □
7 × 2 = □
7 × 7 = □

8단

8 × 5 = □
8 × 6 = □
8 × 4 = □
8 × 7 = □
8 × 3 = □
8 × 8 = □
8 × 2 = □
8 × 9 = □
8 × 1 = □

9단

9 × 9 = □
9 × 8 = □
9 × 7 = □
9 × 4 = □
9 × 5 = □
9 × 6 = □
9 × 3 = □
9 × 2 = □
9 × 1 = □

정답 30쪽

구구단의 고수 3

혼합 구구단의 빈칸을 3분 안에 채우세요.

2~5단

$4 \times 2 =$ ☐

$3 \times 5 =$ ☐

$5 \times 4 =$ ☐

$2 \times 3 =$ ☐

$5 \times 5 =$ ☐

$4 \times 3 =$ ☐

$3 \times 7 =$ ☐

$5 \times 8 =$ ☐

$4 \times 9 =$ ☐

2~5단

$2 \times 9 =$ ☐

$4 \times 3 =$ ☐

$3 \times 8 =$ ☐

$5 \times 7 =$ ☐

$3 \times 2 =$ ☐

$5 \times 6 =$ ☐

$4 \times 4 =$ ☐

$2 \times 8 =$ ☐

$5 \times 9 =$ ☐

2~5단

$5 \times 8 =$ ☐

$4 \times 7 =$ ☐

$3 \times 3 =$ ☐

$2 \times 4 =$ ☐

$3 \times 5 =$ ☐

$4 \times 6 =$ ☐

$5 \times 3 =$ ☐

$3 \times 6 =$ ☐

$2 \times 2 =$ ☐

2~5단

$4 \times 8 =$ ☐

$3 \times 7 =$ ☐

$2 \times 2 =$ ☐

$5 \times 4 =$ ☐

$4 \times 9 =$ ☐

$2 \times 4 =$ ☐

$2 \times 5 =$ ☐

$3 \times 9 =$ ☐

$5 \times 5 =$ ☐

6~9단

- $8 \times 2 =$ ☐
- $9 \times 3 =$ ☐
- $7 \times 9 =$ ☐
- $8 \times 4 =$ ☐
- $6 \times 2 =$ ☐
- $9 \times 5 =$ ☐
- $8 \times 3 =$ ☐
- $7 \times 2 =$ ☐
- $6 \times 9 =$ ☐

6~9단

- $7 \times 5 =$ ☐
- $8 \times 8 =$ ☐
- $6 \times 3 =$ ☐
- $9 \times 9 =$ ☐
- $8 \times 1 =$ ☐
- $7 \times 3 =$ ☐
- $6 \times 5 =$ ☐
- $8 \times 5 =$ ☐
- $9 \times 8 =$ ☐

6~9단

- $8 \times 1 =$ ☐
- $7 \times 4 =$ ☐
- $9 \times 5 =$ ☐
- $6 \times 2 =$ ☐
- $9 \times 7 =$ ☐
- $9 \times 1 =$ ☐
- $7 \times 2 =$ ☐
- $6 \times 9 =$ ☐
- $8 \times 7 =$ ☐

6~9단

- $9 \times 9 =$ ☐
- $9 \times 2 =$ ☐
- $8 \times 6 =$ ☐
- $6 \times 7 =$ ☐
- $9 \times 3 =$ ☐
- $7 \times 5 =$ ☐
- $8 \times 9 =$ ☐
- $6 \times 7 =$ ☐
- $7 \times 7 =$ ☐

정답 31쪽

구구단의 고수 4 혼합 구구단의 빈칸을 5분 안에 채우세요.

2~9단

9 × 5 = ☐

2 × 2 = ☐

7 × 8 = ☐

5 × 3 = ☐

3 × 6 = ☐

4 × 3 = ☐

8 × 4 = ☐

6 × 5 = ☐

4 × 8 = ☐

2~9단

3 × 9 = ☐

9 × 8 = ☐

8 × 5 = ☐

5 × 9 = ☐

6 × 2 = ☐

7 × 6 = ☐

2 × 8 = ☐

4 × 2 = ☐

5 × 7 = ☐

2~9단

8 × 3 = ☐

6 × 7 = ☐

9 × 6 = ☐

4 × 5 = ☐

5 × 8 = ☐

2 × 6 = ☐

3 × 7 = ☐

7 × 4 = ☐

6 × 4 = ☐

2~9단

2 × 5 = ☐

4 × 4 = ☐

8 × 6 = ☐

7 × 3 = ☐

3 × 5 = ☐

5 × 4 = ☐

6 × 3 = ☐

9 × 2 = ☐

7 × 9 = ☐

2~9단

$3 \times 3 =$ ☐

$5 \times 5 =$ ☐

$6 \times 3 =$ ☐

$2 \times 3 =$ ☐

$7 \times 6 =$ ☐

$4 \times 6 =$ ☐

$9 \times 4 =$ ☐

$6 \times 8 =$ ☐

$8 \times 9 =$ ☐

2~9단

$4 \times 8 =$ ☐

$9 \times 3 =$ ☐

$2 \times 4 =$ ☐

$5 \times 1 =$ ☐

$7 \times 5 =$ ☐

$6 \times 9 =$ ☐

$3 \times 2 =$ ☐

$8 \times 7 =$ ☐

$6 \times 6 =$ ☐

2~9단

$6 \times 7 =$ ☐

$5 \times 6 =$ ☐

$8 \times 3 =$ ☐

$3 \times 5 =$ ☐

$4 \times 7 =$ ☐

$2 \times 6 =$ ☐

$8 \times 9 =$ ☐

$7 \times 7 =$ ☐

$9 \times 9 =$ ☐

2~9단

$9 \times 1 =$ ☐

$4 \times 8 =$ ☐

$8 \times 8 =$ ☐

$3 \times 6 =$ ☐

$5 \times 7 =$ ☐

$6 \times 8 =$ ☐

$2 \times 7 =$ ☐

$7 \times 2 =$ ☐

$3 \times 9 =$ ☐

정답 31쪽

마무리 평가 1 지금까지 배운 구구단 실력을 확인해 보세요.

1 꽃 모양을 3개씩 묶고 덧셈식과 곱셈식으로 써 보세요.

3 + 3 + 3 + 3 + 3 = □

3 × □ = □

2 빈칸에 알맞은 수를 써넣으세요.

×	2	4	6	7	9
2					

3 두 수의 곱을 각각 써넣으세요.

5 × 3 = □

5 × 6 = □

5 × 7 = □

4 □ 안에 알맞은 수를 써넣으세요.

(1) 3 × □ = 15 (2) 4 × □ = 16

(3) 6 × □ = 18 (4) 8 × □ = 56

5 두 수의 곱이 잘못된 것을 고르세요. (   )

① 3 × 4 = 12 ② 3 × 5 = 15

③ 3 × 6 = 18 ④ 3 × 7 = 27

⑤ 3 × 8 = 24

6 두 수의 곱으로 알맞은 것을 찾아 이어 보세요.

6 × 7 • • 12

3 × 5 • • 15

6 × 2 • • 42

7 그림을 4개씩 묶고 곱셈식으로 써 보세요.

□ × □ = □

8 □ 안에 알맞은 수를 써넣으세요.

(1) 9 × 3 = □ (2) 9 × 6 = □

(3) 9 × 5 = □ (4) 9 × 2 = □

9 그림을 보고 □ 안에 알맞은 수를 써넣으세요.

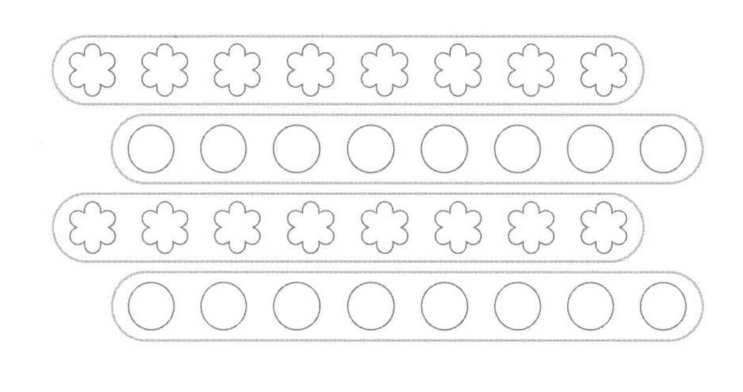

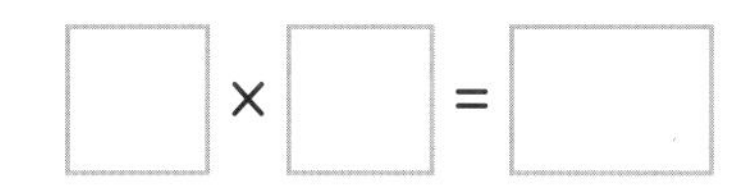

10 관계 있는 것끼리 선으로 이어 보세요.

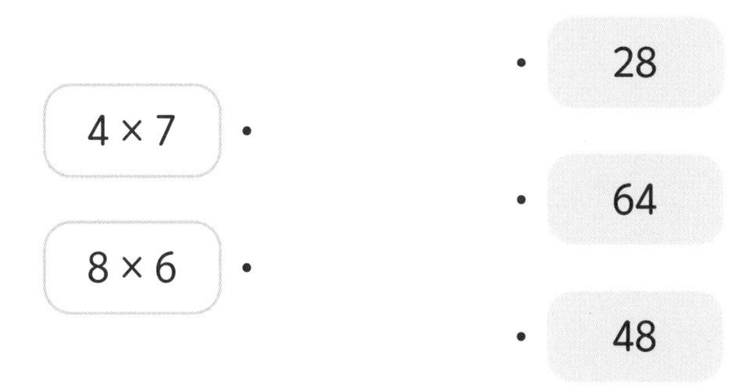

11 그림을 보고 곱셈식으로 바르게 나타낸 것을 고르세요. (　　)

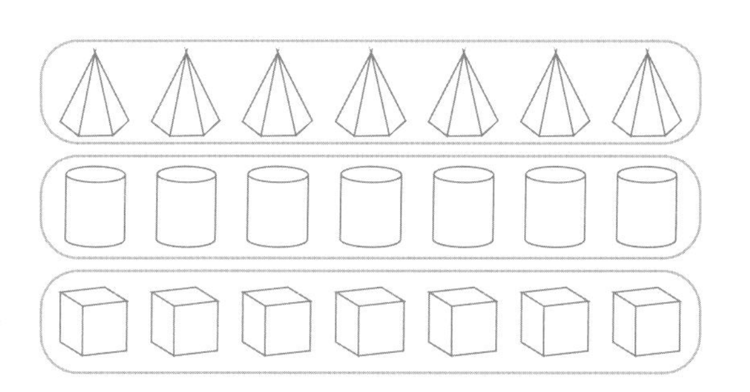

① $7 \times 2 = 14$　② $7 \times 3 = 21$

③ $7 \times 4 = 28$　④ $7 \times 6 = 42$

⑤ $7 \times 8 = 56$

12 두 수의 곱 중에서 더 큰 수에 ○표 하세요.

1×5　　6×0

13 □ 안에 들어갈 수가 가장 큰 것을 찾아 기호를 쓰세요.

(ㄱ) $7 \times \square = 28$　(ㄴ) $9 \times \square = 27$

(ㄷ) $9 \times \square = 45$　(ㄹ) $7 \times \square = 42$

➜ ______

14 두 수의 곱이 나머지와 다른 것을 고르세요.
(　　)

① 2×1　② 5×0　③ 0×8

④ 1×0　⑤ 0×3

15 곱셈표를 보고 물음에 답하세요.

×	1	2	3	4	5	6	7	8	9
1	1	2	3	4	5	6	7	8	9
2	2	4	6	8	10	12	14	16	18
3	3	6	9	12	15	18	21	24	27
4	4	8	12	16	20	24	28	32	36
5	5	10	15	20	25	30	35	40	45
6	6	12	18	24	30	36	42	48	54
7	7	14	21	28	35	42	49	56	63
8	8	16	24	32	40	48	56	64	72
9	9	18	27	36	45	54	63	72	81

(1) 6씩 커지는 가로줄과 세로줄을 찾아 색칠하세요.

(2) 곱셈표에서 7×4와 곱의 결과가 같은 것을 찾아 곱셈식을 써 보세요.

➜ ______

마무리 평가 2 지금까지 배운 구구단 실력을 확인해 보세요.

1 그림을 2개씩 묶고 덧셈식과 곱셈식으로 써 보세요.

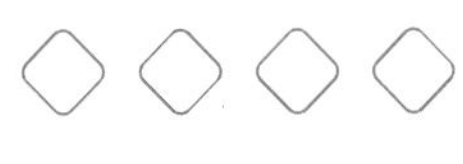

2 + 2 + 2 + 2 = □

2 × □ = □

2 그림을 보고 □ 안에 알맞은 수를 써넣으세요.

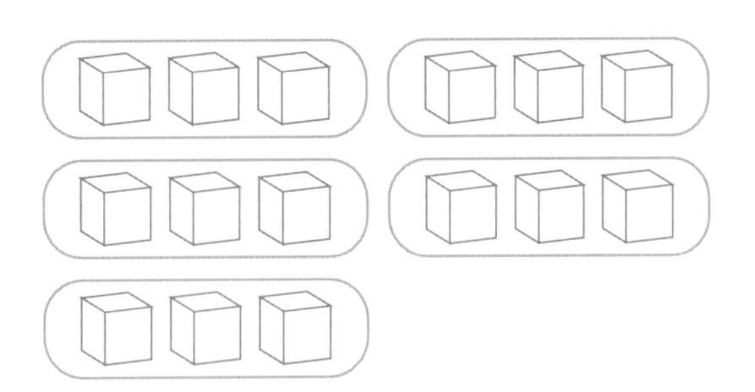

□ × □ = □

3 두 수의 곱 중에서 더 작은 수에 ○표 하세요.

2 × 9　　5 × 4

4 빈칸에 알맞은 수를 써넣으세요.

×	3	4	8	9
5				

5 수직선을 보고 □ 안에 알맞은 수를 써넣으세요.

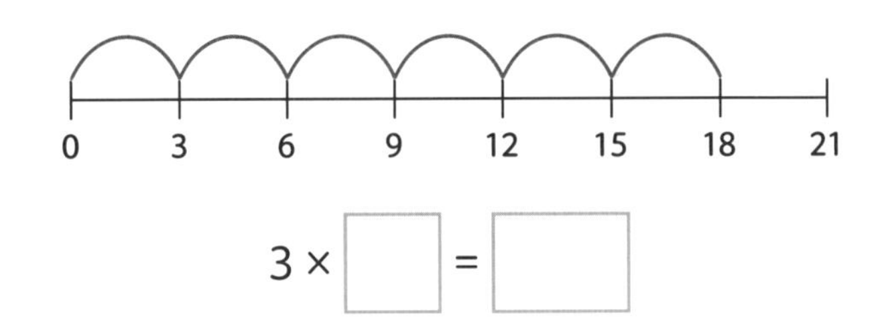

3 × □ = □

6 두 수의 곱이 20보다 작은 것에 ○표 하세요.

3 × 7　　6 × 3　　6 × 4

7 그림을 보고 □ 안에 알맞은 곱셈식을 써넣으세요.

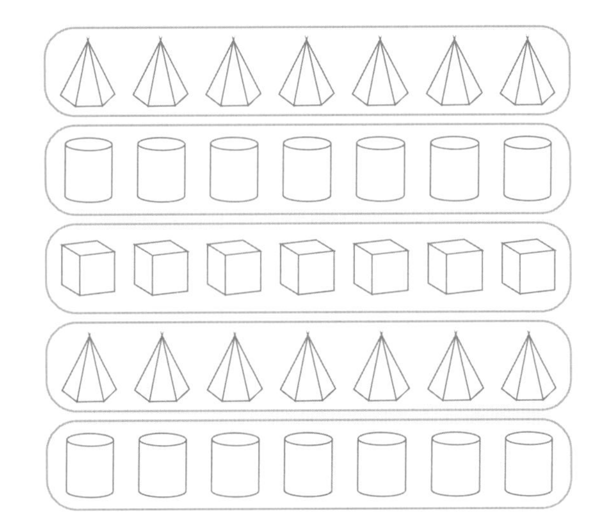

7 × □ = □

8 7단과 9단의 곱을 모두 찾아 색칠하세요.

14	27	22	6
16	12	18	11
43	54	35	64
28	24	15	32
45	72	63	8

9 곱의 크기를 비교하여 > 또는 <를 써넣으세요.

9×6 ◯ 5×9

10 두 수의 곱이 48인 것을 고르세요. (　　　)

① 8×2　② 8×7　③ 8×6　④ 8×4　⑤ 8×9

11 빈칸에 알맞은 수를 써넣으세요.

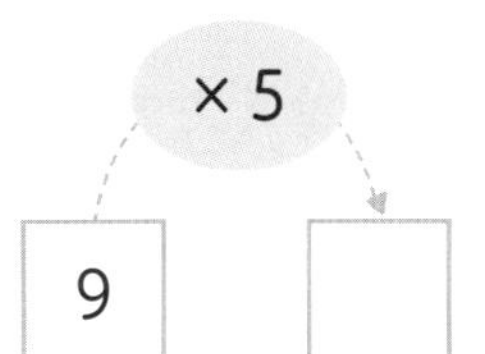

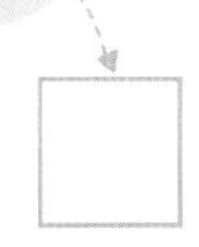

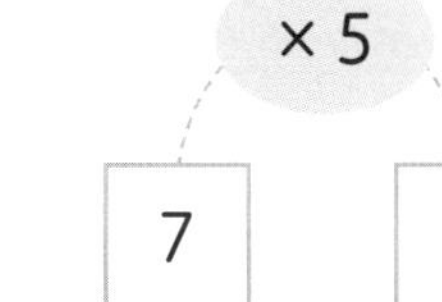

$9 \xrightarrow{\times 5} \square$　　$7 \xrightarrow{\times 5} \square$

12 두 수의 곱이 같은 것을 찾아 이어 보세요.

3×7 •	• 2×8
5×9 •	• 7×3
8×2 •	• 9×5

13 두 수의 곱이 잘못된 것을 고르세요. (　　　)

① $1 \times 0 = 0$　② $1 \times 2 = 0$　③ $1 \times 4 = 4$　④ $0 \times 6 = 0$　⑤ $1 \times 8 = 8$

14 그림을 보고 4가지 곱셈식을 완성하세요.

$3 \times \square = \square$　$4 \times \square = \square$

$6 \times \square = \square$　$8 \times \square = \square$

15 지우네 빵집에서는 케이크를 하루에 9개씩 만듭니다. 5일 동안 만든 케이크는 모두 몇 개인지 구하세요.

곱셈식 $9 \times \square = \square$

답 $\square$ 개

마무리 평가 3 지금까지 배운 구구단 실력을 확인해 보세요.

1 빈칸에 ☆를 그리고 곱셈식을 완성하세요.

☆☆ ☆☆ ☆☆

$2 \times 4 =$ □

2 2단의 곱이 아닌 것을 고르세요. (　　)

① 10　② 12　③ 15

④ 14　⑤ 18

3 그림을 보고 곱셈식으로 바르게 나타낸 것을 고르세요. (　　)

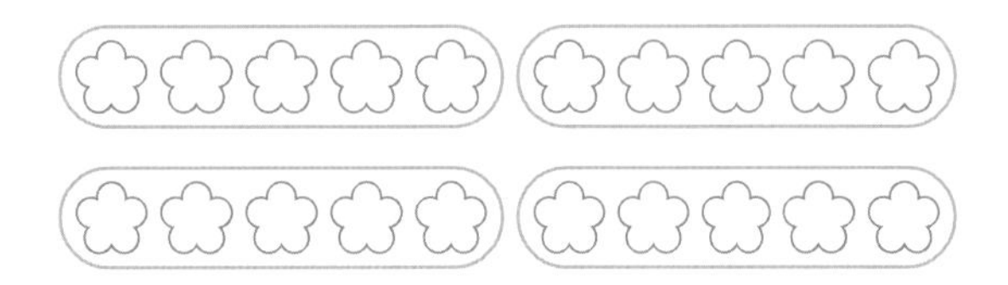

① $5 \times 2 = 10$　② $5 \times 3 = 15$

③ $5 \times 4 = 20$　④ $5 \times 5 = 25$

⑤ $5 \times 8 = 40$

4 잎이 5장 달린 꽃을 7송이 샀습니다. 꽃잎은 모두 몇 장일까요? (　　)

① 15장　② 25장　③ 30장

④ 35장　⑤ 45장

5 5단의 곱은 모두 몇 개인지 고르세요. (　　)

10	16	24	32	45

① 1개　② 2개　③ 3개

④ 4개　⑤ 5개

6 □ 안에 알맞은 수를 써넣으세요.

(1) $7 \times 5 =$ □　(2) $7 \times 6 =$ □

(3) $7 \times 4 =$ □　(4) $7 \times 7 =$ □

7 두 수의 곱이 26보다 큰 것을 찾아 기호를 쓰세요.

㉠ 3×8　㉡ 5×6

㉢ 6×4　㉣ 2×9

➜ ________

8 9단을 바르게 쓴 것을 고르세요. (　　)

① $9 \times 3 = 17$　② $9 \times 5 = 44$

③ $9 \times 6 = 56$　④ $9 \times 7 = 62$

⑤ $9 \times 8 = 72$

9 빈칸에 알맞은 수를 써넣으세요.

×	3	5	7	8
8				

10 세발자전거의 바퀴는 3개입니다. 세발자전거 9대의 바퀴는 모두 몇 개인지 구하세요.

곱셈식 3 × □ = □

답 □ 개

11 그림을 8개씩 묶고 곱셈식으로 써 보세요.

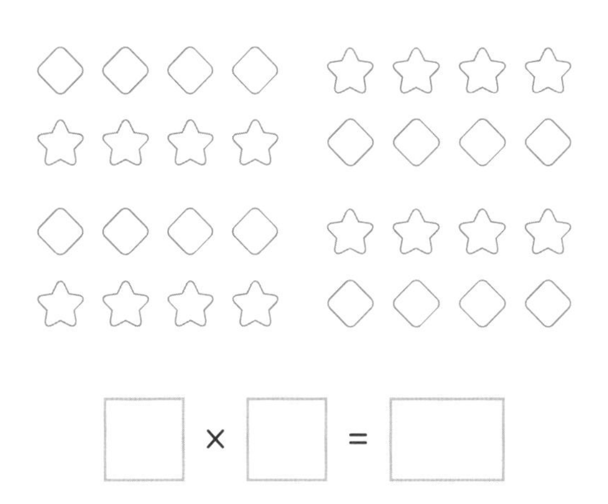

□ × □ = □

12 □ 안에 공통으로 들어갈 알맞은 수를 쓰세요.

3 × □ = 0　　□ × 5 = 0

7 × □ = 0　　9 × □ = 0

➜ ______

13 표에서 ✿와 ●에 들어갈 수를 더해 □ 안에 쓰세요.

×	3	4	5
1			
3		✿	
5		●	

✿ + ● = □

14 트럭 한 대에 상자를 9박스 실었습니다. 트럭 5대에 실은 상자는 모두 몇 박스인지 구하세요.

곱셈식 □ × □ = □

답 □ 박스

15 두 수의 곱 중에서 더 큰 수에 ○표 하세요.

1 × 5　　6 × 0

마무리 평가 4 지금까지 배운 구구단 실력을 확인해 보세요.

1 별 모양을 5개씩 묶고 곱셈식으로 써 보세요.

☆☆☆☆☆☆☆☆☆☆
☆☆☆☆☆☆☆☆☆☆
☆☆☆☆☆

5 × ☐ = ☐

2 두 수의 곱이 18인 것을 고르세요. (　　　)

① 9 × 3　② 7 × 3　③ 4 × 3
④ 8 × 2　⑤ 6 × 3

3 곱의 크기를 비교하여 > 또는 <를 써넣으세요.

2 × 7 ○ 5 × 3

4 빈칸에 알맞은 수를 써넣으세요.

		3	=	☐
4	×	☐	=	20
		8	=	☐

5 빈칸에 알맞은 수를 써넣으세요.

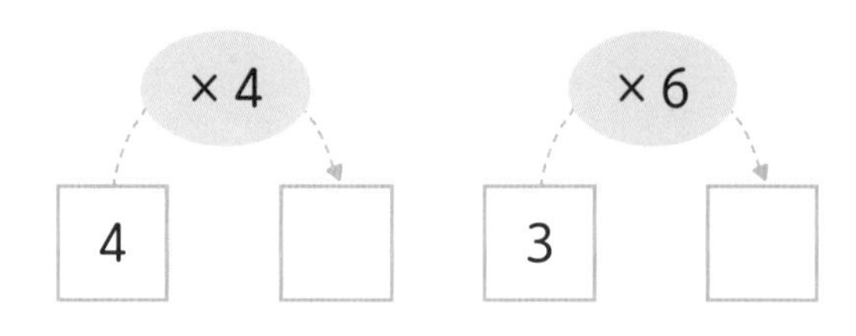

6 보기를 보고 ☐ 안에 알맞은 수를 써넣으세요.

보기
6 × 3 = 3 × 6 = 18

8 × 9 = ☐ × ☐ = ☐

7 그림을 보고 ☐ 안에 알맞은 수를 써넣으세요.

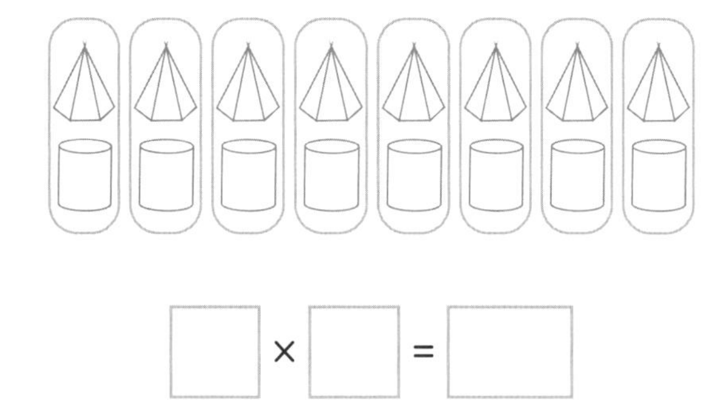

☐ × ☐ = ☐

8 두 수의 곱 중에서 더 작은 것에 ○표 하세요.

7 × 7　　8 × 6

9 그림을 보고 2가지 곱셈식을 완성하세요.

2 × ☐ = ☐

5 × ☐ = ☐

10 곱을 바르게 구한 것에는 ○표, 틀린 것에는 X표 하세요.

9 × 2 = 19　　9 × 7 = 63

9 × 3 = 27　　9 × 6 = 45

11 두 수의 곱으로 알맞은 것을 찾아 이어 보세요.

1 × 5 •	• 8
7 × 1 •	• 0
0 × 2 •	• 7
8 × 1 •	• 5

12 두 수의 곱이 작은 것부터 차례대로 기호를 쓰세요.

(ㄱ) 7 × 6　　(ㄴ) 6 × 8

(ㄷ) 8 × 8　　(ㄹ) 9 × 5

➜ ____________

13 빈칸에 알맞은 수를 써넣으세요.

×	1	3	5	7	9
1	1		5	7	9
3		9		21	27
5	5		25		45
7	7	21		49	
9	9	27	45		81

14 한 박스에 지우개가 8개 들어 있습니다. 6박스에 들어 있는 지우개는 모두 몇 개인지 쓰세요.

곱셈식 8 × ☐ = ☐

답 ☐ 개

15 쿠키 4개씩 9묶음은 쿠키 9개씩 몇 묶음과 같은지 고르세요. (　　)

① 3묶음　② 4묶음　③ 5묶음

④ 6묶음　⑤ 7묶음

MEMO

초등 공부 시작부터 끝까지!

초끝

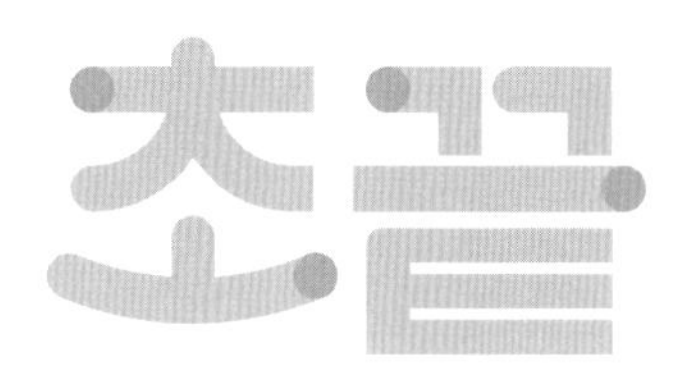

MEMO

초등 공부 시작부터 끝까지!

초끝

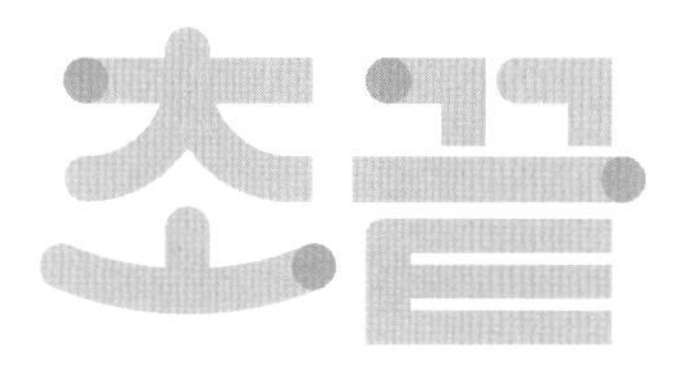

MEMO

초등 공부 시작부터 끝까지!

초끝

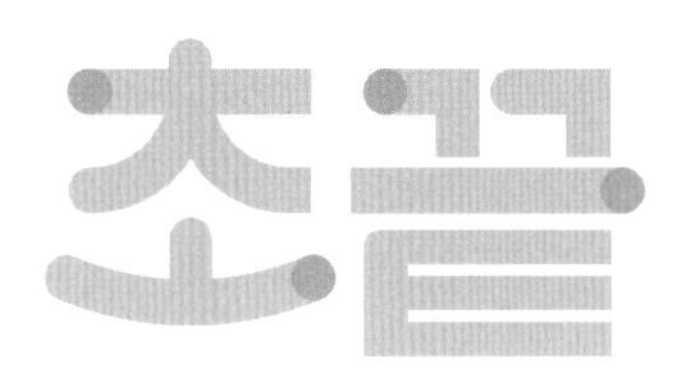

초등 공부
시작부터
끝까지!

끝

정답

저절로
구구단

초등 1~2 학년

메가스터디BOOKS

초등 공부 시작부터 끝까지!

초끝

저절로 구구단

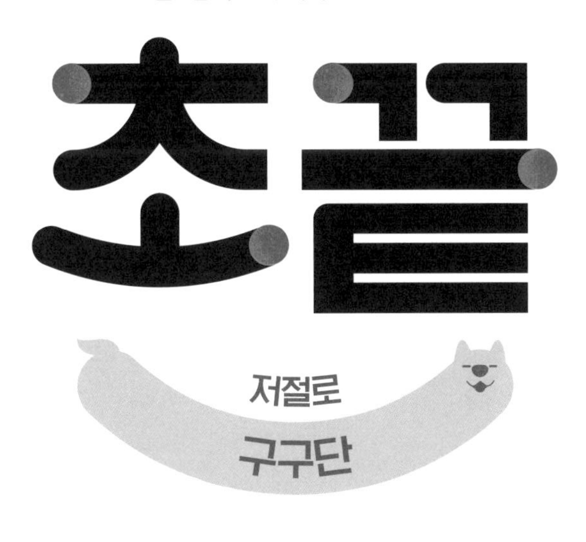

정답

초등 1~2 학년

1일

본책 8~11쪽

여러 가지 방법으로 세어 보기

젤리가 많이 있네. 모두 몇 개일까?

✎ 젤리가 모두 몇 개인지 하나씩 세어 빈칸에 알맞은 수를 써넣으세요.

하나씩 세면 젤리는 모두 18 개예요.

✎ 젤리가 모두 몇 개인지 2씩 뛰어 세며 빈칸에 알맞은 수를 써넣으세요.

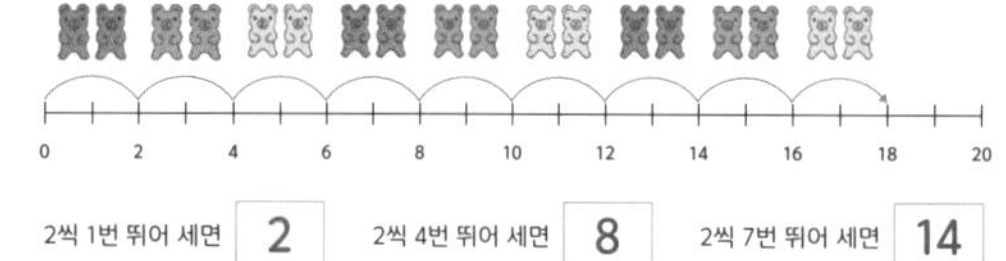

2씩 1번 뛰어 세면 2	2씩 4번 뛰어 세면 8	2씩 7번 뛰어 세면 14
2씩 2번 뛰어 세면 4	2씩 5번 뛰어 세면 10	2씩 8번 뛰어 세면 16
2씩 3번 뛰어 세면 6	2씩 6번 뛰어 세면 12	2씩 9번 뛰어 세면 18

2씩 뛰어 세면 젤리는 모두 18 개예요.

✎ 젤리가 모두 몇 개인지 2씩 묶어 세며 빈칸에 알맞은 수를 써넣으세요.

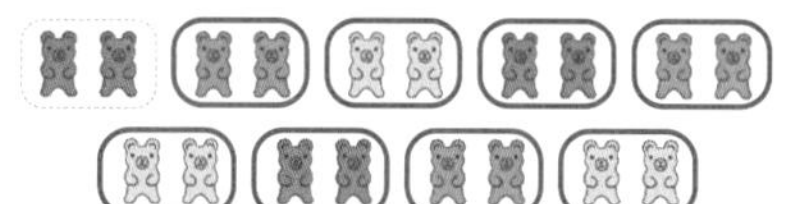

2씩 1묶음은 2	2씩 4묶음은 8	2씩 7묶음은 14
2씩 2묶음은 4	2씩 5묶음은 10	2씩 8묶음은 16
2씩 3묶음은 6	2씩 6묶음은 12	2씩 9묶음은 18

2씩 묶어 세면 젤리는 모두 18 개예요.

정답 2쪽

뛰어 세기

✎ 뛰어 세며 빈칸에 알맞은 수를 써넣으세요.

1

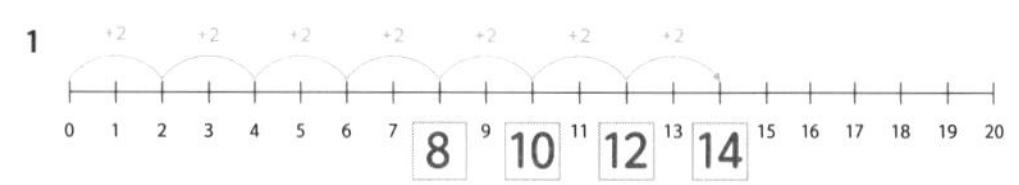

2씩 7번 뛰어 세면 14 입니다.

2

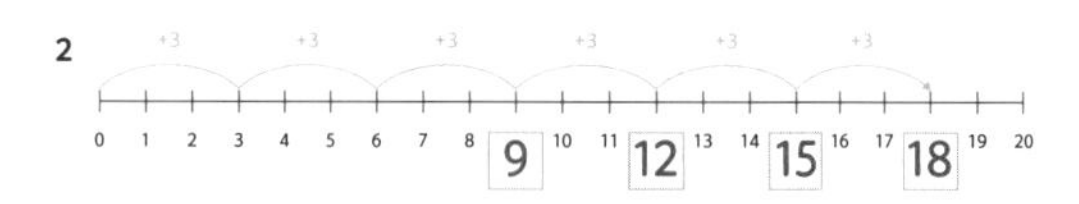

3씩 6번 뛰어 세면 18 입니다.

3

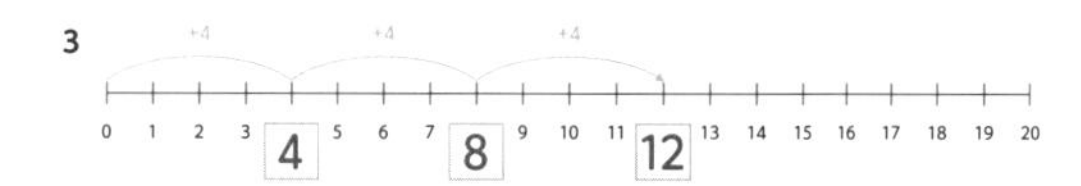

4씩 3번 뛰어 세면 12 입니다.

4

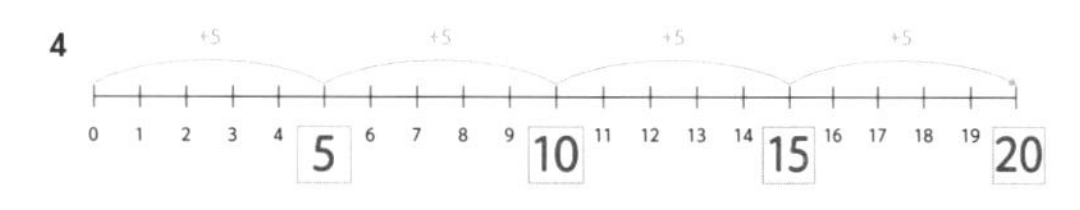

5씩 4번 뛰어 세면 20 입니다.

✎ 그림을 보고 뛰어 센 수에 ○표 한 다음 빈칸에 알맞은 수를 써넣으세요.

1 1 2 3 4 5 ⑥ 7 8 9 10 11 ⑫ 13 14 15 16 17 ⑱ 19 20 21 22 23 ㉔

6씩 뛰어 세면 6, 12, 18, 24 입니다. 모두 24 개입니다.

2 1 2 3 4 5 6 ⑦ 8 9 10 11 12 13 ⑭ 15 16 17 18 19 20 ㉑

7씩 뛰어 세면 7, 14, 21 입니다. 모두 21 개입니다.

3 1 2 3 4 5 6 7 ⑧ 9 10 11 12 13 14 15 ⑯ 17 18 19 20 21 22 23 ㉔

8씩 뛰어 세면 8, 16, 24 입니다. 모두 24 개입니다.

4 1 2 3 4 5 6 7 8 ⑨ 10 11 12 13 14 15 16 17 ⑱

9씩 뛰어 세면 9, 18 입니다. 모두 18 개입니다.

정답 2쪽

2일

본책 12~15쪽

묶어 세기

✎ 묶어 세며 빈칸에 알맞은 수를 써넣으세요.

1

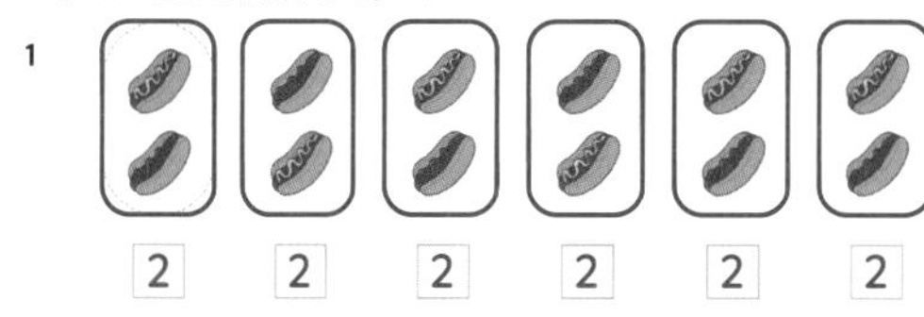

2 2 2 2 2 2

2씩 6묶음은 12 입니다.

2

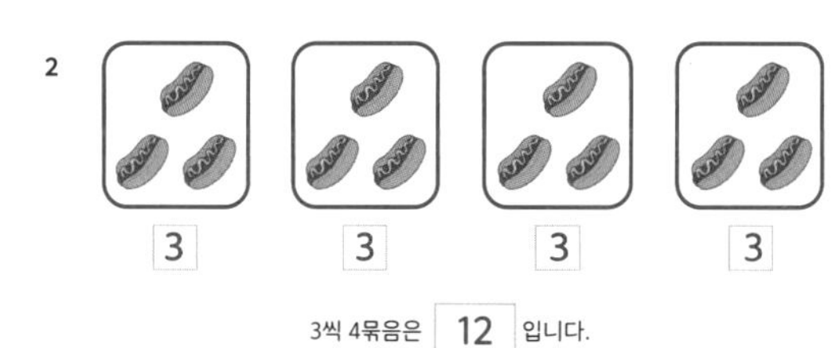

3 3 3 3

3씩 4묶음은 12 입니다.

3

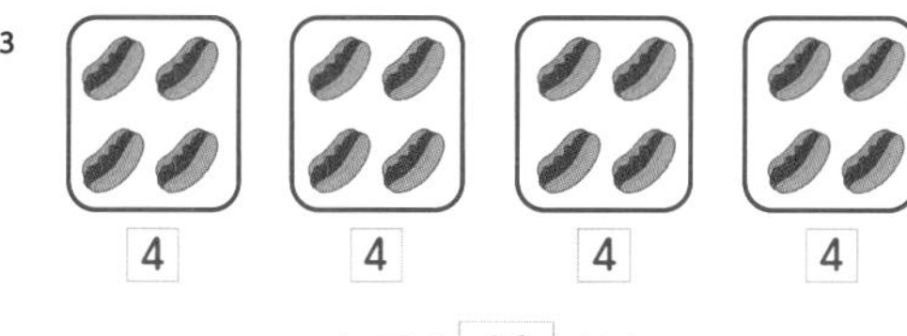

4 4 4 4

4씩 4묶음은 16 입니다.

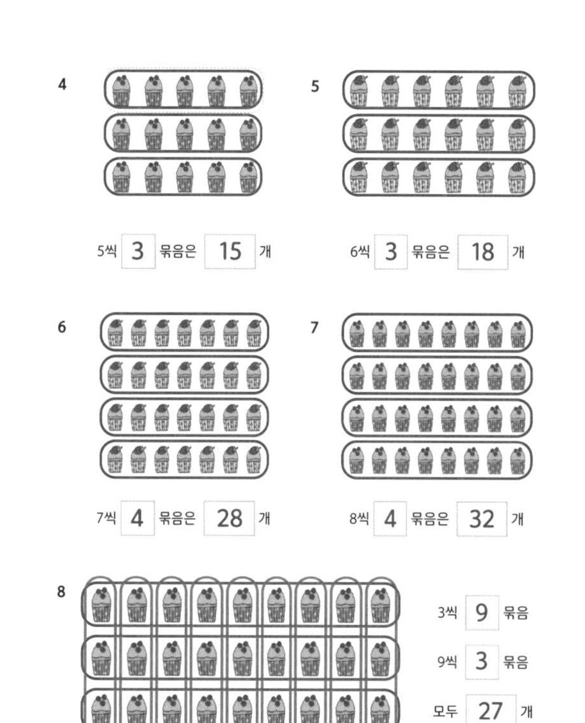

4 5씩 3 묶음은 15 개

5 6씩 3 묶음은 18 개

6 7씩 4 묶음은 28 개

7 8씩 4 묶음은 32 개

8 3씩 9 묶음

9씩 3 묶음

모두 27 개

몇의 몇 배 알기

✎ 몇의 몇 배를 알아보며 빈칸에 알맞은 수를 써넣으세요.

1

3씩 4묶음은 3의 4 배예요.

3의 4배는 3 + 3 + 3 + 3 = 12 로 3을 4번 더한 값과 같아요.

2

4씩 6묶음은 4의 6 배예요.

4의 6배는 4 + 4 + 4 + 4 + 4 + 4 = 24 로 4를 6번 더한 값과 같아요.

3 2씩 4 묶음은 2의 4 배예요.

2의 4 배는 8 이에요.

4 5씩 4 묶음 ▸ 5의 4 배

5 6씩 3 묶음 ▸ 6의 3 배

6 7씩 3 묶음 ▸ 7의 3 배

7 9씩 2 묶음 ▸ 9의 2 배

본책 16~19쪽

곱셈식으로 나타내기

✎ 그림을 곱셈식으로 나타내 보세요.

1

4씩 5묶음 ▸ 4 의 5 배

덧셈식 4 + 4 + 4 + 4 + 4 = 20

곱셈식 4 × 5 = 20

4 + 4 + 4 + 4 + 4는 4 × 5와 같습니다.

4 × 5 = 20은 4 곱하기 5는 20과 같습니다라고 읽어요.

2

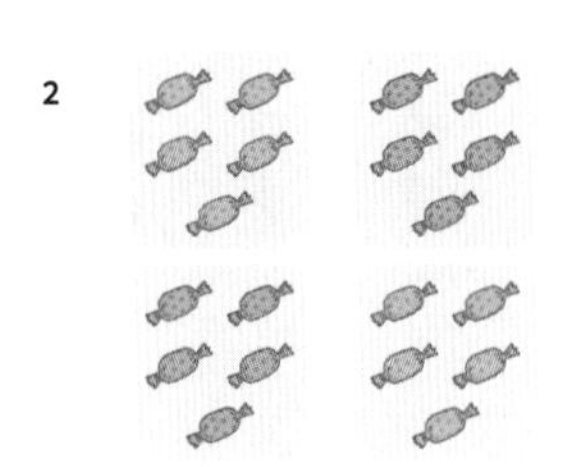

5씩 4 묶음 ▸ 5의 4 배

덧셈식 5 + 5 + 5 + 5 = 20

곱셈식 5 × 4 = 20

3

6씩 3 묶음 ▸ 6의 3 배

덧셈식 6 + 6 + 6 = 18

곱셈식 6 × 3 = 18

4

7씩 4 묶음 ▸ 7의 4 배

덧셈식 7 + 7 + 7 + 7 = 28

곱셈식 7 × 4 = 28

정답 4쪽

곱셈 개념 정리하기

✎ 뛰어 세기를 곱셈식으로 나타내 보세요.

1 6 × 3 = 18

2 5 × 4 = 20

3 3 × 5 = 15

✎ 묶어 세기를 곱셈식으로 나타내 보세요.

1 3 × 6 = 18

2 4 × 3 = 12

3 5 × 5 = 25

4 6 × 4 = 24

✎ 빈칸에 알맞은 수를 쓰고 같은 것끼리 이어 보세요.

1 5 + 5 + 5 + 5 + 5 + 5 = 30 — 5씩 6묶음은 30

2 8 × 3 = 24 — 8 + 8 + 8 = 24

3 2의 6배는 12 — 2 + 2 + 2 + 2 + 2 + 2 = 12

4 3 + 3 + 3 = 9 — 3 × 3 = 9

✎ 지렁이는 모두 몇 마리인지 여러 가지 곱셈식으로 나타내 보세요.

1

3씩 묶으면 3 × 8 = 24

4씩 묶으면 4 × 6 = 24

6씩 묶으면 6 × 4 = 27

2

2씩 묶으면 2 × 6 = 12

3씩 묶으면 3 × 4 = 12

4씩 묶으면 4 × 3 = 12

6씩 묶으면 6 × 2 = 12

정답 4쪽

4일

본책 22~25쪽

2단 1단계 같은 수 더하기

✎ 2씩 뛰어 세며 빈칸에 알맞은 수를 써넣으세요.

연습 문제

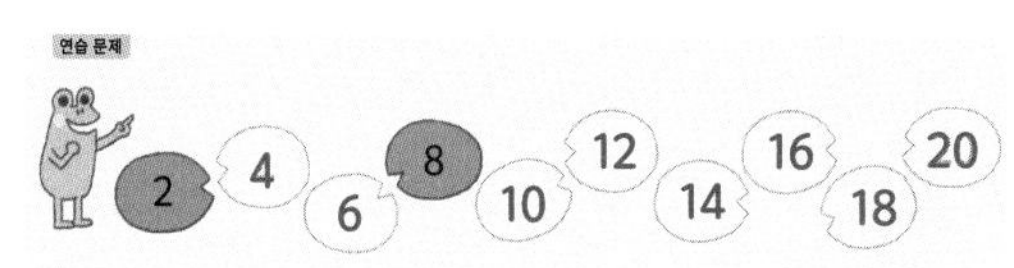

1 4, 10, 12, 16, 20

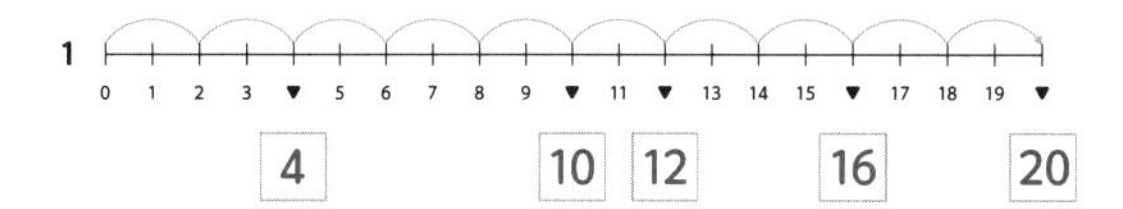

2 2의 3배 ▸ 2 × 3 = 6

3 2의 7 배 ▸ 2 × 7 = 14

4 2의 4 배 ▸ 2 × 4 = 8

4일 월 일

✎ 2씩 묶어 세며 빈칸에 알맞은 수를 써넣으세요.

1
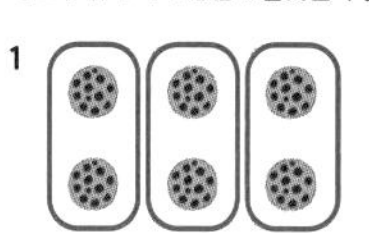

2씩 3 묶음 ▸ 2의 3 배

2 + 2 + 2 = 6

2 × 3 = 6

2
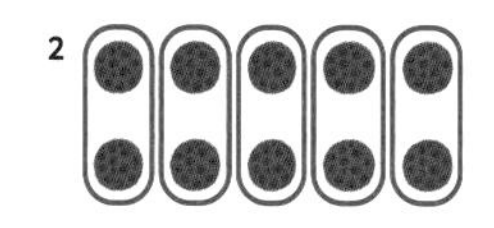

2씩 5 묶음 ▸ 2의 5 배

2 + 2 + 2 + 2 + 2 = 10

2 × 5 = 10

3
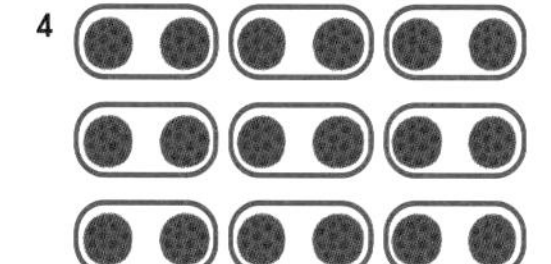
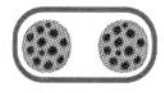

2의 7 배

2 × 7 = 14

4
2의 9 배

2 × 9 = 18

정답 5쪽

2단 2단계 곱셈식 익히기

✎ 보기를 보고 그림을 곱셈식으로 나타내 보세요.

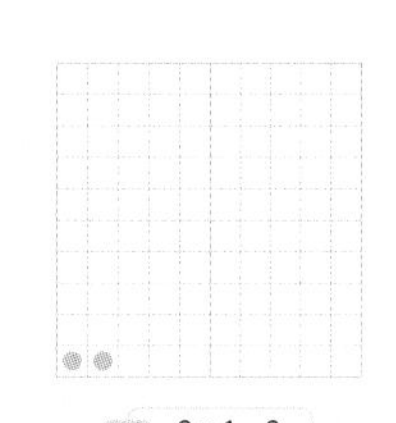

보기 2 × 1 = 2

1 2 × 5 = 10

2 2 × 3 = 6

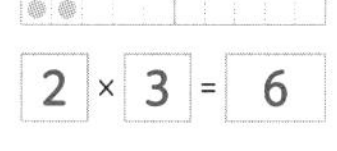

3 2 × 2 = 4

4 2 × 6 = 12

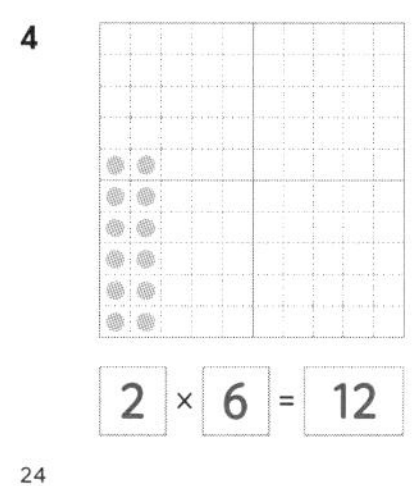

5 2 × 4 = 8

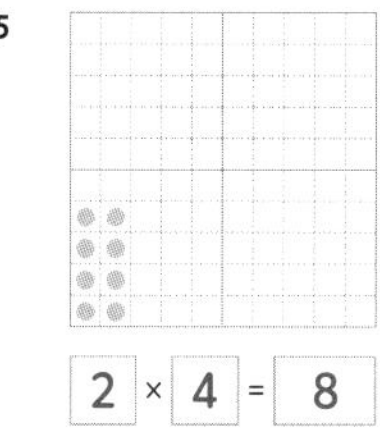
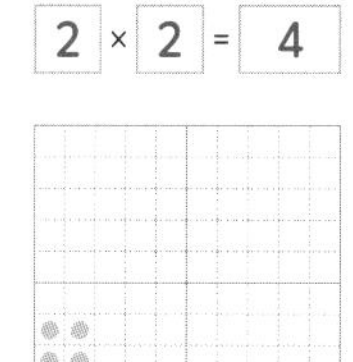

4일 월 일

✎ 보기를 보고 곱셈식을 그림으로 나타내 보세요.

보기 2 × 3 = 6

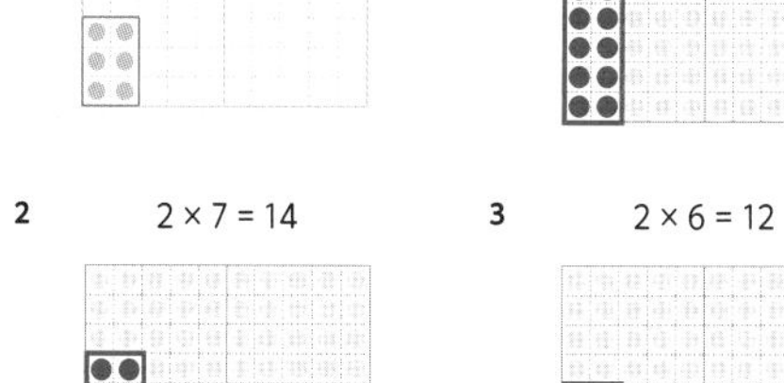
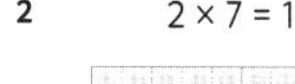

1 2 × 9 = 18

2 2 × 7 = 14

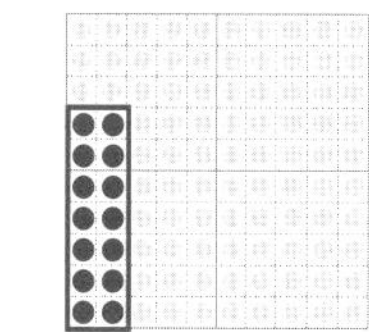

3 2 × 6 = 12

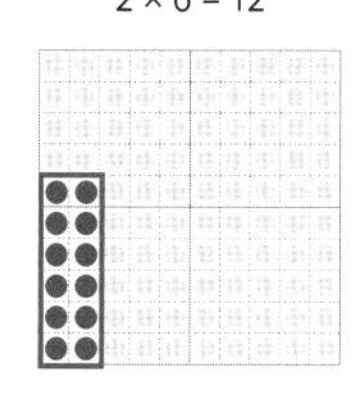

4 2 × 8 = 16

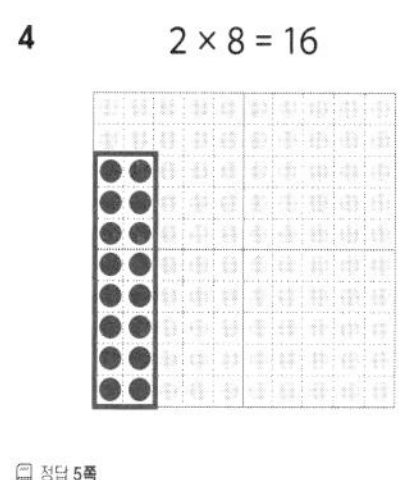

5 2 × 1 = 2

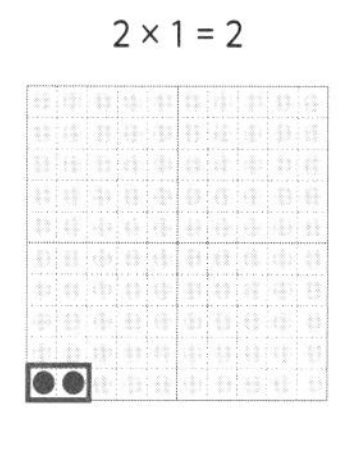

정답 5쪽

5일

본책 26~29쪽

2단 3단계 구구단 규칙 알기

✎ 다음 덧셈을 하며 2단의 규칙을 알아보세요.

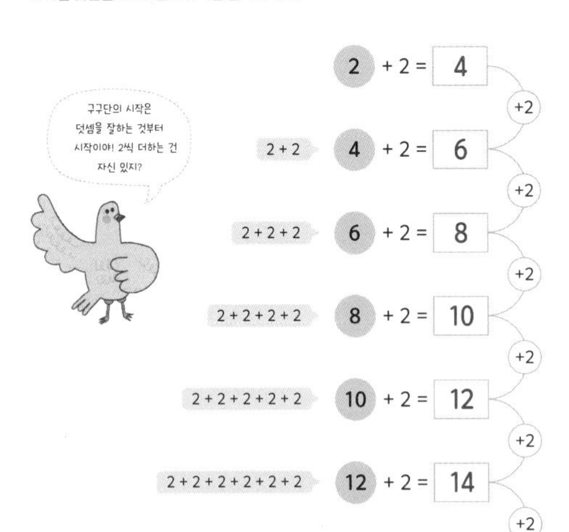
구구단의 시작은
덧셈을 잘하는 것부터
시작이야! 2씩 더하는 건
자신 있지?

	2 + 2 =	4	
2 + 2	4 + 2 =	6	+2
2 + 2 + 2	6 + 2 =	8	+2
2 + 2 + 2 + 2	8 + 2 =	10	+2
2 + 2 + 2 + 2 + 2	10 + 2 =	12	+2
2 + 2 + 2 + 2 + 2 + 2	12 + 2 =	14	+2
2 + 2 + 2 + 2 + 2 + 2 + 2	14 + 2 =	16	+2
2 + 2 + 2 + 2 + 2 + 2 + 2 + 2	16 + 2 =	18	+2
2 + 2 + 2 + 2 + 2 + 2 + 2 + 2 + 2	18 + 2 =	20	+2

✎ 양말의 개수를 보고 곱셈식을 완성하세요.

2	2 × 1 = 2
2 + 2 (2를 2번 더하기!)	2 × 2 = 4
2 + 2 + 2 (2를 3번 더하기!)	2 × 3 = 6
2 + 2 + 2 + 2 (2를 4번 더하기!)	2 × 4 = 8
2 + 2 + 2 + 2 + 2 (2를 5번 더하기!)	2 × 5 = 10
2 + 2 + 2 + 2 + 2 + 2 (2를 6번 더하기!)	2 × 6 = 12
2 + 2 + 2 + 2 + 2 + 2 + 2 (2를 7번 더하기!)	2 × 7 = 14
2 + 2 + 2 + 2 + 2 + 2 + 2 + 2 (2를 8번 더하기!)	2 × 8 = 16
2 + 2 + 2 + 2 + 2 + 2 + 2 + 2 + 2 (2를 9번 더하기!)	2 × 9 = 18

2단은 2 씩 커져요.

정답 6쪽

2단 4단계 구구단 읽고 쓰기

✎ 2단을 따라 쓰고 읽어 보세요.

구구단 쓰기	구구단 읽기
2 × 1 = 2	이 일은 이
2 × 2 = 4	이 이는 사
2 × 3 = 6	이 삼은 육
2 × 4 = 8	이 사 팔
2 × 5 = 10	이 오 십
2 × 6 = 12	이 육 십이
2 × 7 = 14	이 칠 십사
2 × 8 = 16	이 팔 십육
2 × 9 = 18	이 구 십팔

✎ 2단을 소리 내어 읽고 바르게 써 보세요.

이 일은 이 ➡	2 × 1 = 2
이 이는 사 ➡	2 × 2 = 4
이 삼은 육 ➡	2 × 3 = 6
이 사 팔 ➡	2 × 4 = 8
이 오 십 ➡	2 × 5 = 10
이 육 십이 ➡	2 × 6 = 12
이 칠 십사 ➡	2 × 7 = 14
이 팔 십육 ➡	2 × 8 = 16
이 구 십팔 ➡	2 × 9 = 18

정답 6쪽

6일

본책 30~33쪽

2단 5단계 연습하기

✎ 2단을 완성해 보세요.

2 × 1 = 2	2 × 4 = 8
2 × 2 = 4	2 × 3 = 6
2 × 3 = 6	2 × 6 = 12
2 × 4 = 8	2 × 2 = 4
2 × 5 = 10	2 × 8 = 16
2 × 6 = 12	2 × 1 = 2
2 × 7 = 14	2 × 7 = 14
2 × 8 = 16	2 × 9 = 18
2 × 9 = 18	2 × 5 = 10

✎ 빈칸에 알맞은 수를 써넣으세요.

2 × 4 = 8　　2 × 7 = 14　　2 × 6 = 12

2 × 2 = 4　　2 × 5 = 10　　2 × 9 = 18

2 × 1 = 2　　2 × 8 = 16　　2 × 3 = 6

✎ 빈칸에 알맞은 수를 써넣으세요.

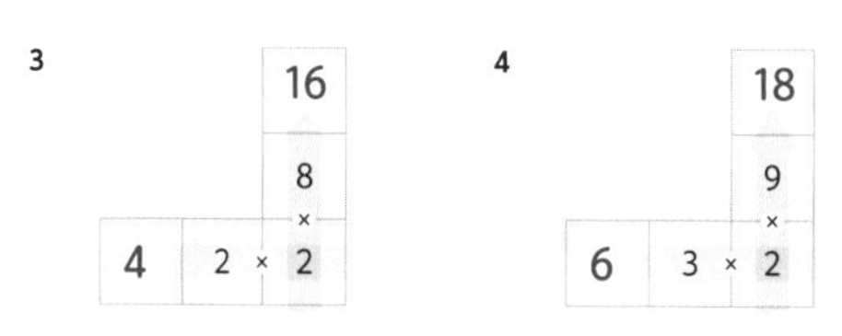

✎ 두 수의 곱으로 알맞은 것을 찾아 이어 보세요.

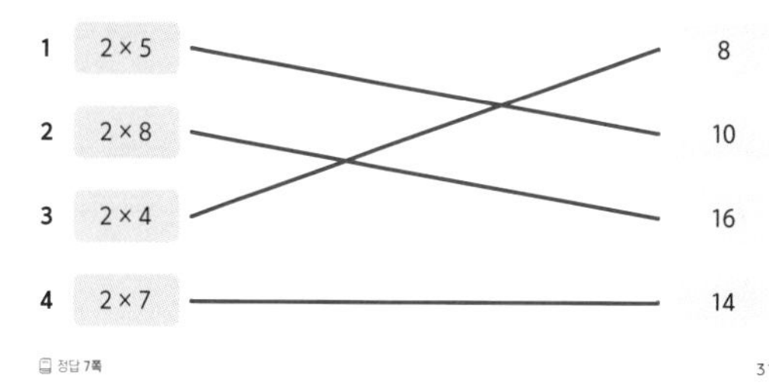

정답 7쪽

2단 6단계 응용 문제 풀기

✎ 2단 곱셈표를 완성하고 일의 자리 숫자를 써넣으세요.

×	1	2	3	4	5	6	7	8	9
2	2	4	6	8	10	12	14	16	18
일의 자리 숫자	2	4	6	8	0	2	4	6	8

✎ 2단의 일의 자리 숫자를 선으로 이으며 구구단을 소리 내어 읽어 보세요.

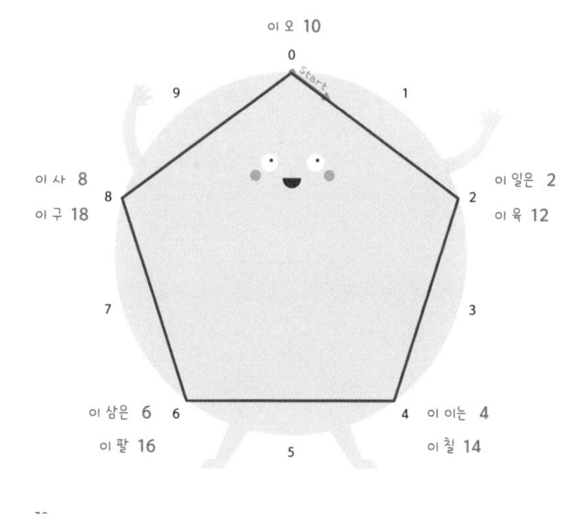

✎ 2단을 이용하여 문제를 풀어 보세요.

보기 두발자전거의 바퀴는 2개입니다. 두발자전거 8대의 바퀴는 모두 몇 개일까요?

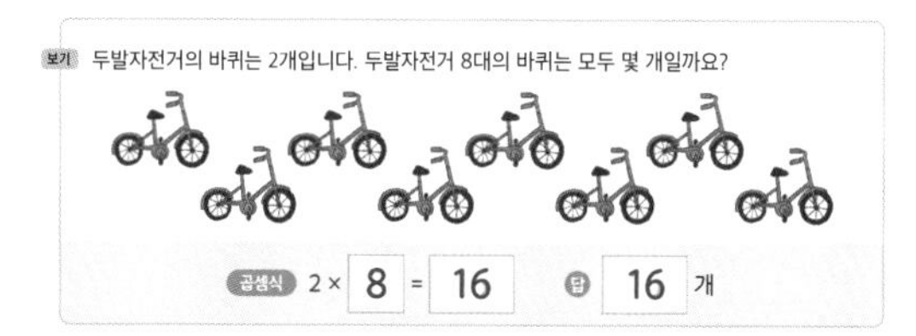

곱셈식 2 × 8 = 16　답 16 개

1 수인이는 가게에서 2개씩 5줄이 들어 있는 달걀을 샀습니다. 수인이가 산 달걀은 모두 몇 개일까요?

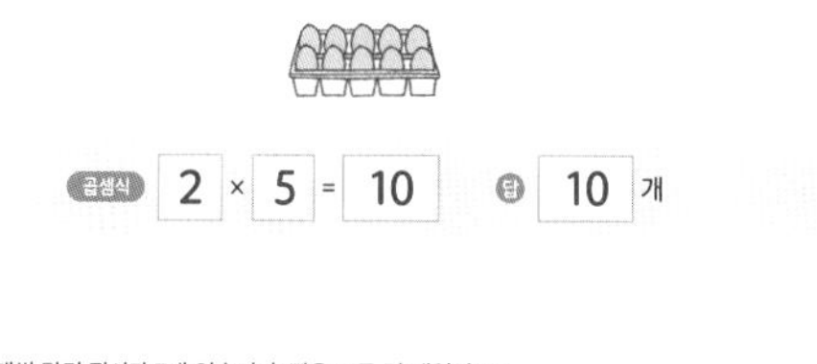

곱셈식 2 × 5 = 10　답 10 개

2 빵이 2개씩 담긴 접시가 7개 있습니다. 빵은 모두 몇 개일까요?

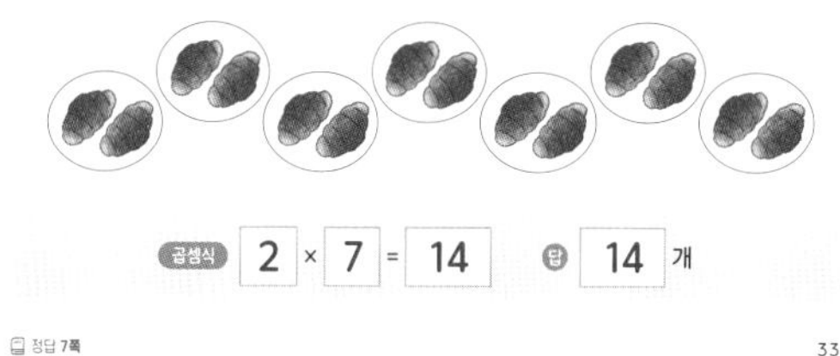

곱셈식 2 × 7 = 14　답 14 개

정답 7쪽

7일

본책 34~37쪽

5단 1단계 같은 수 더하기

✎ 5씩 뛰어 세며 빈칸에 알맞은 수를 써넣으세요.

연습 문제

1
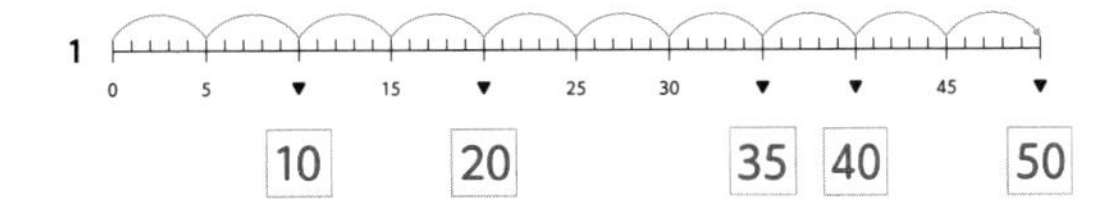

10 20 35 40 50

2
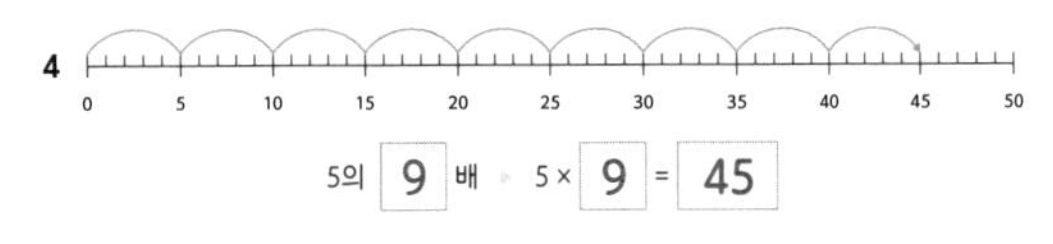

5의 3배 ▸ 5 × 3 = 15

3

5의 6 배 ▸ 5 × 6 = 30

4

5의 9 배 ▸ 5 × 9 = 45

월 일 7일

✎ 5씩 묶어 세며 빈칸에 알맞은 수를 써넣으세요.

1
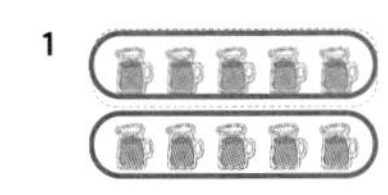

5씩 2 묶음 ▸ 5의 2 배

5 + 5 = 10

5 × 2 = 10

2
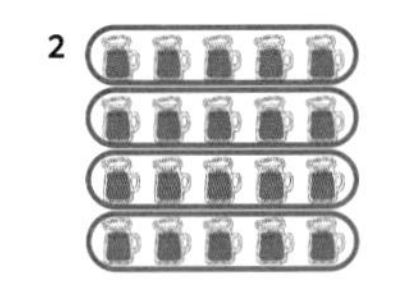

5씩 4 묶음 ▸ 5의 4 배

5 + 5 + 5 + 5 = 20

5 × 4 = 20

3
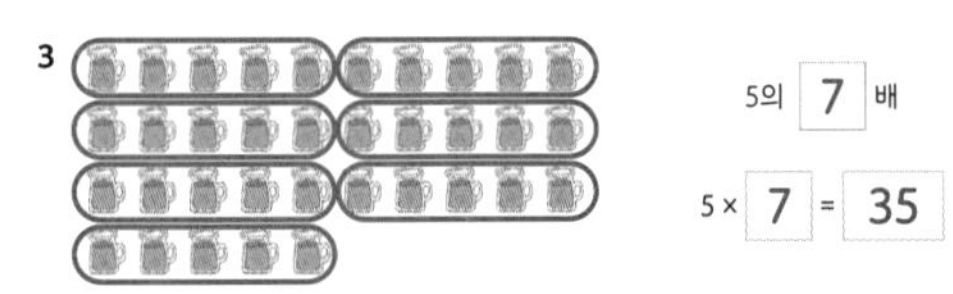

5의 7 배

5 × 7 = 35

4
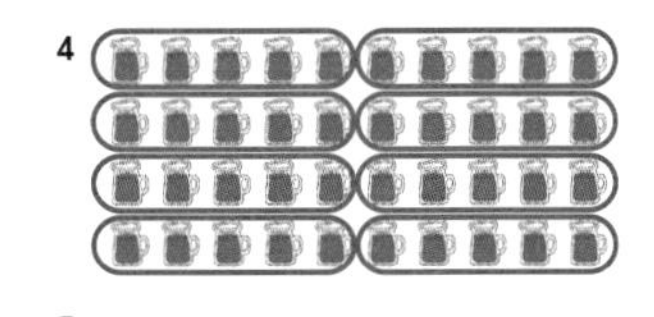

5의 8 배

5 × 8 = 40

정답 8쪽

5단 2단계 곱셈식 익히기

✎ 보기를 보고 그림을 곱셈식으로 나타내 보세요.

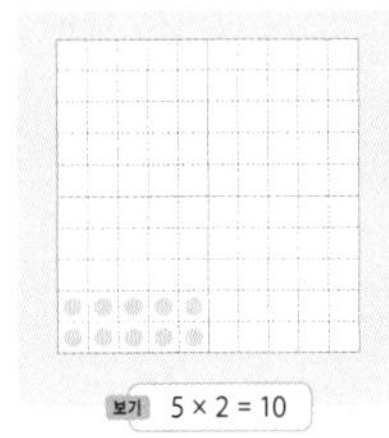

보기 5 × 2 = 10

1
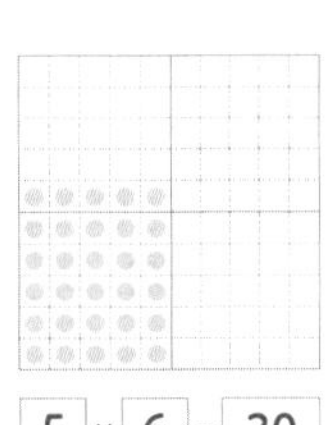

5 × 6 = 30

2
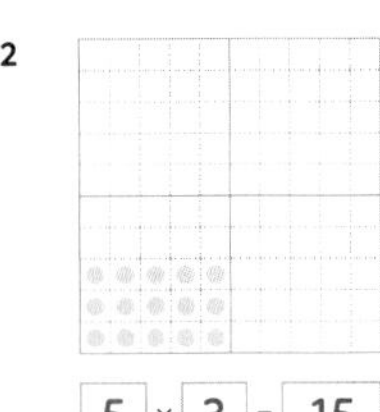

5 × 3 = 15

3
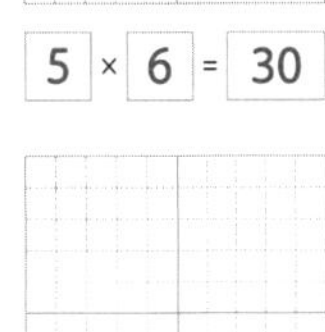

5 × 1 = 5

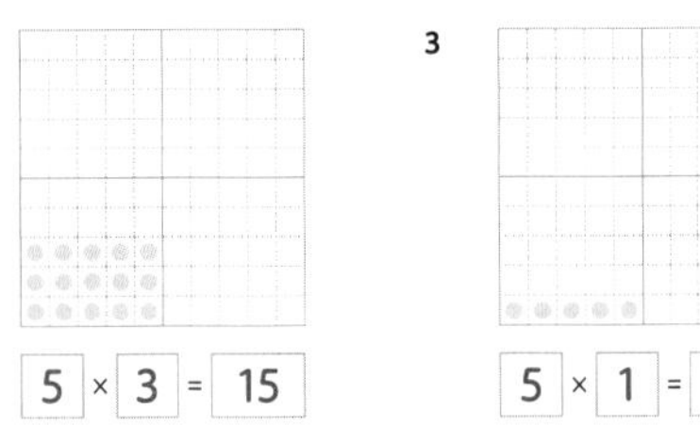

4

5 × 5 = 25

5
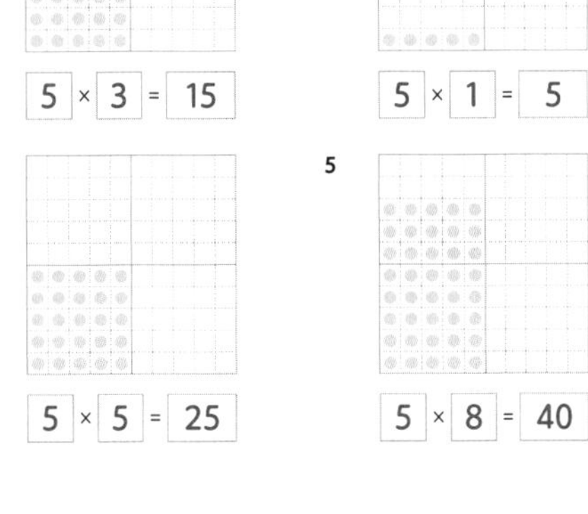

5 × 8 = 40

월 일 7일

✎ 보기를 보고 곱셈식을 그림으로 나타내 보세요.

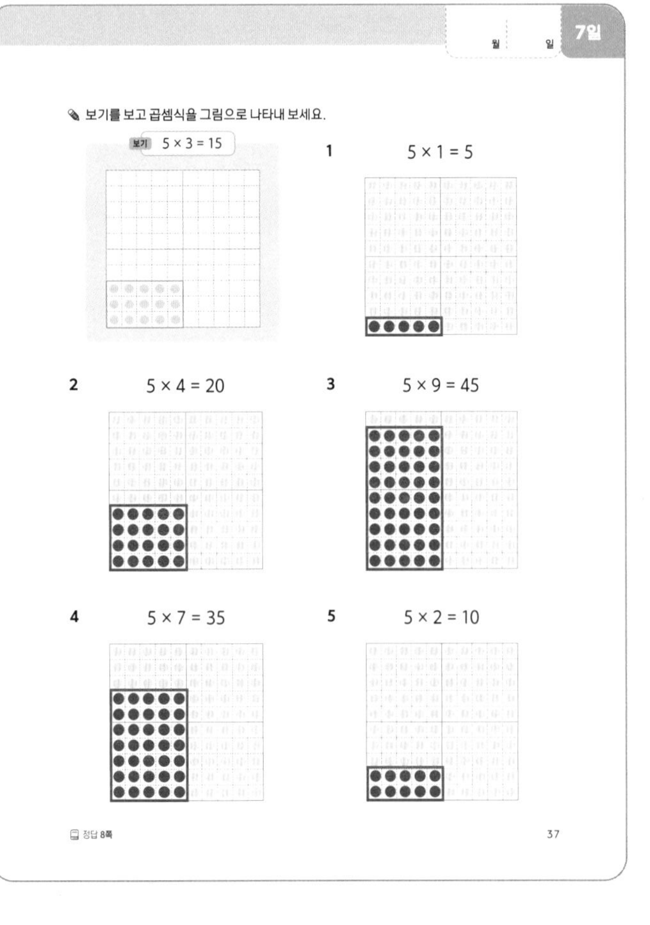

보기 5 × 3 = 15

1 5 × 1 = 5

2 5 × 4 = 20

3 5 × 9 = 45

4 5 × 7 = 35

5 5 × 2 = 10

정답 8쪽

8일

본책 38~41쪽

5단 3단계 구구단 규칙 알기

✎ 다음 덧셈을 하며 5단의 규칙을 알아보세요.

	5 + 5 = 10
5 + 5	10 + 5 = 15
5 + 5 + 5	15 + 5 = 20
5 + 5 + 5 + 5	20 + 5 = 25
5 + 5 + 5 + 5 + 5	25 + 5 = 30
5 + 5 + 5 + 5 + 5 + 5	30 + 5 = 35
5 + 5 + 5 + 5 + 5 + 5 + 5	35 + 5 = 40
5 + 5 + 5 + 5 + 5 + 5 + 5 + 5	40 + 5 = 45
5 + 5 + 5 + 5 + 5 + 5 + 5 + 5 + 5	45 + 5 = 50

+5 +5 +5 +5 +5 +5 +5 +5

5씩 더해서 나오는 수의 일의 자리 숫자는 0아니면 5야!

월 일 8일

✎ 손가락의 개수를 보고 곱셈식을 완성하세요.

5	5 × 1 = 5
5 + 5 5를 2번 더하기!	5 × 2 = 10
5 + 5 + 5 5를 3번 더하기!	5 × 3 = 15
5 + 5 + 5 + 5 5를 4번 더하기!	5 × 4 = 20
5 + 5 + 5 + 5 + 5 5를 5번 더하기!	5 × 5 = 25
5 + 5 + 5 + 5 + 5 + 5 5를 6번 더하기!	5 × 6 = 30
5 + 5 + 5 + 5 + 5 + 5 + 5 5를 7번 더하기!	5 × 7 = 35
5 + 5 + 5 + 5 + 5 + 5 + 5 + 5 5를 8번 더하기!	5 × 8 = 40
5 + 5 + 5 + 5 + 5 + 5 + 5 + 5 + 5 5를 9번 더하기!	5 × 9 = 45

5단은 5 씩 커져요.

정답 9쪽

5단 4단계 구구단 읽고 쓰기

✎ 5단을 따라 쓰고 읽어 보세요.

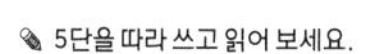

구구단 쓰기	구구단 읽기
5 × 1 = 5	오 일은 오
5 × 2 = 10	오 이 십
5 × 3 = 15	오 삼 십오
5 × 4 = 20	오 사 이십
5 × 5 = 25	오 오 이십오
5 × 6 = 30	오 육 삼십
5 × 7 = 35	오 칠 삼십오
5 × 8 = 40	오 팔 사십
5 × 9 = 45	오 구 사십오

월 일 8일

✎ 5단을 소리 내어 읽고 바르게 써 보세요.

오 일은 오	5 × 1 = 5
오 이 십	5 × 2 = 10
오 삼 십오	5 × 3 = 15
오 사 이십	5 × 4 = 20
오 오 이십오	5 × 5 = 25
오 육 삼십	5 × 6 = 30
오 칠 삼십오	5 × 7 = 35
오 팔 사십	5 × 8 = 40
오 구 사십오	5 × 9 = 45

정답 9쪽

본책 42~45쪽

5단 5단계 연습하기

✎ 5단을 완성해 보세요.

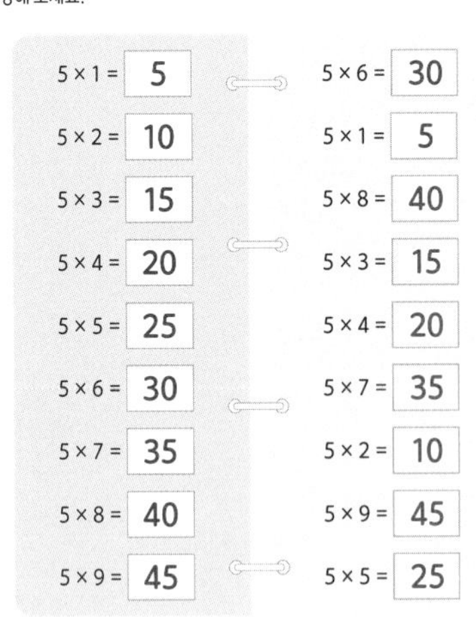

5 × 1 = 5	5 × 6 = 30
5 × 2 = 10	5 × 1 = 5
5 × 3 = 15	5 × 8 = 40
5 × 4 = 20	5 × 3 = 15
5 × 5 = 25	5 × 4 = 20
5 × 6 = 30	5 × 7 = 35
5 × 7 = 35	5 × 2 = 10
5 × 8 = 40	5 × 9 = 45
5 × 9 = 45	5 × 5 = 25

✎ 빈칸에 알맞은 수를 써넣으세요.

5 × 2 = 10	5 × 9 = 45	5 × 5 = 25
5 × 3 = 15	5 × 6 = 30	5 × 7 = 35
5 × 8 = 40	5 × 4 = 20	5 × 1 = 5

✎ 가운데 수와 바깥의 수의 곱을 빈칸에 써넣으세요.

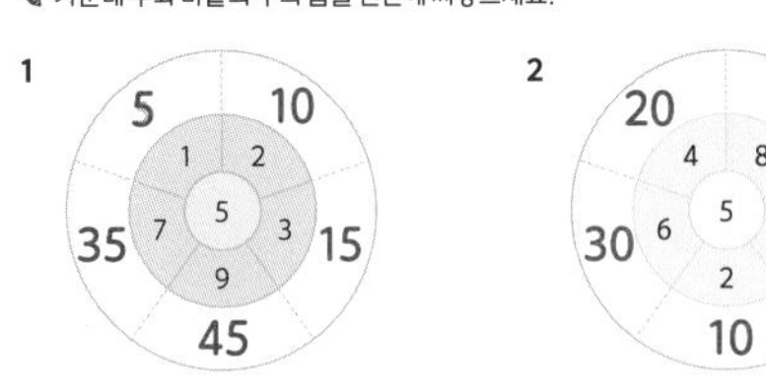

✎ 빈칸에 알맞은 수를 써넣으세요.

1 5 × 2 = 10, 5 × 4 = 20, 5 × 5 = 25

2 5 × 6 = 30, 5 × 7 = 35, 5 × 3 = 15

3 5 × 1 = 5, 5 × 5 = 25, 5 × 6 = 30

4 5 × 9 = 45, 5 × 8 = 40, 5 × 4 = 20

정답 10쪽

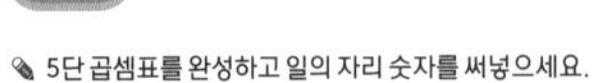

5단 6단계 응용 문제 풀기

✎ 5단 곱셈표를 완성하고 일의 자리 숫자를 써넣으세요.

×	1	2	3	4	5	6	7	8	9
5	5	10	15	20	25	30	35	40	45
일의 자리 숫자	5	0	5	0	5	0	5	0	5

✎ 5단의 일의 자리 숫자를 선으로 이으며 구구단을 소리 내어 읽어 보세요.

오 이 10 오 사 20 오 육 30 오 팔 40

0 Start 1 2 3 4 5 6 7 8 9

오 일은 5 오 삼 15 오 오 25 오 칠 35 오 구 45

✎ 5단을 이용하여 문제를 풀어 보세요.

보기 귤이 5개 들어 있는 상자가 4박스 있습니다. 귤은 모두 몇 개일까요?

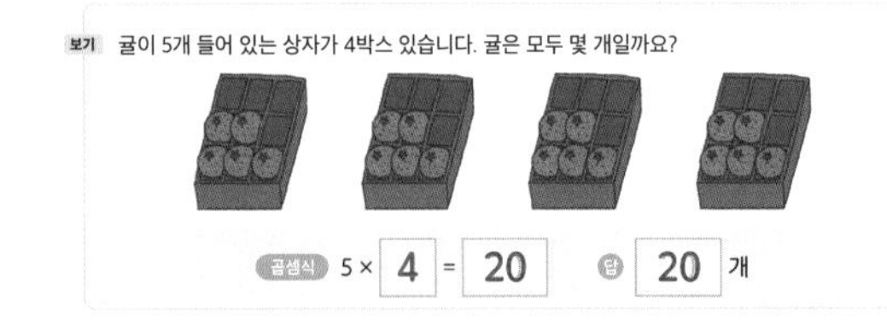

곱셈식 5 × 4 = 20 답 20 개

1 날개가 5개인 바람개비를 6개 만들었습니다. 바람개비의 날개는 모두 몇 개일까요?

곱셈식 5 × 6 = 30 답 30 개

2 서랍이 5개인 서랍장을 7개 샀습니다. 서랍은 모두 몇 개일까요?

곱셈식 5 × 7 = 35 답 35 개

정답 10쪽

10일

본책 48~51쪽

3단 1단계 같은 수 더하기

✎ 3씩 뛰어 세며 빈칸에 알맞은 수를 써넣으세요.

연습 문제

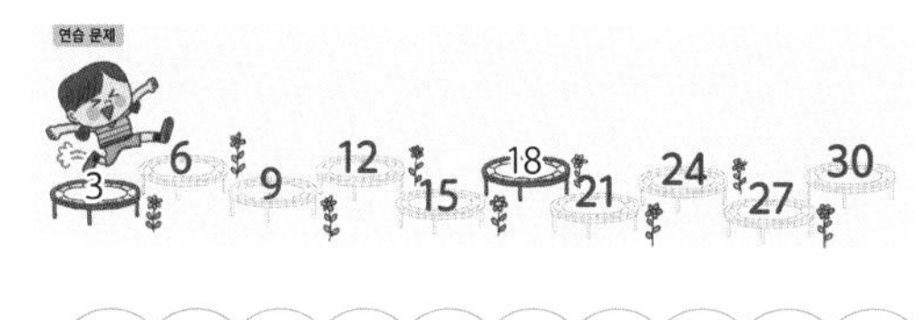

1

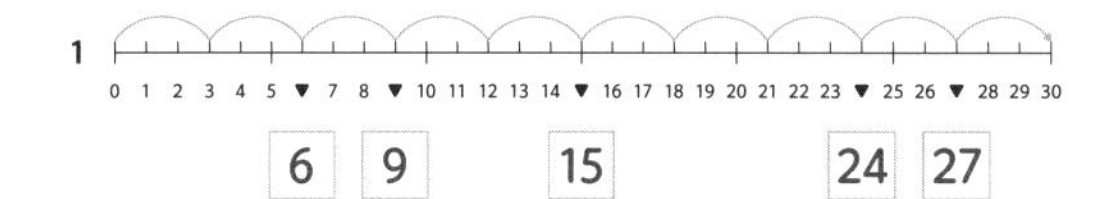

6 9 15 24 27

2

3의 6배 ▸ 3 × 6 = 18

3

3의 4 배 ▸ 3 × 4 = 12

4

3의 7 배 ▸ 3 × 7 = 21

✎ 3씩 묶어 세며 빈칸에 알맞은 수를 써넣으세요.

1

3씩 6 묶음 ▸ 3의 6 배

3 + 3 + 3 + 3 + 3 + 3 = 18

3 × 6 = 18

2

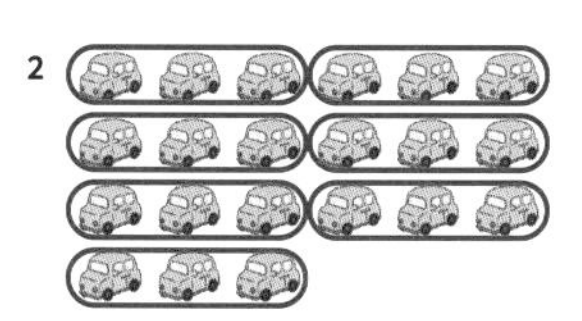

3씩 7 묶음 ▸ 3의 7 배

3 + 3 + 3 + 3 + 3 + 3 + 3 = 21

3 × 7 = 21

3

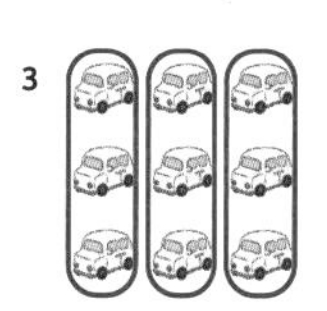

3의 3 배

3 × 3 = 9

4

3의 8 배

3 × 8 = 24

정답 11쪽

3단 2단계 곱셈식 익히기

✎ 보기를 보고 그림을 곱셈식으로 나타내 보세요.

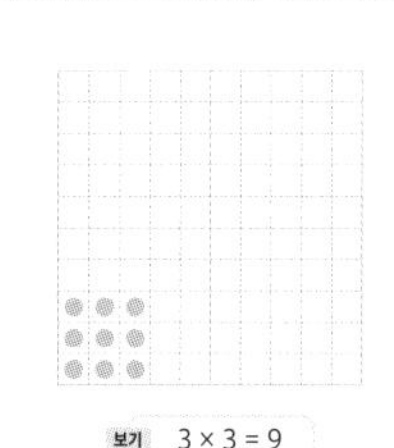

보기 3 × 3 = 9

1

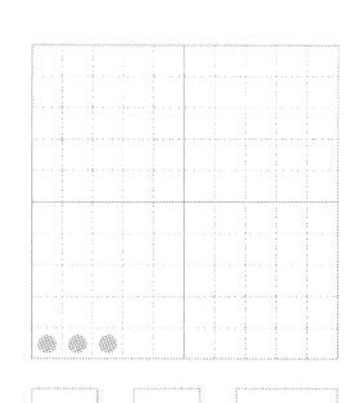

3 × 1 = 3

2

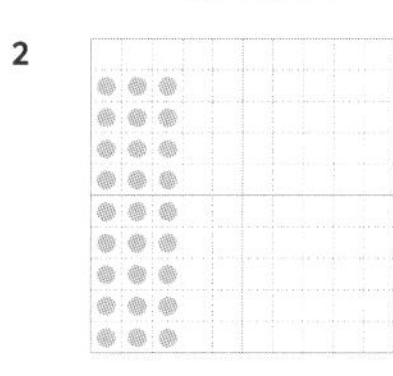

3 × 9 = 27

3

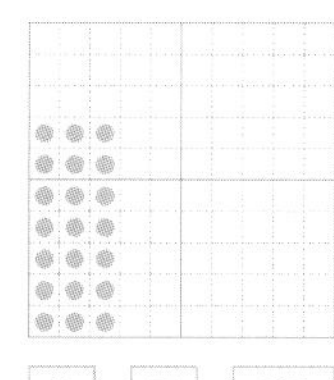

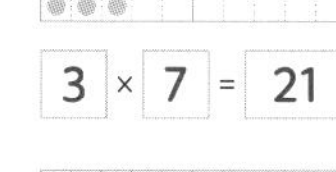

3 × 7 = 21

4

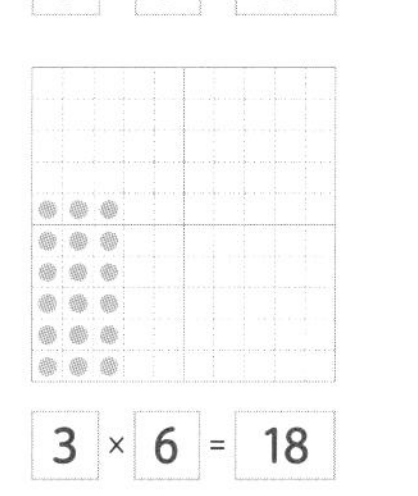

3 × 6 = 18

5

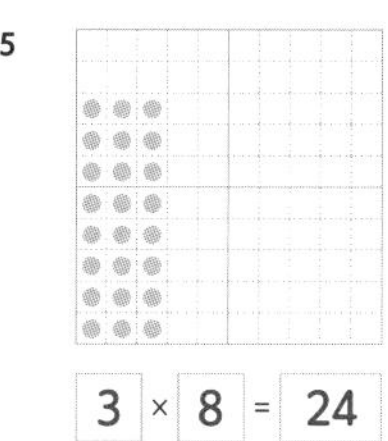

3 × 8 = 24

✎ 보기를 보고 곱셈식을 그림으로 나타내 보세요.

보기 3 × 7 = 21

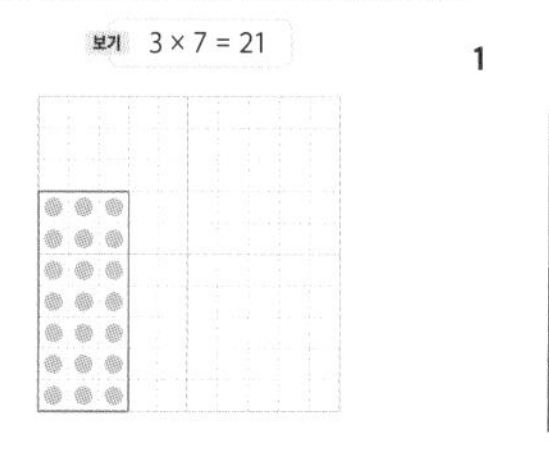

1 3 × 5 = 15

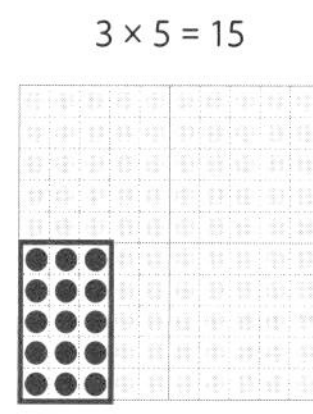

2 3 × 2 = 6

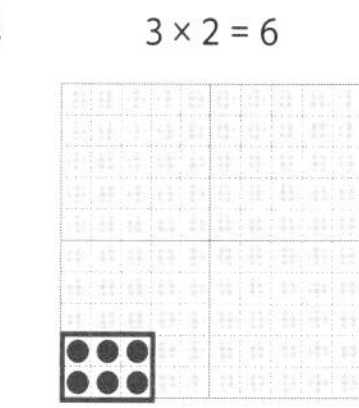

3 3 × 8 = 24

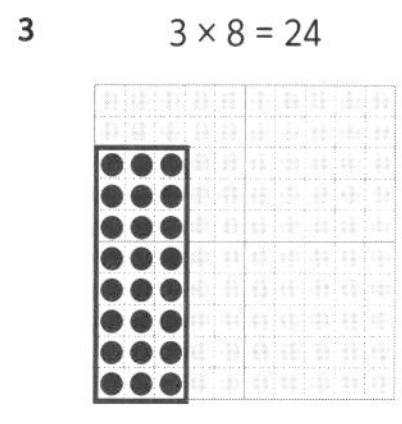

4 3 × 4 = 12

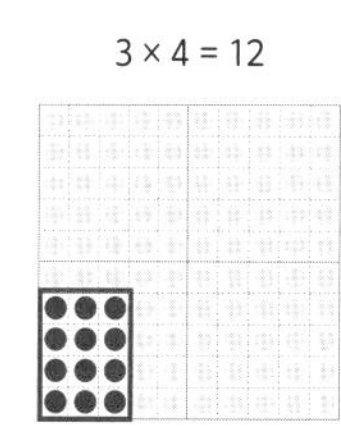

5 3 × 3 = 9

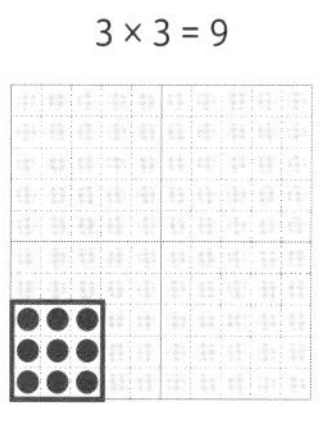

정답 11쪽

11일

본책 52~55쪽

3단 3단계 구구단 규칙 알기

✎ 다음 덧셈을 하며 3단의 규칙을 알아보세요.

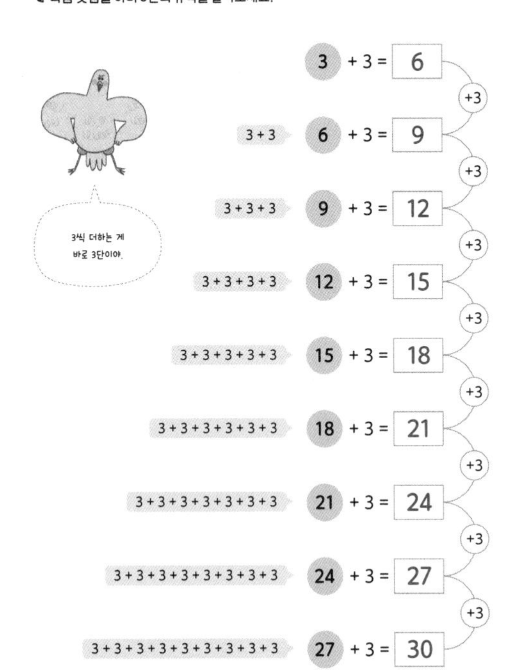

	3 + 3 =	6
3 + 3	6 + 3 =	9
3 + 3 + 3	9 + 3 =	12
3 + 3 + 3 + 3	12 + 3 =	15
3 + 3 + 3 + 3 + 3	15 + 3 =	18
3 + 3 + 3 + 3 + 3 + 3	18 + 3 =	21
3 + 3 + 3 + 3 + 3 + 3 + 3	21 + 3 =	24
3 + 3 + 3 + 3 + 3 + 3 + 3 + 3	24 + 3 =	27
3 + 3 + 3 + 3 + 3 + 3 + 3 + 3 + 3	27 + 3 =	30

(+3)

52

월 일 11일

✎ 자전거 바퀴의 개수를 보고 곱셈식을 완성하세요.

3	3 × 1 = 3
3 + 3 (3을 2번 더하기!)	3 × 2 = 6
3 + 3 + 3 (3을 3번 더하기!)	3 × 3 = 9
3 + 3 + 3 + 3 (3을 4번 더하기!)	3 × 4 = 12
3 + 3 + 3 + 3 + 3 (3을 5번 더하기!)	3 × 5 = 15
3 + 3 + 3 + 3 + 3 + 3 (3을 6번 더하기!)	3 × 6 = 18
3 + 3 + 3 + 3 + 3 + 3 + 3 (3을 7번 더하기!)	3 × 7 = 21
3 + 3 + 3 + 3 + 3 + 3 + 3 + 3 (3을 8번 더하기!)	3 × 8 = 24
3 + 3 + 3 + 3 + 3 + 3 + 3 + 3 + 3 (3을 9번 더하기!)	3 × 9 = 27

3단은 3 씩 커져요.

정답 12쪽 53

3단 4단계 구구단 읽고 쓰기

✎ 3단을 따라 쓰고 읽어 보세요.

구구단 쓰기	구구단 읽기
3 × 1 = 3	삼 일은 삼
3 × 2 = 6	삼 이 육
3 × 3 = 9	삼 삼은 구
3 × 4 = 12	삼 사 십이
3 × 5 = 15	삼 오 십오
3 × 6 = 18	삼 육 십팔
3 × 7 = 21	삼 칠 이십일
3 × 8 = 24	삼 팔 이십사
3 × 9 = 27	삼 구 이십칠

54

월 일 11일

✎ 3단을 소리 내어 읽고 바르게 써 보세요.

삼 일은 삼	3 × 1 = 3
삼 이 육	3 × 2 = 6
삼 삼은 구	3 × 3 = 9
삼 사 십이	3 × 4 = 12
삼 오 십오	3 × 5 = 15
삼 육 십팔	3 × 6 = 18
삼 칠 이십일	3 × 7 = 21
삼 팔 이십사	3 × 8 = 24
삼 구 이십칠	3 × 9 = 27

정답 12쪽 55

12일

3단 5단계 연습하기

✎ 3단을 완성해 보세요.

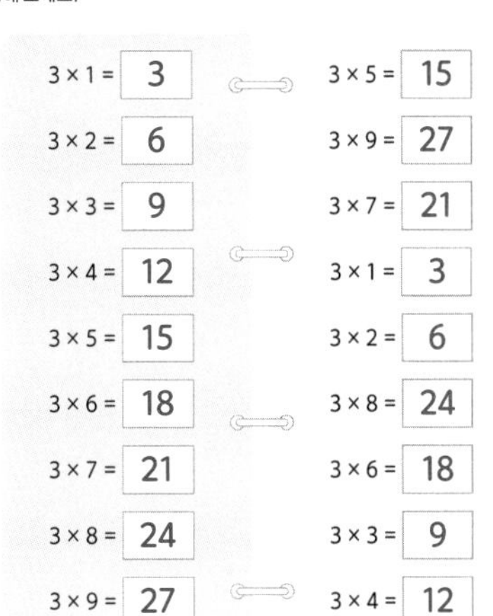

✎ 빈칸에 알맞은 수를 써넣으세요.

3 × 1 = 3　　3 × 4 = 12　　3 × 3 = 9

3 × 8 = 24　　3 × 6 = 18　　3 × 5 = 15

3 × 2 = 6　　3 × 7 = 21　　3 × 9 = 27

✎ 빈칸에 알맞은 수를 써넣으세요.

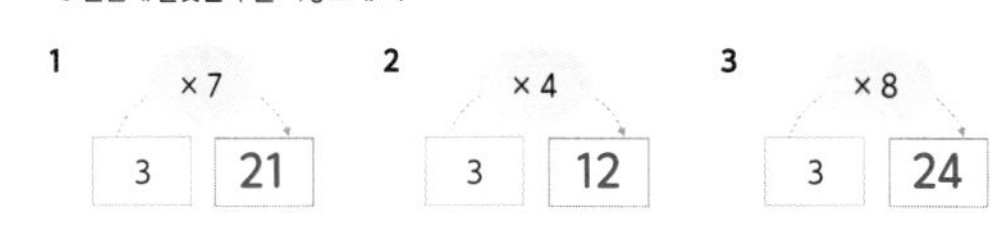

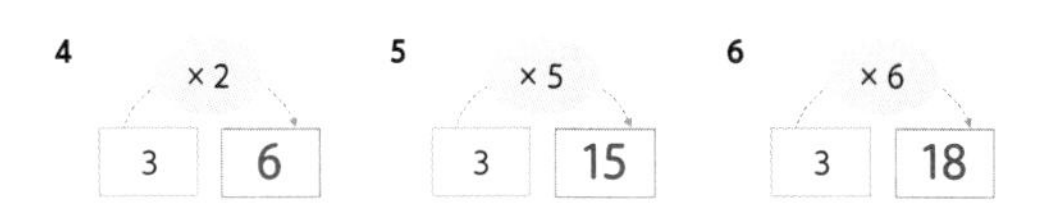

✎ 올바른 곱이 되도록 길을 이어 보세요.

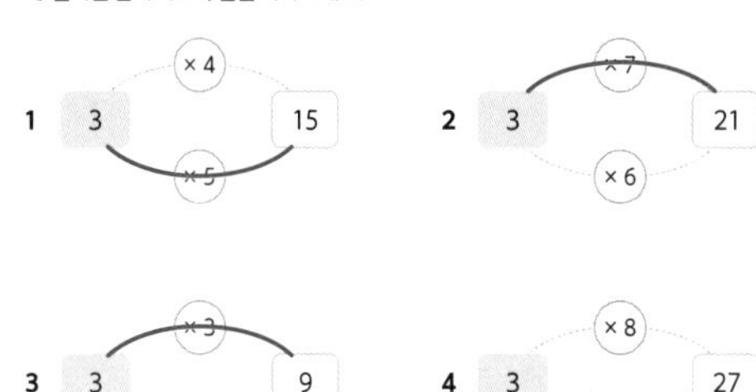

3단 6단계 응용 문제 풀기

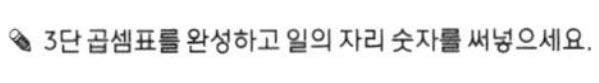

✎ 3단 곱셈표를 완성하고 일의 자리 숫자를 써넣으세요.

×	1	2	3	4	5	6	7	8	9
3	3	6	9	12	15	18	21	24	27
일의 자리 숫자	3	6	9	2	5	8	1	4	7

✎ 3단의 일의 자리 숫자를 선으로 이으며 구구단을 소리 내어 읽어 보세요.

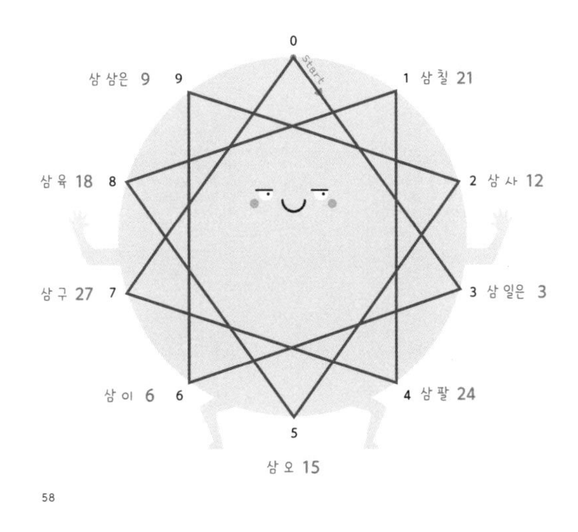

✎ 3단을 이용하여 문제를 풀어 보세요.

보기 열쇠 꾸러미 하나에 열쇠가 3개씩 달려 있습니다. 열쇠 꾸러미 5개에 달려 있는 열쇠는 모두 몇 개일까요?

곱셈식 3 × 5 = 15　답 15 개

1 체리가 3개씩 올라간 아이스크림을 4개 샀습니다. 체리는 모두 몇 개일까요?

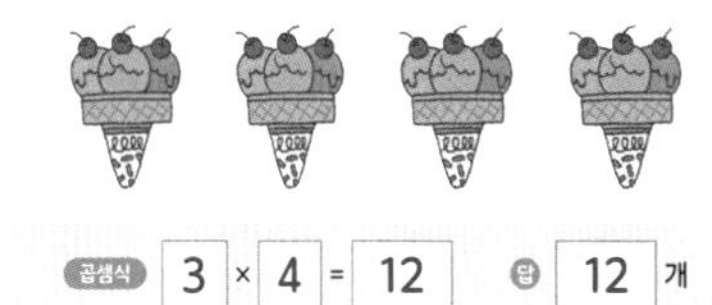

곱셈식 3 × 4 = 12　답 12 개

2 유나는 책을 하루에 3권씩 읽기로 했습니다. 7일 동안 유나가 읽은 책은 모두 몇 권일까요?

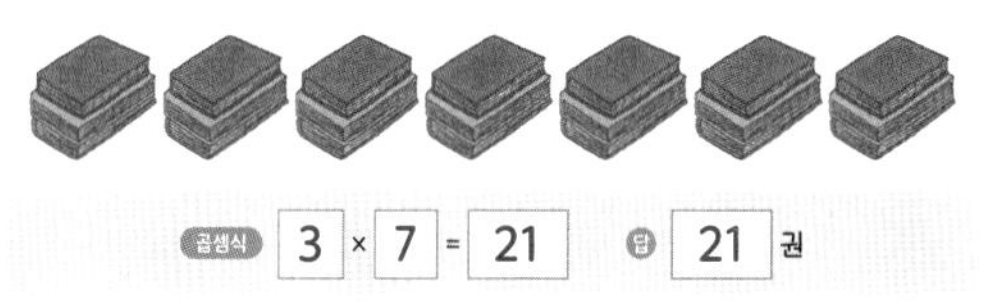

곱셈식 3 × 7 = 21　답 21 권

13일

본책 60~63쪽

같은 수 더하기

✎ 6씩 뛰어 세며 빈칸에 알맞은 수를 써넣으세요.

연습 문제

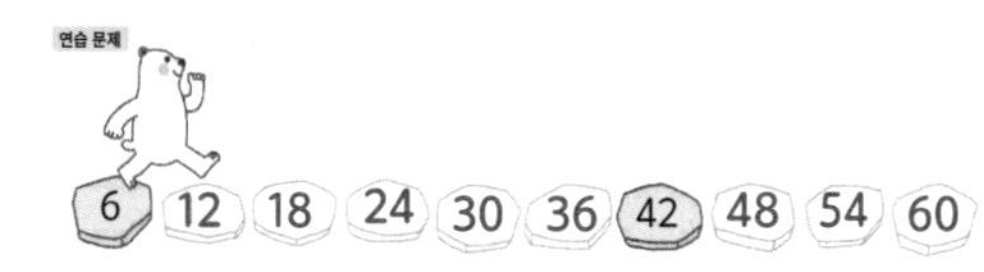

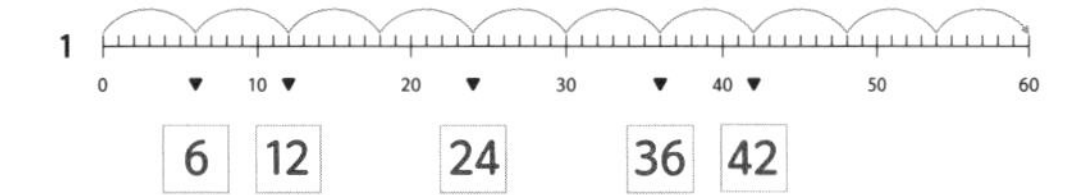

1 6, 12, 24, 36, 42

2 6의 5배 ▸ 6 × 5 = 30

3 6의 3 배 ▸ 6 × 3 = 18

4 6의 9 배 ▸ 6 × 9 = 54

✎ 6씩 묶어 세며 빈칸에 알맞은 수를 써넣으세요.

1

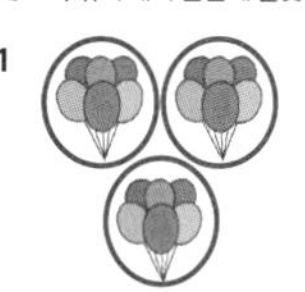

6씩 3 묶음 ▸ 6의 3 배

6 + 6 + 6 = 18

6 × 3 = 18

2

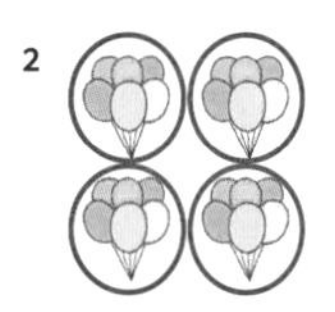

6씩 4 묶음 ▸ 6의 4 배

6 + 6 + 6 + 6 = 24

6 × 4 = 24

3

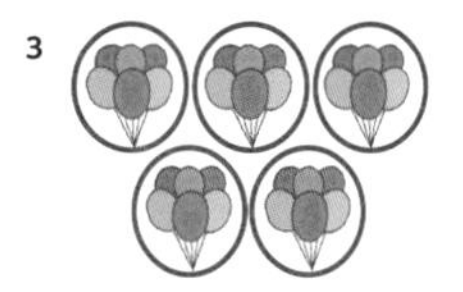

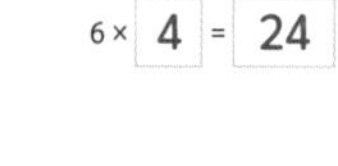

6의 5 배

6 × 5 = 30

4

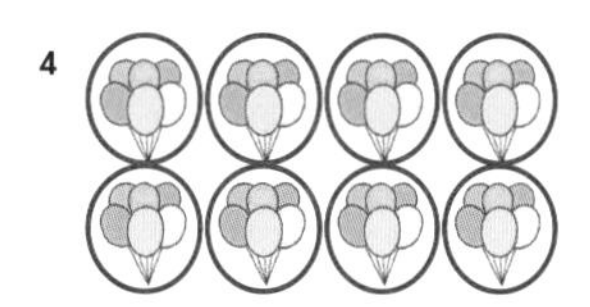

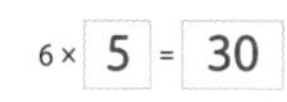

6의 8 배

6 × 8 = 48

정답 14쪽

곱셈식 익히기

✎ 보기를 보고 그림을 곱셈식으로 나타내 보세요.

보기 6 × 4 = 24

1 6 × 7 = 42

2

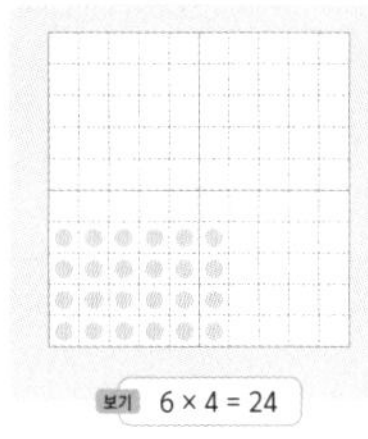

6 × 3 = 18

3

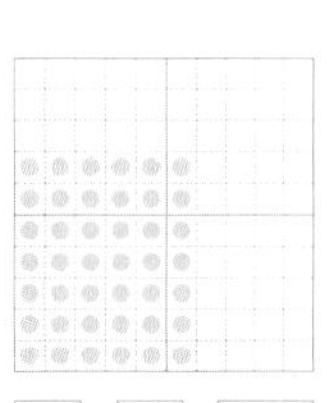

6 × 8 = 48

4

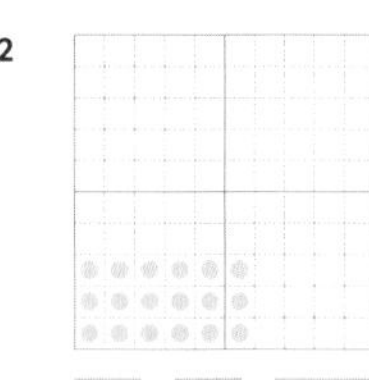

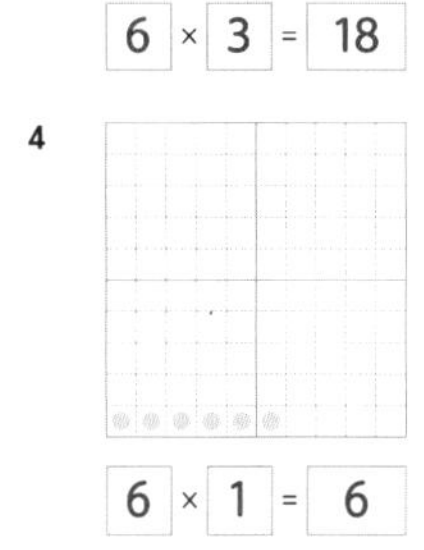

6 × 1 = 6

5

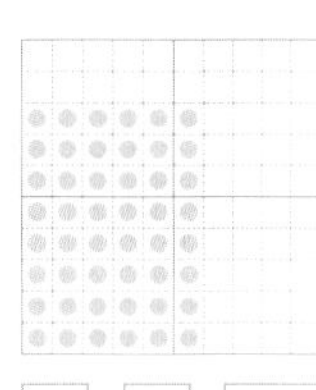

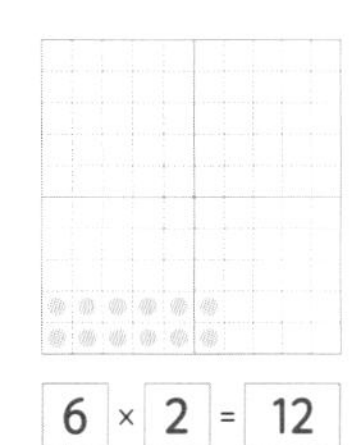

6 × 2 = 12

✎ 보기를 보고 곱셈식을 그림으로 나타내 보세요.

보기 6 × 3 = 18

1 6 × 6 = 36

2 6 × 4 = 24

3 6 × 9 = 54

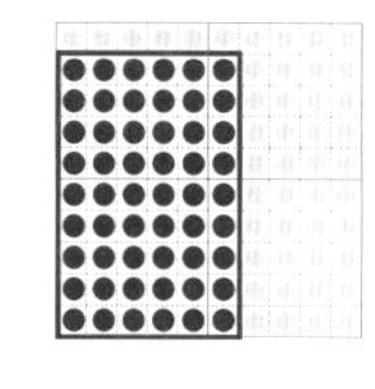

4 6 × 5 = 30

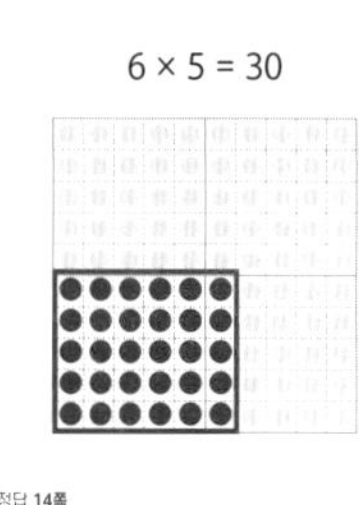

5 6 × 8 = 48

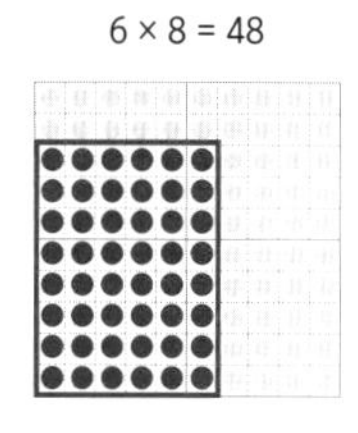

정답 14쪽

14일

본책 64~67쪽

6단 3단계 구구단 규칙 알기

✎ 다음 덧셈을 하며 6단의 규칙을 알아보세요.

	6 + 6 = 12	+6
6 + 6	12 + 6 = 18	+6
6 + 6 + 6	18 + 6 = 24	+6
6 + 6 + 6 + 6	24 + 6 = 30	+6
6 + 6 + 6 + 6 + 6	30 + 6 = 36	+6
6 + 6 + 6 + 6 + 6 + 6	36 + 6 = 42	+6
6 + 6 + 6 + 6 + 6 + 6 + 6	42 + 6 = 48	+6
6 + 6 + 6 + 6 + 6 + 6 + 6 + 6	48 + 6 = 54	+6
6 + 6 + 6 + 6 + 6 + 6 + 6 + 6 + 6	54 + 6 = 60	

✎ 과일의 개수를 보고 곱셈식을 완성하세요.

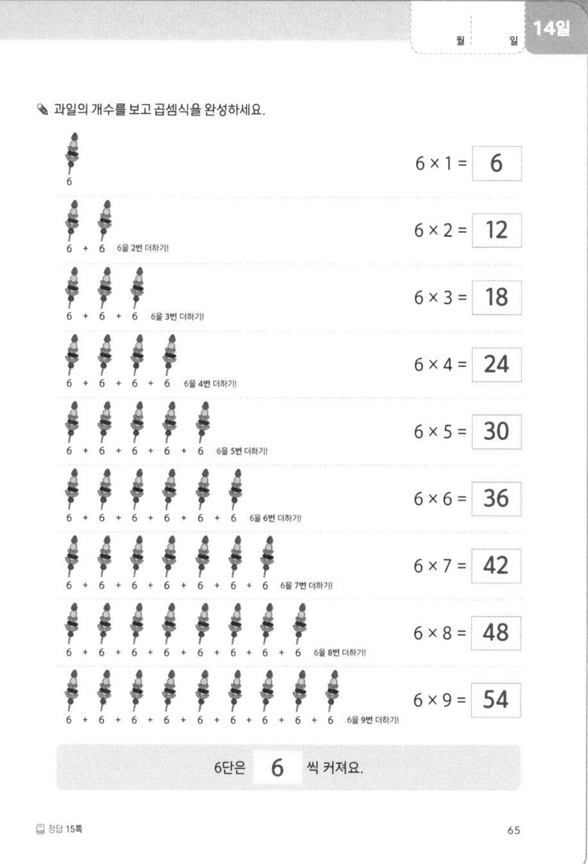

6
6 + 6 6을 2번 더하기!
6 + 6 + 6 6을 3번 더하기!
6 + 6 + 6 + 6 6을 4번 더하기!
6 + 6 + 6 + 6 + 6 6을 5번 더하기!
6 + 6 + 6 + 6 + 6 + 6 6을 6번 더하기!
6 + 6 + 6 + 6 + 6 + 6 + 6 6을 7번 더하기!
6 + 6 + 6 + 6 + 6 + 6 + 6 + 6 6을 8번 더하기!
6 + 6 + 6 + 6 + 6 + 6 + 6 + 6 + 6 6을 9번 더하기!
6 × 1 = 6
6 × 2 = 12
6 × 3 = 18
6 × 4 = 24
6 × 5 = 30
6 × 6 = 36
6 × 7 = 42
6 × 8 = 48
6 × 9 = 54
6단은 6 씩 커져요.

정답 15쪽

6단 4단계 구구단 읽고 쓰기

✎ 6단을 따라 쓰고 읽어 보세요.

구구단 쓰기	구구단 읽기
6 × 1 = 6	육 일은 육
6 × 2 = 12	육 이 십이
6 × 3 = 18	육 삼 십팔
6 × 4 = 24	육 사 이십사
6 × 5 = 30	육 오 삼십
6 × 6 = 36	육 육 삼십육
6 × 7 = 42	육 칠 사십이
6 × 8 = 48	육 팔 사십팔
6 × 9 = 54	육 구 오십사

✎ 6단을 소리 내어 읽고 바르게 써 보세요.

육 일은 육 ➡ 6 × 1 = 6
육 이 십이 ➡ 6 × 2 = 12
육 삼 십팔 ➡ 6 × 3 = 18
육 사 이십사 ➡ 6 × 4 = 24
육 오 삼십 ➡ 6 × 5 = 30
육 육 삼십육 ➡ 6 × 6 = 36
육 칠 사십이 ➡ 6 × 7 = 42
육 팔 사십팔 ➡ 6 × 8 = 48
육 구 오십사 ➡ 6 × 9 = 54

정답 15쪽

15일

본책 68~71쪽

6단 5단계 연습하기

✎ 6단을 완성해 보세요.

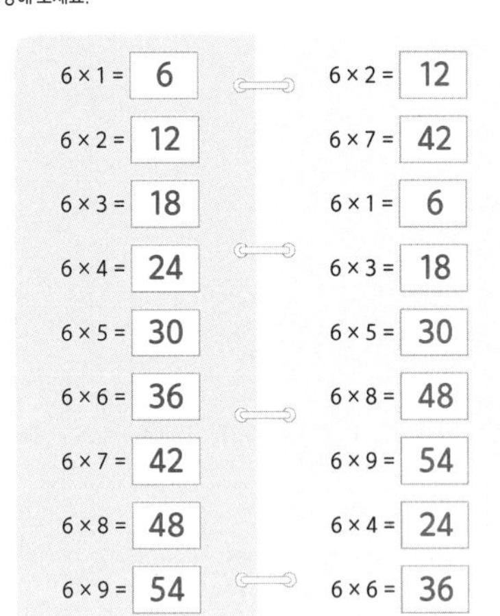

6 × 1 = 6	6 × 2 = 12
6 × 2 = 12	6 × 7 = 42
6 × 3 = 18	6 × 1 = 6
6 × 4 = 24	6 × 3 = 18
6 × 5 = 30	6 × 5 = 30
6 × 6 = 36	6 × 8 = 48
6 × 7 = 42	6 × 9 = 54
6 × 8 = 48	6 × 4 = 24
6 × 9 = 54	6 × 6 = 36

✎ 빈칸에 알맞은 수를 써넣으세요.

6 × 9 = 54   6 × 3 = 18   6 × 7 = 42

6 × 2 = 12   6 × 6 = 36   6 × 4 = 24

6 × 5 = 30   6 × 1 = 6   6 × 8 = 48

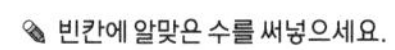

✎ 빈칸에 알맞은 수를 써넣으세요.

1

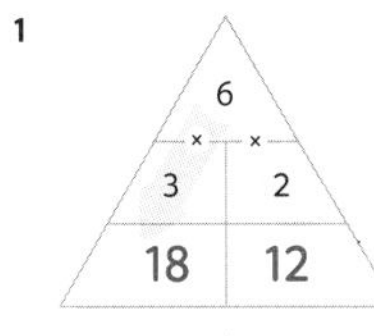

2

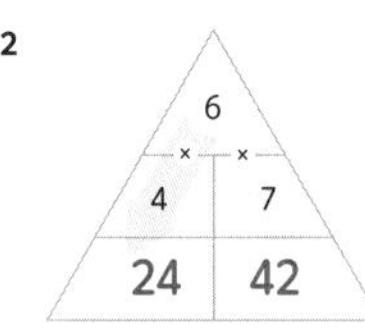

3

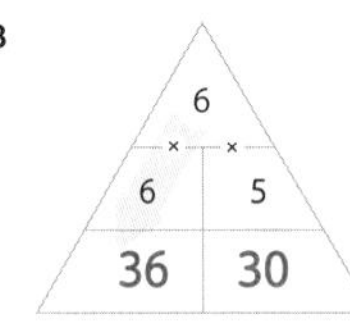

4

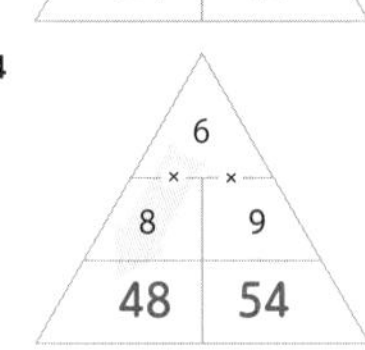

✎ 두 수의 곱으로 알맞은 것을 찾아 이어 보세요.

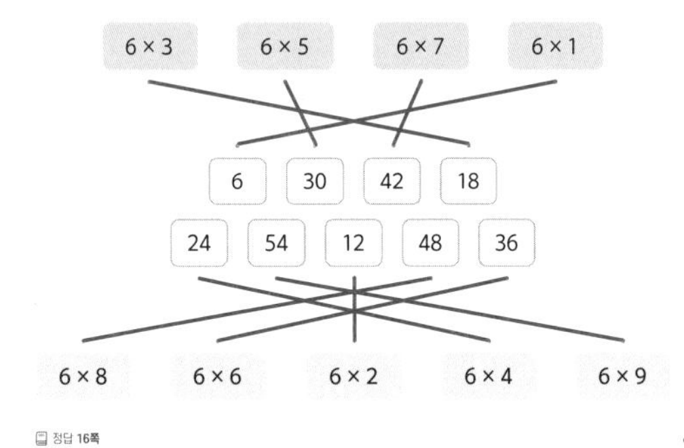

정답 16쪽

6단 6단계 응용 문제 풀기

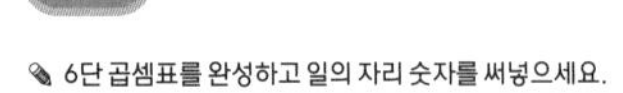

✎ 6단 곱셈표를 완성하고 일의 자리 숫자를 써넣으세요.

×	1	2	3	4	5	6	7	8	9
6	6	12	18	24	30	36	42	48	54
일의 자리 숫자	6	2	8	4	0	6	2	8	4

✎ 6단의 일의 자리 숫자를 선으로 이으며 구구단을 소리 내어 읽어 보세요.

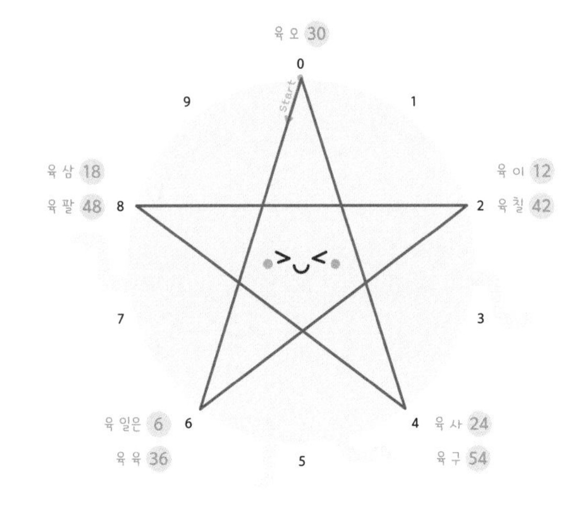

✎ 6단을 이용하여 문제를 풀어 보세요.

보기 딸기가 6개 올라간 케이크를 6개 샀습니다. 딸기는 모두 몇 개일까요?

곱셈식 6 × 6 = 36   답 36 개

1 벤치 한 개에 6명이 앉기로 했습니다. 벤치 5개에 모두 몇 명이 앉을 수 있을까요?

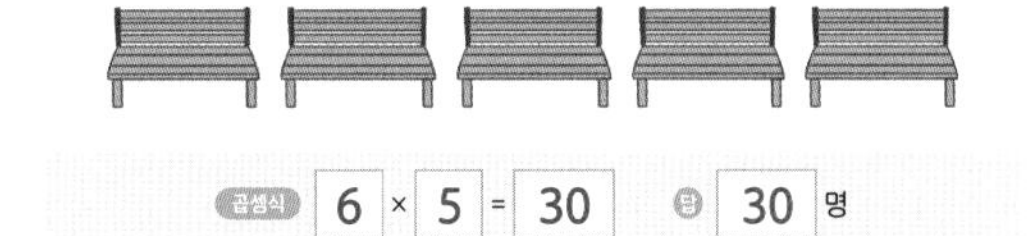

곱셈식 6 × 5 = 30   답 30 명

2 지호는 6자루 들어 있는 색연필을 8개 샀습니다. 지호가 산 색연필은 모두 몇 자루일까요?

곱셈식 6 × 8 = 48   답 48 자루

정답 16쪽

16일

본책 74~77쪽

4단 1단계 같은 수 더하기

✎ 4씩 뛰어 세며 빈칸에 알맞은 수를 써넣으세요.

연습 문제

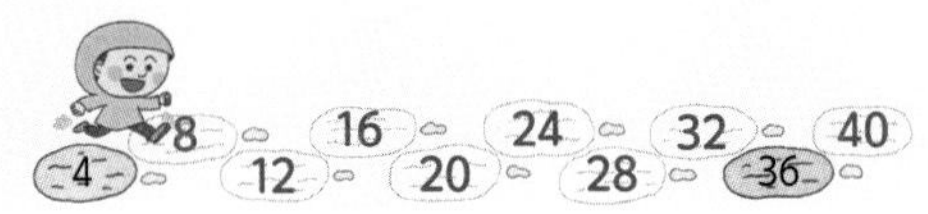

1 8, 12, 20, 28, 32

2 4의 4배 ▸ 4 × 4 = 16

3 4의 9 배 ▸ 4 × 9 = 36

4 4의 6 배 ▸ 4 × 6 = 24

✎ 4씩 묶어 세며 빈칸에 알맞은 수를 써넣으세요.

1
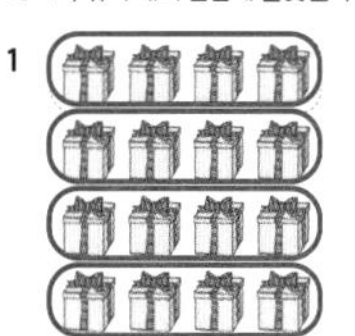

4씩 4 묶음 ▸ 4의 4 배

4 + 4 + 4 + 4 = 16

4 × 4 = 16

2
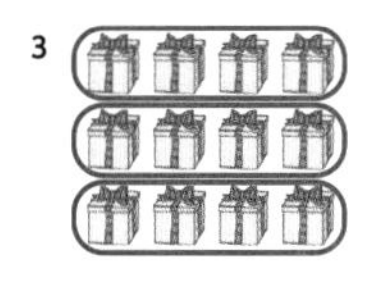

4씩 5 묶음 ▸ 4의 5 배

4 + 4 + 4 + 4 + 4 = 20

4 × 5 = 20

3

4의 3 배

4 × 3 = 12

4
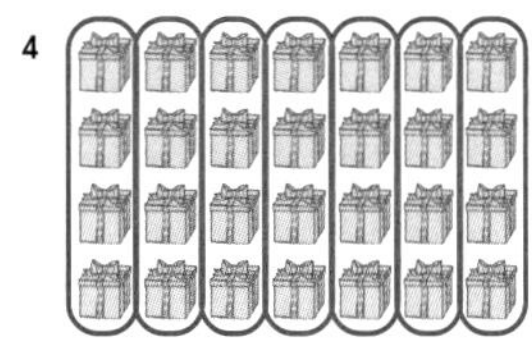

4의 7 배

4 × 7 = 28

정답 17쪽

4단 2단계 곱셈식 익히기

✎ 보기를 보고 그림을 곱셈식으로 나타내 보세요.

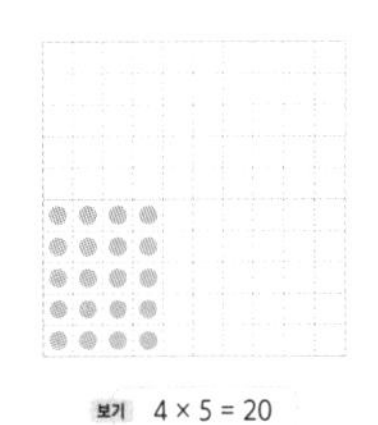

보기 4 × 5 = 20

1
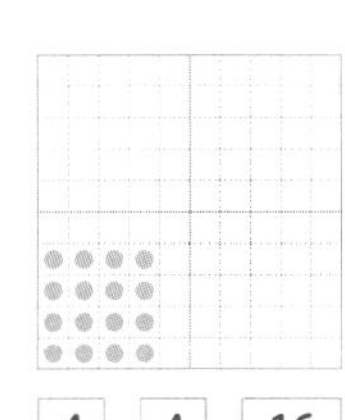

4 × 4 = 16

2
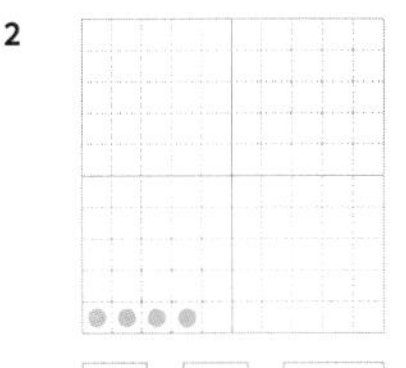
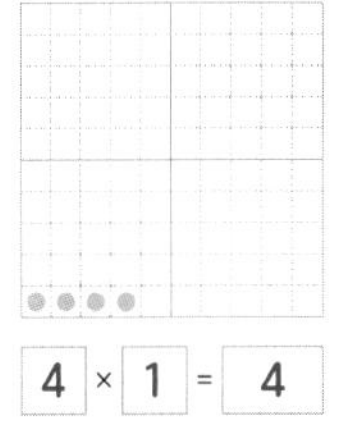

4 × 1 = 4

3
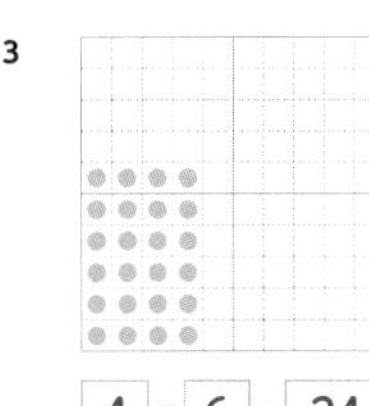
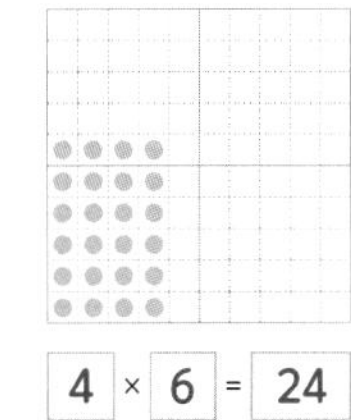

4 × 6 = 24

4
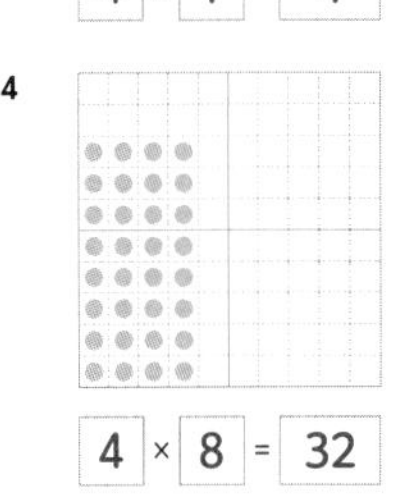

4 × 8 = 32

5
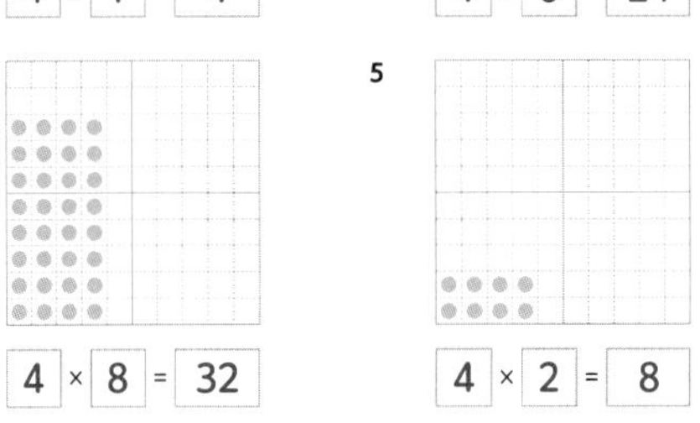

4 × 2 = 8

✎ 보기를 보고 곱셈식을 그림으로 나타내 보세요.

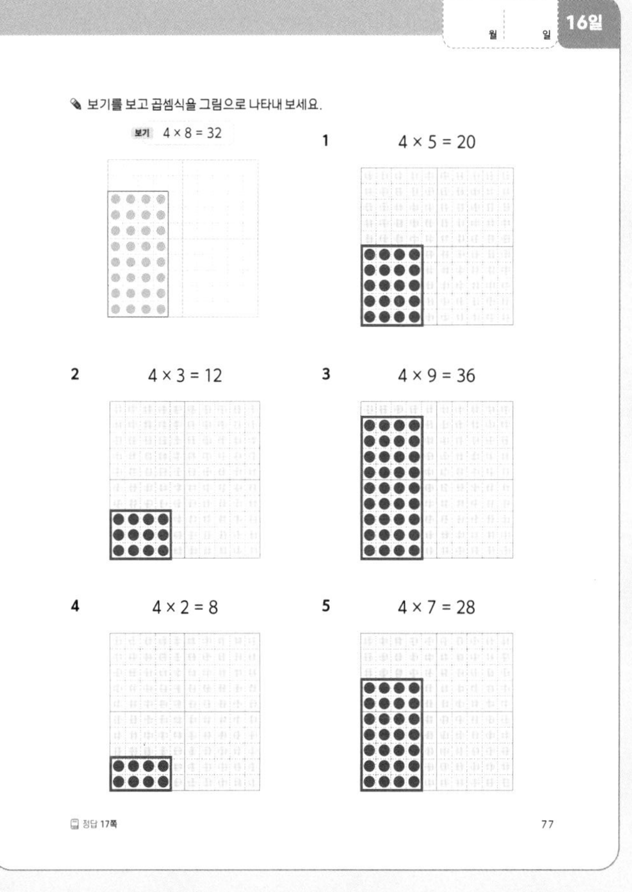

보기 4 × 8 = 32
1 4 × 5 = 20
2 4 × 3 = 12
3 4 × 9 = 36
4 4 × 2 = 8
5 4 × 7 = 28

정답 17쪽

17일

본책 78~81쪽

4단 3단계 구구단 규칙 알기

✎ 다음 덧셈을 하며 4단의 규칙을 알아보세요.

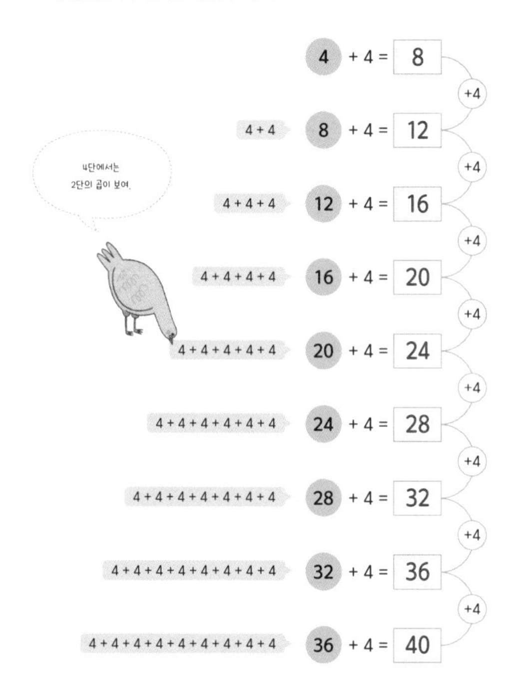

4 + 4 = 8
4 + 4 → 8 + 4 = 12
4 + 4 + 4 → 12 + 4 = 16
4 + 4 + 4 + 4 → 16 + 4 = 20
4 + 4 + 4 + 4 + 4 → 20 + 4 = 24
4 + 4 + 4 + 4 + 4 + 4 → 24 + 4 = 28
4 + 4 + 4 + 4 + 4 + 4 + 4 → 28 + 4 = 32
4 + 4 + 4 + 4 + 4 + 4 + 4 + 4 → 32 + 4 = 36
4 + 4 + 4 + 4 + 4 + 4 + 4 + 4 + 4 → 36 + 4 = 40
+4
4단에서는 2단의 곱이 보여.

월 일 17일

✎ 네잎클로버 잎의 개수를 보고 곱셈식을 완성하세요.

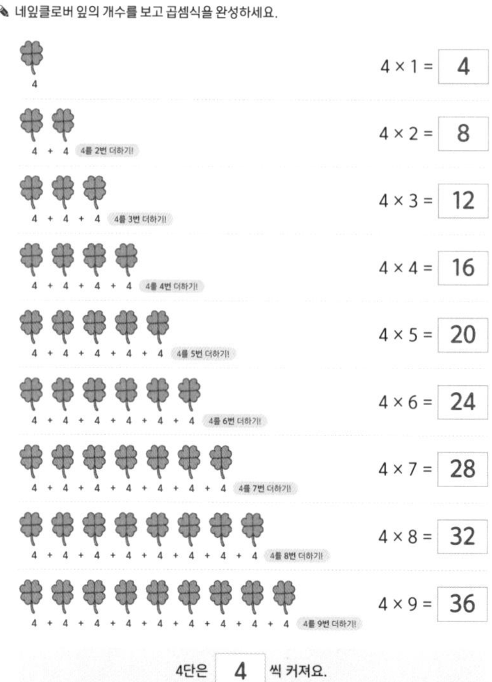

4단은 4 씩 커져요.

정답 18쪽

4단 4단계 구구단 읽고 쓰기

✎ 4단을 따라 쓰고 읽어 보세요.

구구단 쓰기	구구단 읽기
4 × 1 = 4	사 일은 사
4 × 2 = 8	사 이 팔
4 × 3 = 12	사 삼 십이
4 × 4 = 16	사 사 십육
4 × 5 = 20	사 오 이십
4 × 6 = 24	사 육 이십사
4 × 7 = 28	사 칠 이십팔
4 × 8 = 32	사 팔 삼십이
4 × 9 = 36	사 구 삼십육

월 일 17일

✎ 4단을 소리 내어 읽고 바르게 써 보세요.

사 일은 사	➡	4 × 1 = 4
사 이 팔	➡	4 × 2 = 8
사 삼 십이	➡	4 × 3 = 12
사 사 십육	➡	4 × 4 = 16
사 오 이십	➡	4 × 5 = 20
사 육 이십사	➡	4 × 6 = 24
사 칠 이십팔	➡	4 × 7 = 28
사 팔 삼십이	➡	4 × 8 = 32
사 구 삼십육	➡	4 × 9 = 36

정답 18쪽

18일

본책 82~85쪽

4단 5단계 연습하기

✎ 4단을 완성해 보세요.

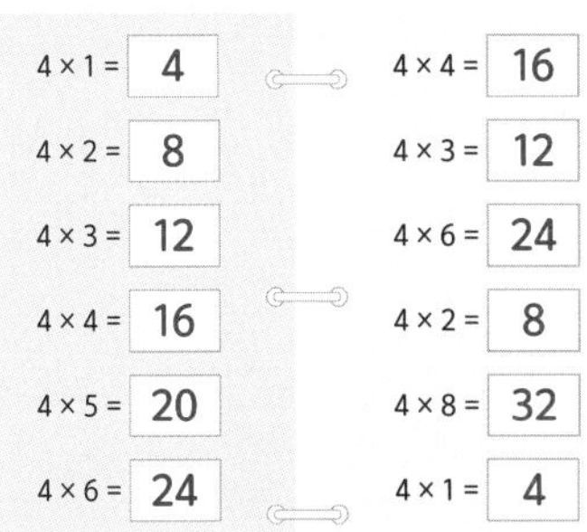
4 × 1 = 4 / 4 × 2 = 8 / 4 × 3 = 12 / 4 × 4 = 16 / 4 × 5 = 20 / 4 × 6 = 24 / 4 × 7 = 28 / 4 × 8 = 32 / 4 × 9 = 36

4 × 4 = 16 / 4 × 3 = 12 / 4 × 6 = 24 / 4 × 2 = 8 / 4 × 8 = 32 / 4 × 1 = 4 / 4 × 7 = 28 / 4 × 9 = 36 / 4 × 5 = 20

✎ 빈칸에 알맞은 수를 써넣으세요.

4 × 5 = 20　4 × 3 = 12　4 × 2 = 8

4 × 1 = 4　4 × 4 = 16　4 × 8 = 32

4 × 9 = 36　4 × 6 = 24　4 × 7 = 28

✎ 올바른 곱이 되도록 길을 이어 보세요.

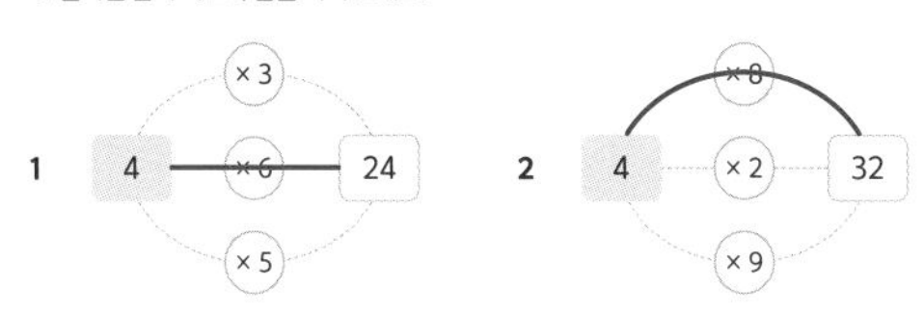

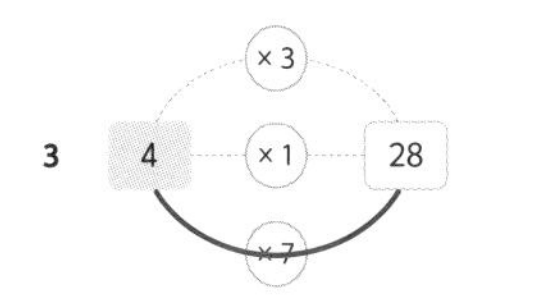

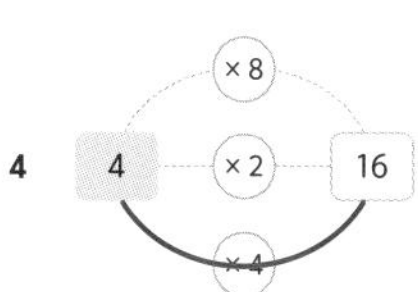

✎ 두 수의 곱으로 알맞은 것에 ○표 하세요.

1 4 × 4

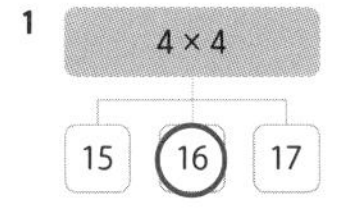

2 4 × 6

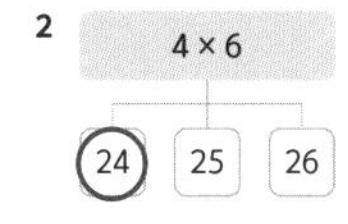

3 4 × 3

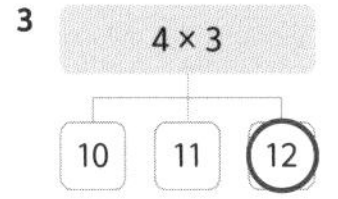

4 4 × 8

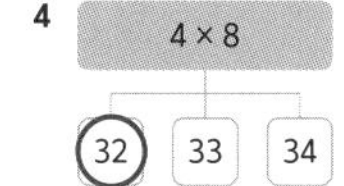

정답 19쪽

4단 6단계 응용 문제 풀기

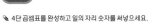

✎ 4단 곱셈표를 완성하고 일의 자리 숫자를 써넣으세요.

×	1	2	3	4	5	6	7	8	9
4	4	8	12	16	20	24	28	32	36
일의 자리 숫자	4	8	2	6	0	4	8	2	6

✎ 4단의 일의 자리 숫자를 선으로 이으며 구구단을 소리 내어 읽어 보세요.

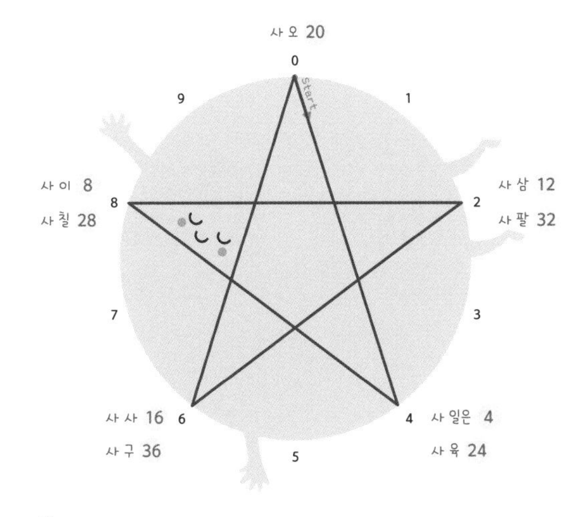

✎ 4단을 이용하여 문제를 풀어 보세요.

보기 날개가 4개인 풍차가 6대 있습니다. 풍차의 날개는 모두 몇 개일까요?

곱셈식 4 × 6 = 24　답 24 개

1 봉지 4개에 요구르트를 4개씩 담으려고 합니다. 요구르트는 모두 몇 개가 필요할까요?

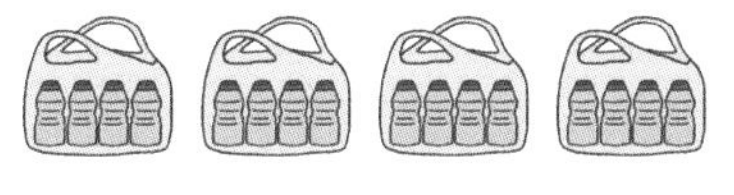

곱셈식 4 × 4 = 16　답 16 개

2 목걸이에 보석을 4개씩 달았습니다. 목걸이 7개에 달린 보석은 모두 몇 개일까요?

곱셈식 4 × 7 = 28　답 28 개

정답 19쪽

19일

본책 86~89쪽

8단 1단계 같은 수 더하기

✎ 8씩 뛰어 세며 빈칸에 알맞은 수를 써넣으세요.

연습 문제

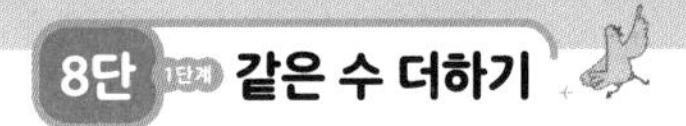

1 16, 40, 56, 64, 72

2 8의 3배 ▸ 8 × 3 = 24

3 8의 4 배 ▸ 8 × 4 = 32

4 8의 6 배 ▸ 8 × 6 = 48

✎ 8씩 묶어 세며 빈칸에 알맞은 수를 써넣으세요.

1 8씩 3 묶음 ▸ 8의 3 배

8 + 8 + 8 = 24

8 × 3 = 24

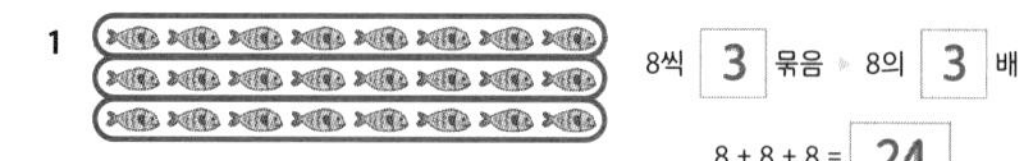

2 8씩 6 묶음 ▸ 8의 6 배

8 + 8 + 8 + 8 + 8 + 8 = 48

8 × 6 = 48

3 8의 4 배

8 × 4 = 32

4 8의 7 배

8 × 7 = 56

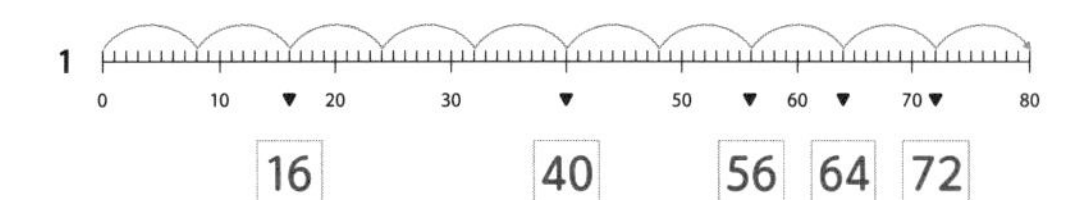

정답 20쪽

8단 2단계 곱셈식 익히기

✎ 보기를 보고 그림을 곱셈식으로 나타내 보세요.

보기 8 × 6 = 48

1 8 × 5 = 40

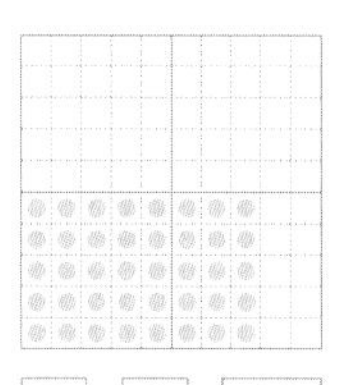

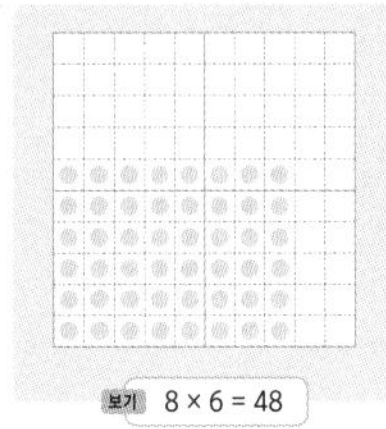

2 8 × 3 = 24

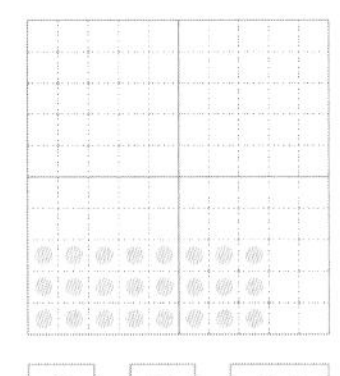

3 8 × 4 = 32

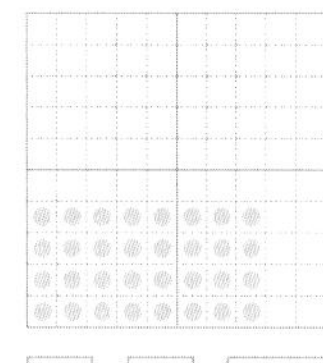

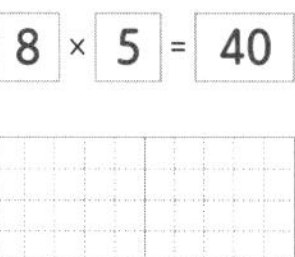

4 8 × 8 = 64

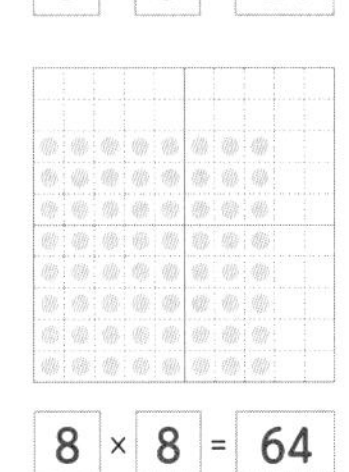

5 8 × 2 = 16

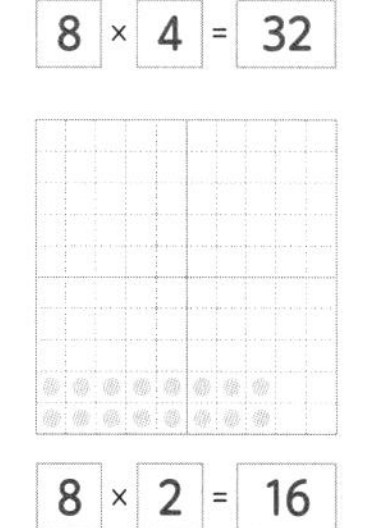

✎ 보기를 보고 곱셈식을 그림으로 나타내 보세요.

보기 8 × 8 = 64

1 8 × 1 = 8

2 8 × 9 = 72

3 8 × 5 = 40

4 8 × 6 = 48

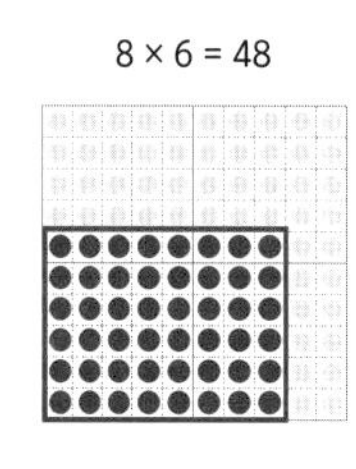

5 8 × 7 = 56

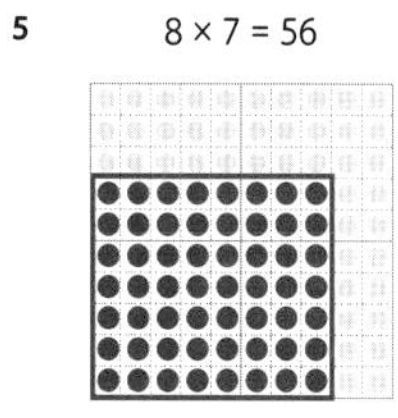

정답 20쪽

20일

본책 90~93쪽

8단 3단계 구구단 규칙 알기

✎ 다음 덧셈을 하며 8단의 규칙을 알아보세요.

	8 + 8 = 16	
8 + 8	16 + 8 = 24	+8
8 + 8 + 8	24 + 8 = 32	+8
8 + 8 + 8 + 8	32 + 8 = 40	+8
8 + 8 + 8 + 8 + 8	40 + 8 = 48	+8
8 + 8 + 8 + 8 + 8 + 8	48 + 8 = 56	+8
8 + 8 + 8 + 8 + 8 + 8 + 8	56 + 8 = 64	+8
8 + 8 + 8 + 8 + 8 + 8 + 8 + 8	64 + 8 = 72	+8
8 + 8 + 8 + 8 + 8 + 8 + 8 + 8 + 8	72 + 8 = 80	+8

✎ 문어의 다리 개수를 보고 곱셈식을 완성하세요.

8	8 × 1 = 8
8 + 8 8을 2번 더하기!	8 × 2 = 16
8 + 8 + 8 8을 3번 더하기!	8 × 3 = 24
8 + 8 + 8 + 8 8을 4번 더하기!	8 × 4 = 32
8 + 8 + 8 + 8 + 8 8을 5번 더하기!	8 × 5 = 40
8 + 8 + 8 + 8 + 8 + 8 8을 6번 더하기!	8 × 6 = 48
8 + 8 + 8 + 8 + 8 + 8 + 8 8을 7번 더하기!	8 × 7 = 56
8 + 8 + 8 + 8 + 8 + 8 + 8 + 8 8을 8번 더하기!	8 × 8 = 64
8 + 8 + 8 + 8 + 8 + 8 + 8 + 8 + 8 8을 9번 더하기!	8 × 9 = 72

8단은 8 씩 커져요.

정답 21쪽

8단 4단계 구구단 읽고 쓰기

✎ 8단을 따라 쓰고 읽어 보세요.

구구단 쓰기	구구단 읽기
8 × 1 = 8	팔 일은 팔
8 × 2 = 16	팔 이 십육
8 × 3 = 24	팔 삼 이십사
8 × 4 = 32	팔 사 삼십이
8 × 5 = 40	팔 오 사십
8 × 6 = 48	팔 육 사십팔
8 × 7 = 56	팔 칠 오십육
8 × 8 = 64	팔 팔 육십사
8 × 9 = 72	팔 구 칠십이

✎ 8단을 소리 내어 읽고 바르게 써 보세요.

팔 일은 팔	8 × 1 = 8
팔 이 십육	8 × 2 = 16
팔 삼 이십사	8 × 3 = 24
팔 사 삼십이	8 × 4 = 32
팔 오 사십	8 × 5 = 40
팔 육 사십팔	8 × 6 = 48
팔 칠 오십육	8 × 7 = 56
팔 팔 육십사	8 × 8 = 64
팔 구 칠십이	8 × 9 = 72

정답 21쪽

21일

본책 94~97쪽

8단 5단계 연습하기

✎ 8단을 완성해 보세요.

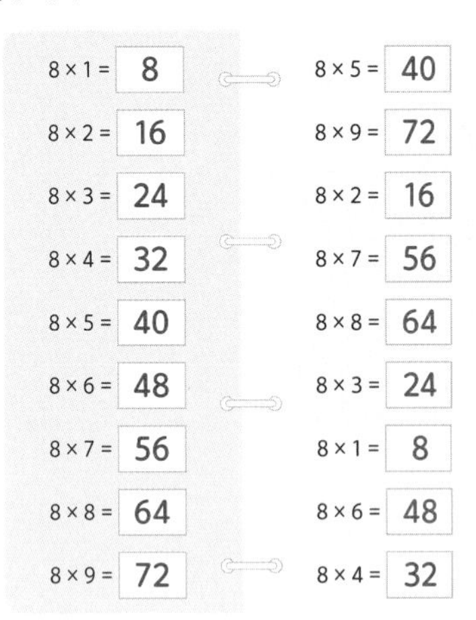

8 × 1 =	8	8 × 5 =	40
8 × 2 =	16	8 × 9 =	72
8 × 3 =	24	8 × 2 =	16
8 × 4 =	32	8 × 7 =	56
8 × 5 =	40	8 × 8 =	64
8 × 6 =	48	8 × 3 =	24
8 × 7 =	56	8 × 1 =	8
8 × 8 =	64	8 × 6 =	48
8 × 9 =	72	8 × 4 =	32

✎ 빈칸에 알맞은 수를 써넣으세요.

8 × 1 = 8　　8 × 4 = 32　　8 × 8 = 64

8 × 6 = 48　　8 × 3 = 24　　8 × 2 = 16

8 × 9 = 72　　8 × 7 = 56　　8 × 5 = 40

✎ 빈칸에 알맞은 수를 써넣으세요.

1
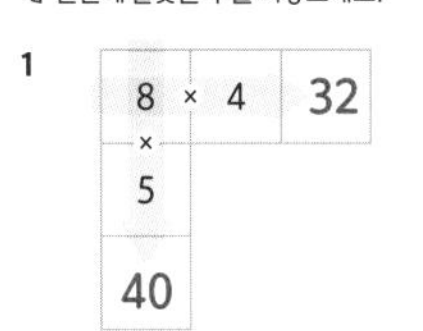

2
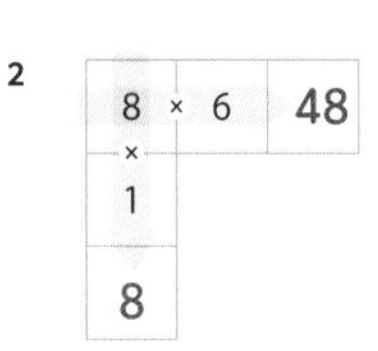

3
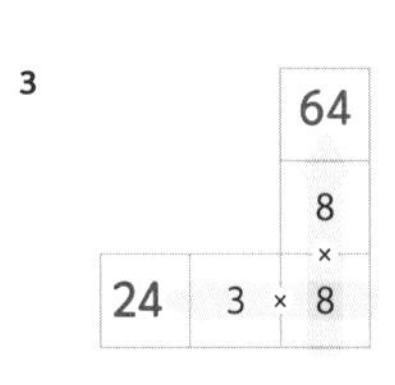

4
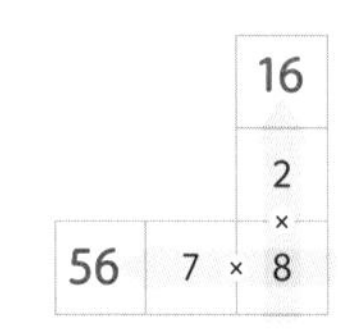

✎ 올바른 곱셈식에 ○표 하고 잘못된 곱은 바르게 고치세요.

1 ○ 8 × 2 = 16　　2 8 × 5 = ~~X~~ 40

3 8 × 4 = ~~X~~ 32　　4 8 × 7 = ~~X~~ 56

5 ○ 8 × 6 = 48　　6 ○ 8 × 8 = 64

7 ○ 8 × 3 = 24　　8 8 × 9 = ~~X~~ 72

정답 22쪽

8단 6단계 응용 문제 풀기

✎ 8단 곱셈표를 완성하고 일의 자리 숫자를 써넣으세요.

×	1	2	3	4	5	6	7	8	9
8	8	16	24	32	40	48	56	64	72
일의 자리 숫자	8	6	4	2	0	8	6	4	2

✎ 8단의 일의 자리 숫자를 선으로 이으며 구구단을 소리 내어 읽어 보세요.

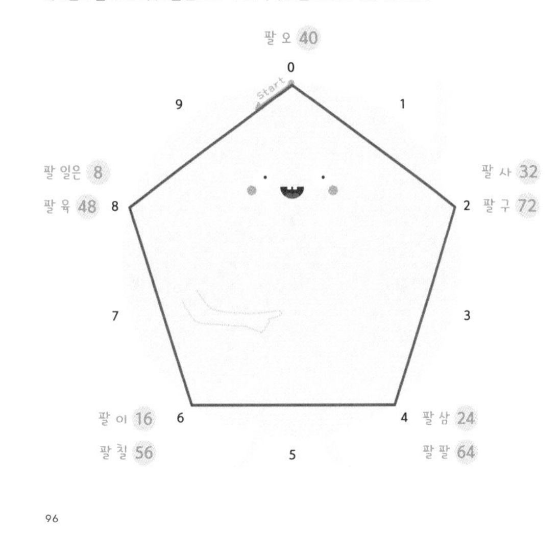

✎ 8단을 이용하여 문제를 풀어 보세요.

보기 피자 한 판을 8조각으로 나누었습니다. 피자 3판은 모두 몇 조각일까요?

곱셈식 8 × 3 = 24　　답 24 조각

1 대관람차 한 칸에 8명이 탈 수 있습니다. 8칸짜리 대관람차 한 대에 모두 몇 명이 탈 수 있을까요?

곱셈식 8 × 8 = 64　　답 64 명

2 한 모둠에 8명이 모여 기차놀이를 하려고 합니다. 4모둠을 만들려면 모두 몇 명이 있어야 할까요?

곱셈식 8 × 4 = 32　　답 32 명

정답 22쪽

22일

본책 100~103쪽

7단 1단계 같은 수 더하기

✎ 7씩 뛰어 세며 빈칸에 알맞은 수를 써넣으세요.

연습 문제

1

0 10 20 30 40 50 60 70

14 35 42 56 63

2

0 10 20 30 40 50 60 70

7의 7배 ▸ 7 × 7 = 49

3

0 10 20 30 40 50 60 70

7의 3 배 ▸ 7 × 3 = 21

4

0 10 20 30 40 50 60 70

7의 4 배 ▸ 7 × 4 = 28

✎ 7씩 묶어 세며 빈칸에 알맞은 수를 써넣으세요.

1
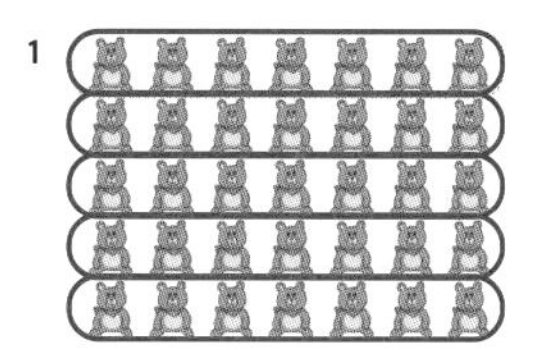

7씩 5 묶음 ▸ 7의 5 배

7 + 7 + 7 + 7 + 7 = 35

7 × 5 = 35

2
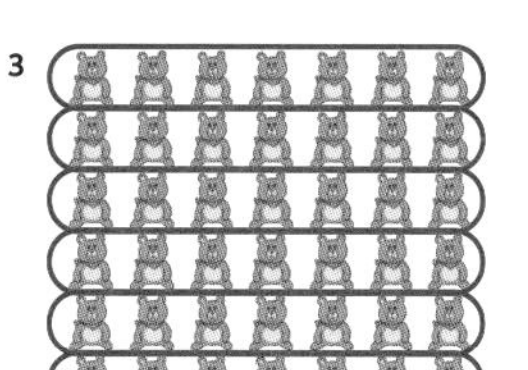

7씩 3 묶음 ▸ 7의 3 배

7 + 7 + 7 = 21

7 × 3 = 21

3

7의 6 배

7 × 6 = 42

4
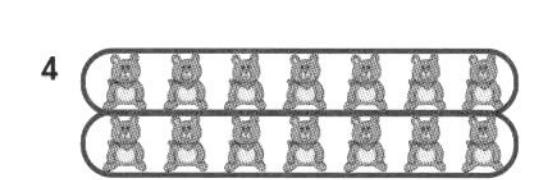

7의 2 배

7 × 2 = 14

정답 23쪽

7단 2단계 곱셈식 익히기

✎ 보기를 보고 그림을 곱셈식으로 나타내 보세요.

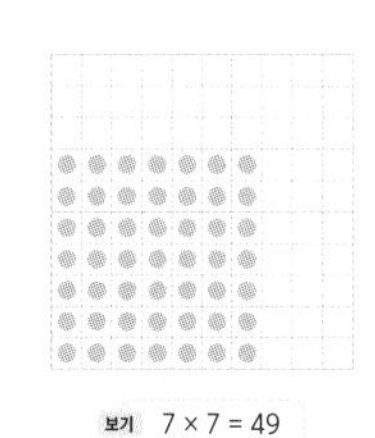

보기 7 × 7 = 49

1
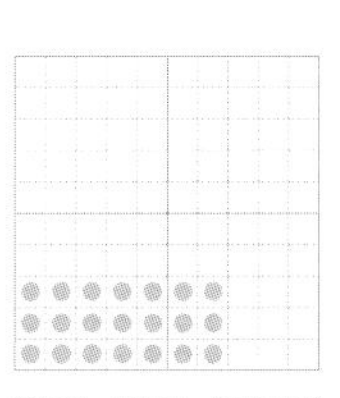

7 × 3 = 21

2
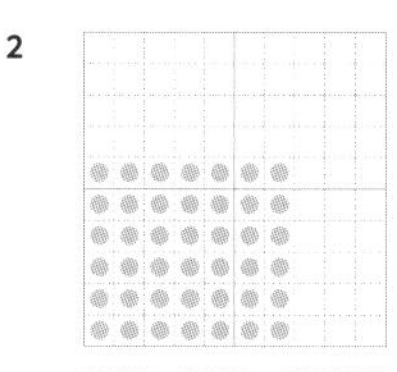

7 × 6 = 42

3
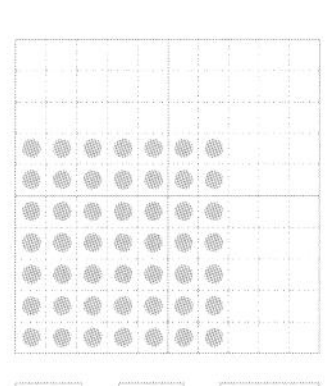

7 × 7 = 49

4

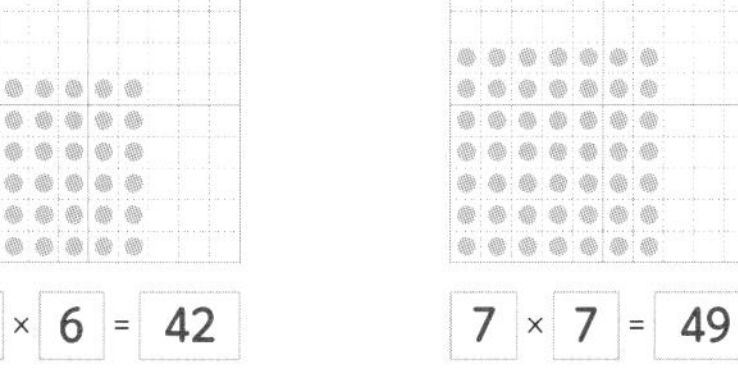

7 × 9 = 63

5

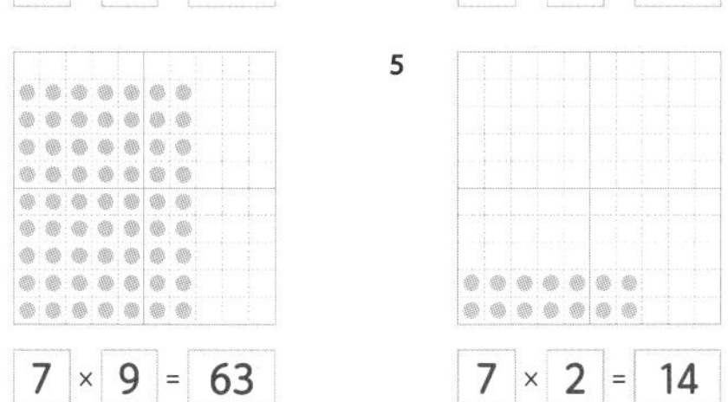

7 × 2 = 14

✎ 보기를 보고 곱셈식을 그림으로 나타내 보세요.

보기 7 × 3 = 21

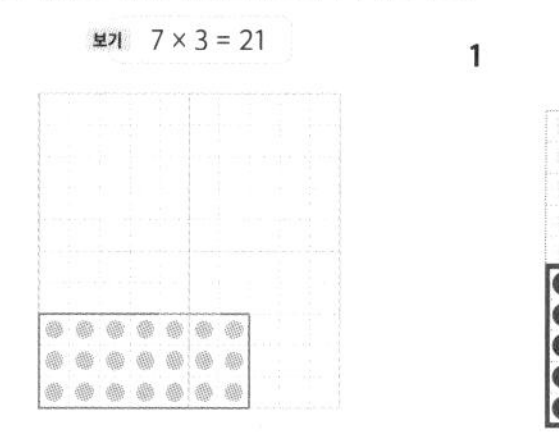

1 7 × 5 = 35

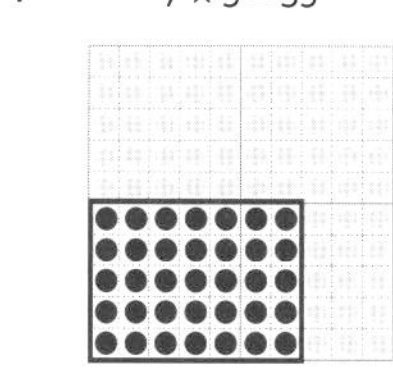

2 7 × 6 = 42

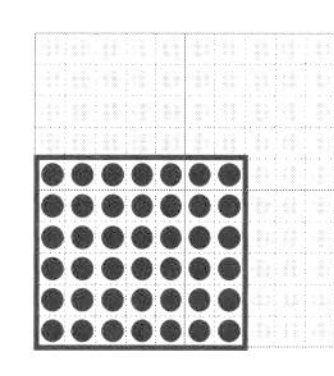

3 7 × 8 = 56

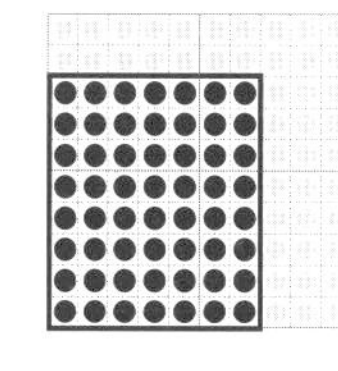

4 7 × 1 = 7

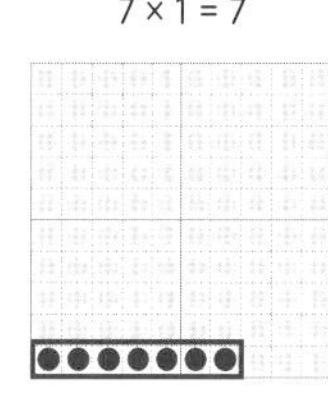

5 7 × 4 = 28

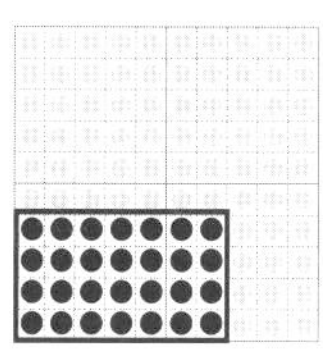

정답 23쪽

23일

본책 104~107쪽

7단 3단계 구구단 규칙 알기

✎ 다음 덧셈을 하며 7단의 규칙을 알아보세요.

숫자가 커지니까
같은 수를 여러 번
더하는 것이 어려워져

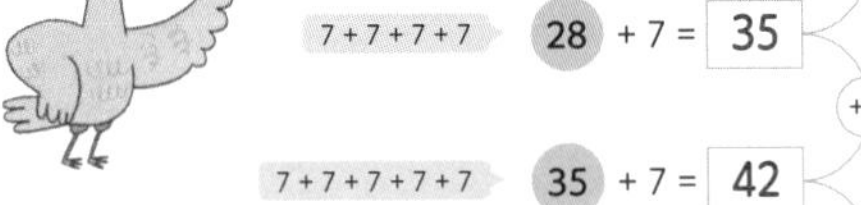

- 7 + 7 = 14
- 7 + 7 → 14 + 7 = 21 (+7)
- 7 + 7 + 7 → 21 + 7 = 28 (+7)
- 7 + 7 + 7 + 7 → 28 + 7 = 35 (+7)
- 7 + 7 + 7 + 7 + 7 → 35 + 7 = 42 (+7)
- 7 + 7 + 7 + 7 + 7 + 7 → 42 + 7 = 49 (+7)
- 7 + 7 + 7 + 7 + 7 + 7 + 7 → 49 + 7 = 56 (+7)
- 7 + 7 + 7 + 7 + 7 + 7 + 7 + 7 → 56 + 7 = 63 (+7)
- 7 + 7 + 7 + 7 + 7 + 7 + 7 + 7 + 7 → 63 + 7 = 70 (+7)

월 일 23일

✎ 색연필의 개수를 보고 곱셈식을 완성하세요.

7
7 + 7 7을 2번 더하기!
7 + 7 + 7 7을 3번 더하기!
7 + 7 + 7 + 7 7을 4번 더하기!
7 + 7 + 7 + 7 + 7 7을 5번 더하기!
7 + 7 + 7 + 7 + 7 + 7 7을 6번 더하기!
7 + 7 + 7 + 7 + 7 + 7 + 7 7을 7번 더하기!
7 + 7 + 7 + 7 + 7 + 7 + 7 + 7 7을 8번 더하기!
7 + 7 + 7 + 7 + 7 + 7 + 7 + 7 + 7 7을 9번 더하기!

- 7 × 1 = 7
- 7 × 2 = 14
- 7 × 3 = 21
- 7 × 4 = 28
- 7 × 5 = 35
- 7 × 6 = 42
- 7 × 7 = 49
- 7 × 8 = 56
- 7 × 9 = 63

7단은 7 씩 커져요.

정답 24쪽

7단 4단계 구구단 읽고 쓰기

✎ 7단을 따라 쓰고 읽어 보세요.

구구단 쓰기	구구단 읽기
7 × 1 = 7	칠 일은 칠
7 × 2 = 14	칠 이 십사
7 × 3 = 21	칠 삼 이십일
7 × 4 = 28	칠 사 이십팔
7 × 5 = 35	칠 오 삼십오
7 × 6 = 42	칠 육 사십이
7 × 7 = 49	칠 칠 사십구
7 × 8 = 56	칠 팔 오십육
7 × 9 = 63	칠 구 육십삼

월 일 23일

✎ 7단을 소리 내어 읽고 바르게 써 보세요.

- 칠 일은 칠 ➡ 7 × 1 = 7
- 칠 이 십사 ➡ 7 × 2 = 14
- 칠 삼 이십일 ➡ 7 × 3 = 21
- 칠 사 이십팔 ➡ 7 × 4 = 28
- 칠 오 삼십오 ➡ 7 × 5 = 35
- 칠 육 사십이 ➡ 7 × 6 = 42
- 칠 칠 사십구 ➡ 7 × 7 = 49
- 칠 팔 오십육 ➡ 7 × 8 = 56
- 칠 구 육십삼 ➡ 7 × 9 = 63

정답 24쪽

24일

본책 108~111쪽

7단 5단계 연습하기

✎ 7단을 완성해 보세요.

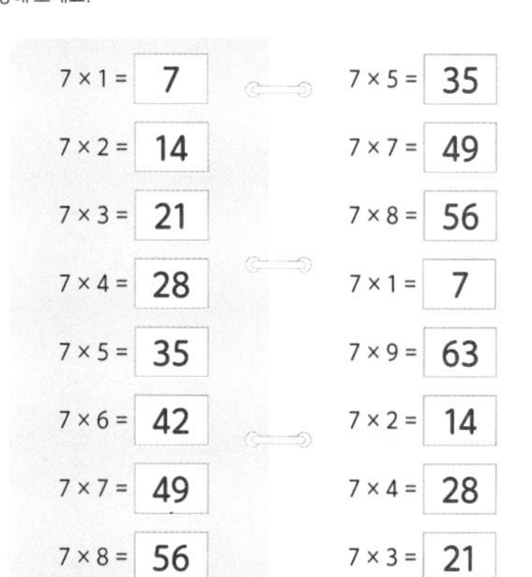

7 × 1 =	7	7 × 5 =	35
7 × 2 =	14	7 × 7 =	49
7 × 3 =	21	7 × 8 =	56
7 × 4 =	28	7 × 1 =	7
7 × 5 =	35	7 × 9 =	63
7 × 6 =	42	7 × 2 =	14
7 × 7 =	49	7 × 4 =	28
7 × 8 =	56	7 × 3 =	21
7 × 9 =	63	7 × 6 =	42

✎ 빈칸에 알맞은 수를 써넣으세요.

7 × 7 = 49　　7 × 5 = 35　　7 × 2 = 14

7 × 3 = 21　　7 × 4 = 28　　7 × 1 = 7

7 × 6 = 42　　7 × 8 = 56　　7 × 9 = 63

✎ 두 수의 곱을 보고 빈칸에 알맞은 수를 써넣으세요.

1. 7 ⊗ 4 → 28
2. 7 ⊗ 7 → 49
3. 7 ⊗ 5 → 35
4. 7 ⊗ 9 → 63

✎ 사다리를 따라가 찾은 빈칸에 두 수의 곱을 써넣으세요.

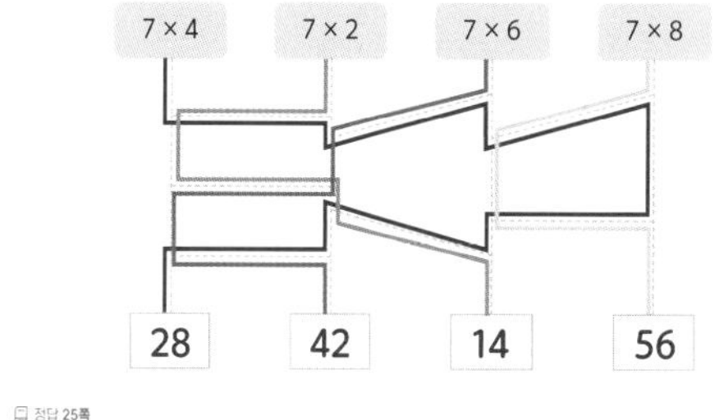

7 × 4	7 × 2	7 × 6	7 × 8
28	42	14	56

정답 25쪽

7단 6단계 응용 문제 풀기

✎ 7단 곱셈표를 완성하고 일의 자리 숫자를 써넣으세요.

×	1	2	3	4	5	6	7	8	9
7	7	14	21	28	35	42	49	56	63
일의 자리 숫자	7	4	1	8	5	2	9	6	3

✎ 7단의 일의 자리 숫자를 선으로 이으며 구구단을 소리 내어 읽어 보세요.

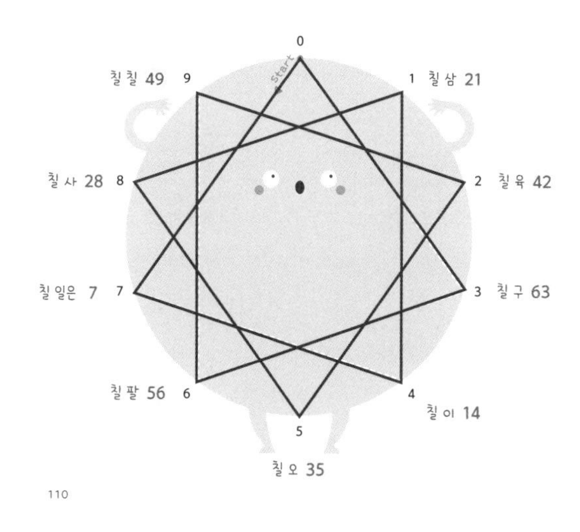

✎ 7단을 이용하여 문제를 풀어 보세요.

보기 새우튀김을 주문하면 1인분에 7개가 나옵니다. 새우튀김을 4인분 주문하면 모두 몇 개가 나올까요?

곱셈식 7 × 4 = 28　　답 28 개

1 우산꽂이 한 개에 우산을 7개 꽂을 수 있습니다. 우산꽂이 6개에 몇 개의 우산을 꽂을 수 있을까요?

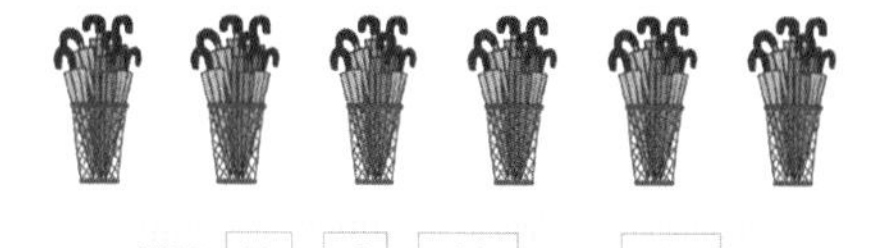

곱셈식 7 × 6 = 42　　답 42 개

2 도넛이 7개 들어 있는 상자가 3박스 있습니다. 도넛은 모두 몇 개일까요?

곱셈식 7 × 3 = 21　　답 21 개

정답 25쪽

25일

본책 112~115쪽

9단 1단계 같은 수 더하기

✎ 9씩 뛰어 세며 빈칸에 알맞은 수를 써넣으세요.

연습 문제

1 27 36 45 54 63

2 9의 9배 9 × 9 = 81

3 9의 2 배 9 × 2 = 18

4 9의 8 배 9 × 8 = 72

25일 월 일

✎ 9씩 묶어 세며 빈칸에 알맞은 수를 써넣으세요.

1
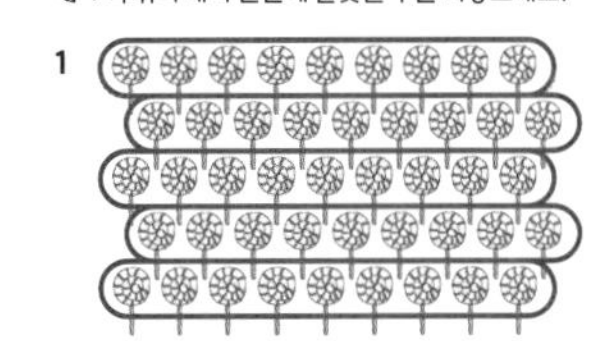

9씩 5 묶음 9의 5 배

9 + 9 + 9 + 9 + 9 = 45

9 × 5 = 45

2
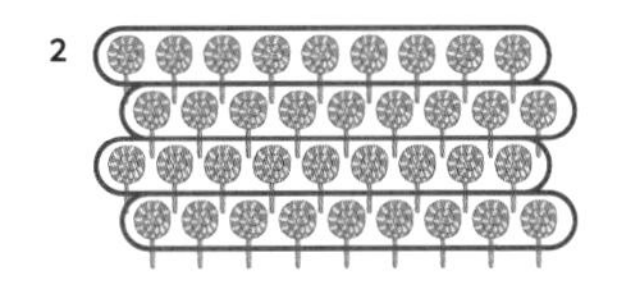

9씩 4 묶음 9의 4 배

9 + 9 + 9 + 9 = 36

9 × 4 = 36

3
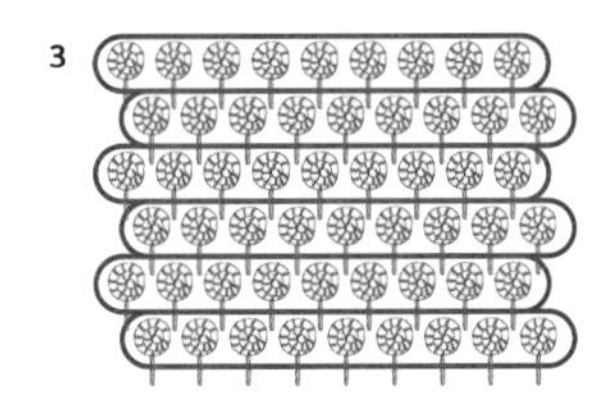

9의 6 배

9 × 6 = 54

4
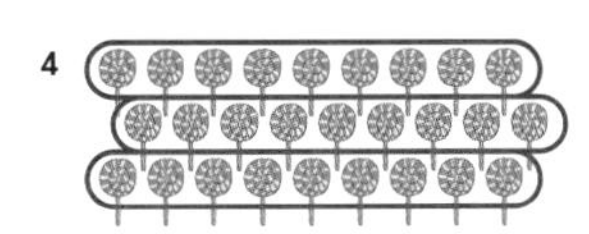

9의 3 배

9 × 3 = 27

정답 26쪽

9단 2단계 곱셈식 익히기

✎ 보기를 보고 그림을 곱셈식으로 나타내 보세요.

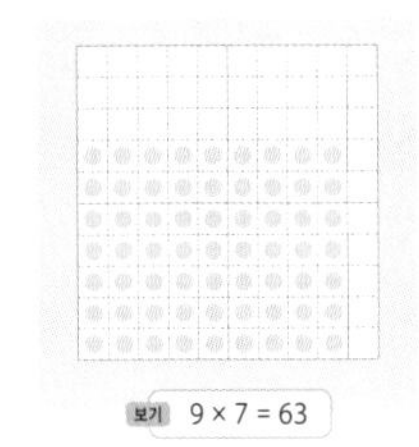

보기 9 × 7 = 63

1 9 × 8 = 72

2 9 × 4 = 36

3 9 × 3 = 27

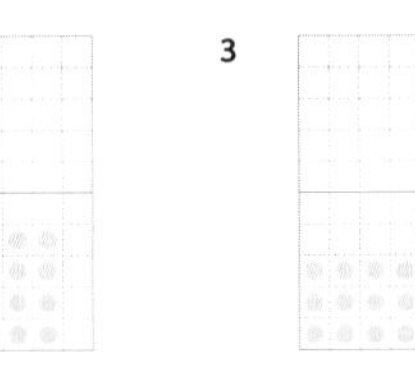

4 9 × 9 = 81

5 9 × 5 = 45

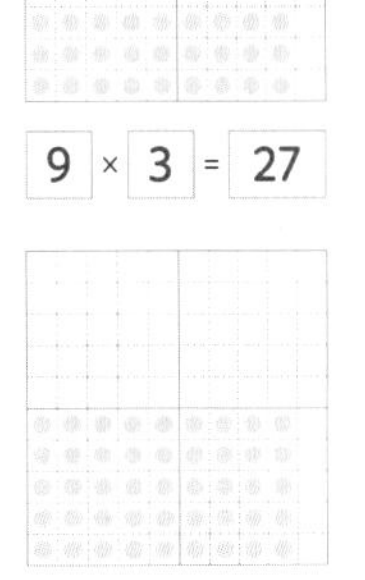

25일 월 일

✎ 보기를 보고 곱셈식을 그림으로 나타내 보세요.

보기 9 × 3 = 27

1 9 × 1 = 9

2 9 × 4 = 36

3 9 × 6 = 54

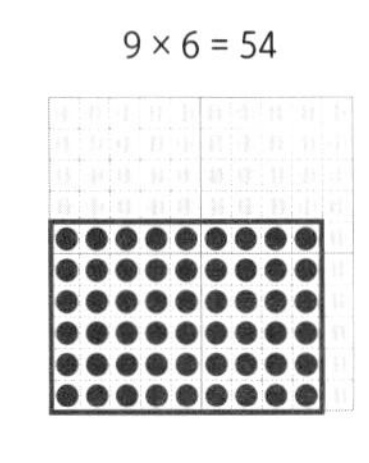

4 9 × 7 = 63

5 9 × 2 = 18

정답 26쪽

26일

본책 116~119쪽

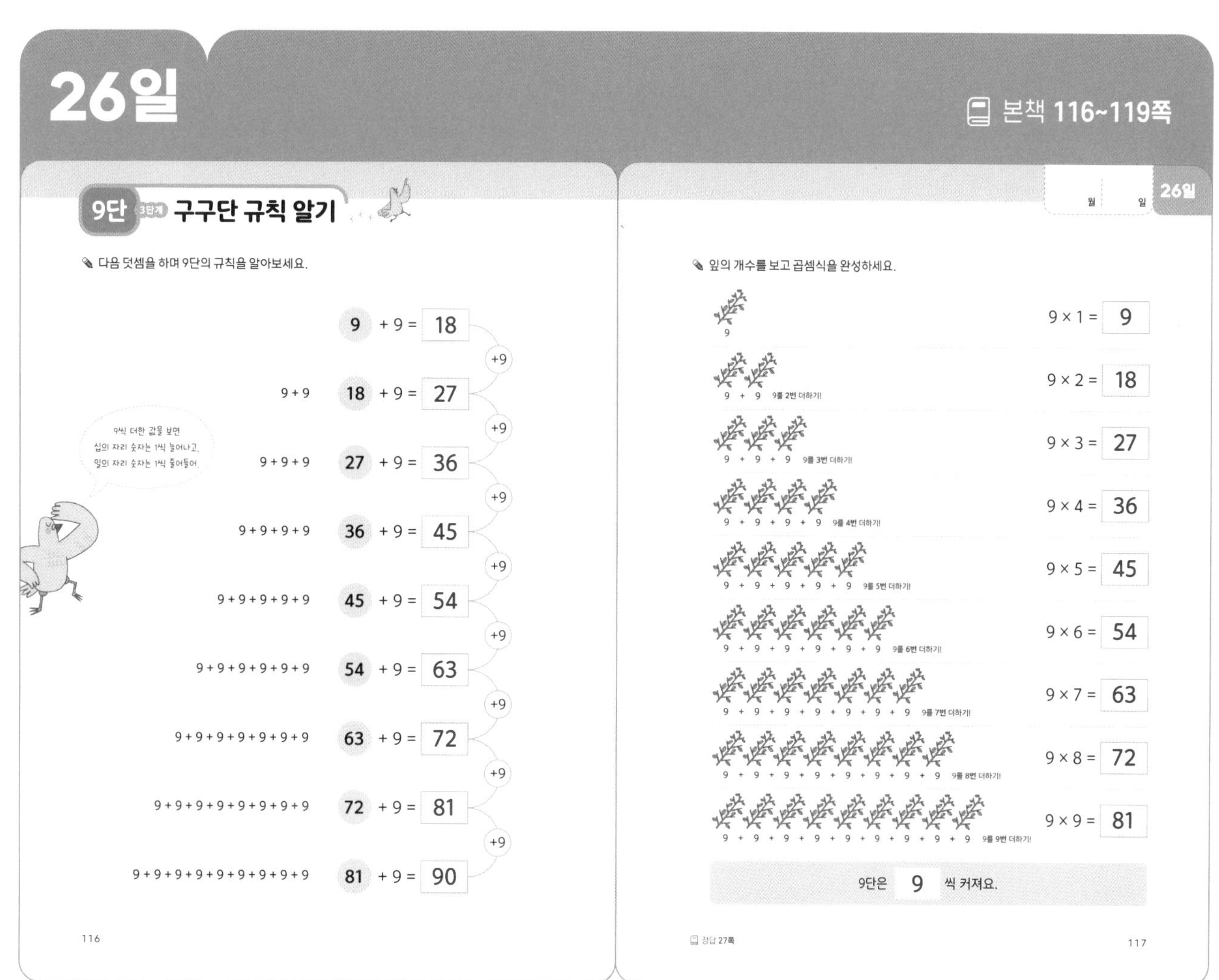

9단 3단계 구구단 규칙 알기

✎ 다음 덧셈을 하며 9단의 규칙을 알아보세요.

	9 + 9 =	18
9 + 9	18 + 9 =	27
9 + 9 + 9	27 + 9 =	36
9 + 9 + 9 + 9	36 + 9 =	45
9 + 9 + 9 + 9 + 9	45 + 9 =	54
9 + 9 + 9 + 9 + 9 + 9	54 + 9 =	63
9 + 9 + 9 + 9 + 9 + 9 + 9	63 + 9 =	72
9 + 9 + 9 + 9 + 9 + 9 + 9 + 9	72 + 9 =	81
9 + 9 + 9 + 9 + 9 + 9 + 9 + 9 + 9	81 + 9 =	90

+9 +9 +9 +9 +9 +9 +9 +9

9씩 더한 값을 보면 십의 자리 숫자는 1씩 늘어나고, 일의 자리 숫자는 1씩 줄어들어

116

월 일 26일

✎ 잎의 개수를 보고 곱셈식을 완성하세요.

9	9 × 1 = 9
9 + 9 9를 2번 더하기!	9 × 2 = 18
9 + 9 + 9 9를 3번 더하기!	9 × 3 = 27
9 + 9 + 9 + 9 9를 4번 더하기!	9 × 4 = 36
9 + 9 + 9 + 9 + 9 9를 5번 더하기!	9 × 5 = 45
9 + 9 + 9 + 9 + 9 + 9 9를 6번 더하기!	9 × 6 = 54
9 + 9 + 9 + 9 + 9 + 9 + 9 9를 7번 더하기!	9 × 7 = 63
9 + 9 + 9 + 9 + 9 + 9 + 9 + 9 9를 8번 더하기!	9 × 8 = 72
9 + 9 + 9 + 9 + 9 + 9 + 9 + 9 + 9 9를 9번 더하기!	9 × 9 = 81

9단은 9 씩 커져요.

정답 27쪽

117

9단 4단계 구구단 읽고 쓰기

✎ 9단을 따라 쓰고 읽어 보세요.

구구단 쓰기	구구단 읽기
9 × 1 = 9	구 일은 구
9 × 2 = 18	구 이 십팔
9 × 3 = 27	구 삼 이십칠
9 × 4 = 36	구 사 삼십육
9 × 5 = 45	구 오 사십오
9 × 6 = 54	구 육 오십사
9 × 7 = 63	구 칠 육십삼
9 × 8 = 72	구 팔 칠십이
9 × 9 = 81	구 구 팔십일

118

월 일 26일

✎ 9단을 소리 내어 읽고 바르게 써 보세요.

구 일은 구	9 × 1 = 9
구 이 십팔	9 × 2 = 18
구 삼 이십칠	9 × 3 = 27
구 사 삼십육	9 × 4 = 36
구 오 사십오	9 × 5 = 45
구 육 오십사	9 × 6 = 54
구 칠 육십삼	9 × 7 = 63
구 팔 칠십이	9 × 8 = 72
구 구 팔십일	9 × 9 = 81

정답 27쪽

119

27일

본책 120~123쪽

9단 5단계 연습하기

✎ 9단을 완성해 보세요.

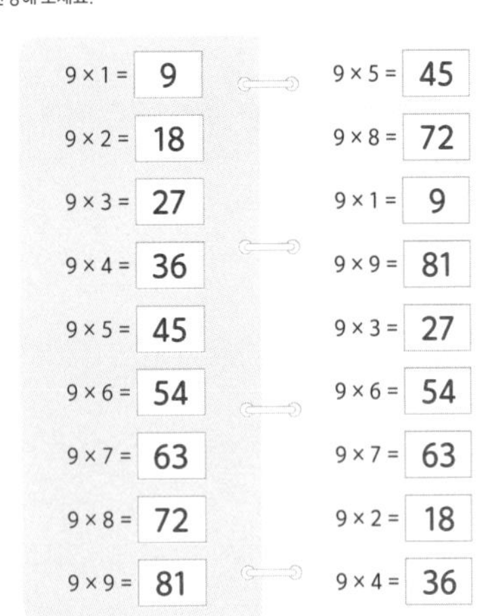

9 × 1 = 9	9 × 5 = 45
9 × 2 = 18	9 × 8 = 72
9 × 3 = 27	9 × 1 = 9
9 × 4 = 36	9 × 9 = 81
9 × 5 = 45	9 × 3 = 27
9 × 6 = 54	9 × 6 = 54
9 × 7 = 63	9 × 7 = 63
9 × 8 = 72	9 × 2 = 18
9 × 9 = 81	9 × 4 = 36

✎ 빈칸에 알맞은 수를 써넣으세요.

9 × 9 = 81　9 × 7 = 63　9 × 3 = 27

9 × 2 = 18　9 × 8 = 72　9 × 5 = 45

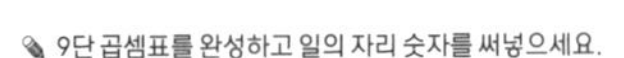

9 × 6 = 54　9 × 4 = 36　9 × 1 = 9

✎ 가운데 수와 바깥의 수의 곱을 빈칸에 써넣으세요.

1
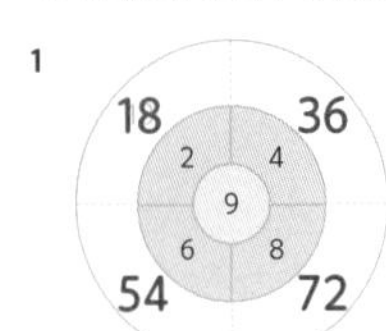

2
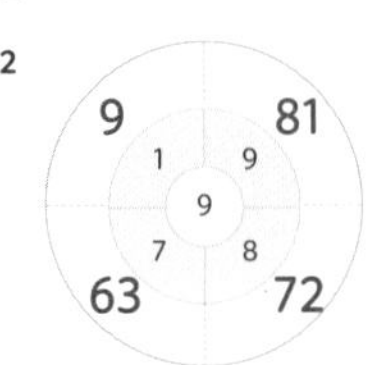

3
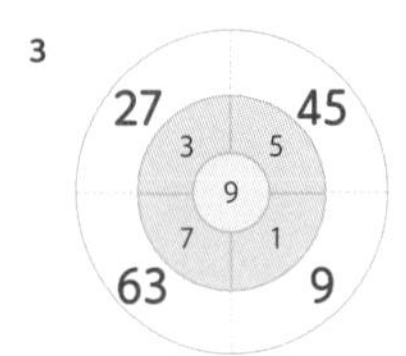

4
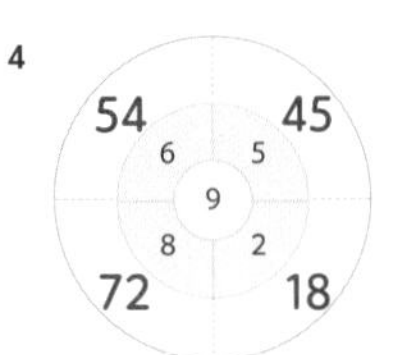

✎ 두 수의 곱으로 알맞은 것에 ○표 하세요.

1 9 × 2 → (18), 28

2 9 × 7 → (63), 73

3 9 × 5 → 54, (45)

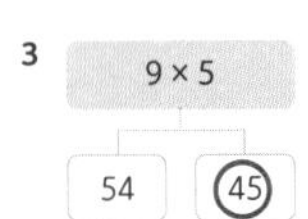

4 9 × 9 → (81), 82

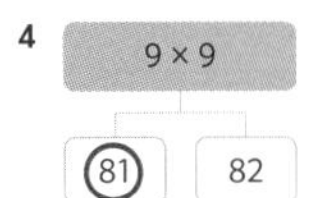

정답 28쪽

9단 6단계 응용 문제 풀기

✎ 9단 곱셈표를 완성하고 일의 자리 숫자를 써넣으세요.

×	1	2	3	4	5	6	7	8	9
9	9	18	27	36	45	54	63	72	81
일의 자리 숫자	9	8	7	6	5	4	3	2	1

✎ 9단의 일의 자리 숫자를 선으로 이으며 구구단을 소리 내어 읽어 보세요.

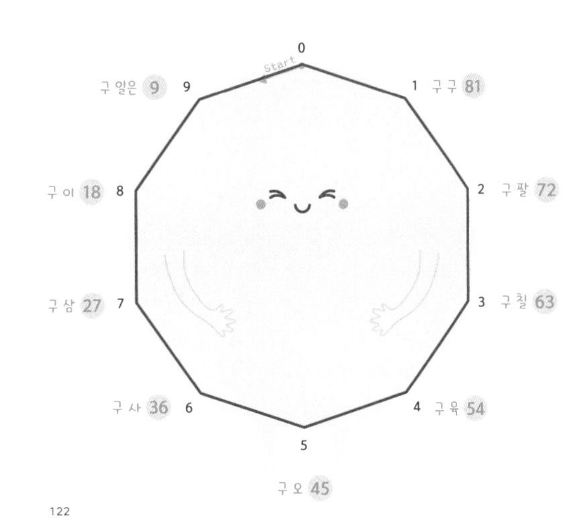

✎ 9단을 이용하여 문제를 풀어 보세요.

보기 한 송이에 포도알이 9개 달린 포도를 샀습니다. 포도 5송이를 사면 포도알은 모두 몇 개일까요?

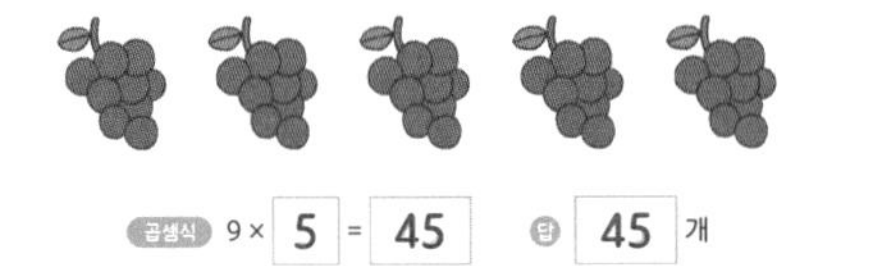

곱셈식 9 × 5 = 45　답 45 개

1 고리가 9개 걸려 있는 고리 던지기 세트가 4개 있습니다. 고리는 모두 몇 개일까요?

곱셈식 9 × 4 = 36　답 36 개

2 하진이는 물을 하루에 9컵 마시기로 했습니다. 하진이는 2일 동안 모두 몇 컵의 물을 마실까요?

곱셈식 9 × 2 = 18　답 18 컵

정답 28쪽

28일

본책 126~129쪽

1단, 10단, 0단 구구단 규칙 알기

✎ 1단, 10단, 0단을 빈칸을 채우며 알아보세요.

1단	10단	0단
1 × 1 = 1	10 × 1 = 10	0 × 1 = 0
1 × 2 = 2	10 × 2 = 20	0 × 2 = 0
1 × 3 = 3	10 × 3 = 30	0 × 3 = 0
1 × 4 = 4	10 × 4 = 40	0 × 4 = 0
1 × 5 = 5	10 × 5 = 50	0 × 5 = 0
1 × 6 = 6	10 × 6 = 60	0 × 6 = 0
1 × 7 = 7	10 × 7 = 70	0 × 7 = 0
1 × 8 = 8	10 × 8 = 80	0 × 8 = 0
1 × 9 = 9	10 × 9 = 90	0 × 9 = 0
1과 어떤 수의 곱은 항상 어떤 수 그대로예요.	10단은 10씩 커져요.	0과 어떤 수의 곱은 항상 0이에요.

✎ 그림을 보고 조각 케이크의 개수를 나타내는 곱셈식을 완성하세요.

1

접시 위 조각 케이크의 수 / 접시의 수

1 × 3 = 3

2

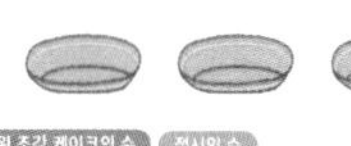

접시 위 조각 케이크의 수 / 접시의 수

0 × 5 = 0

✎ 0 × 6과 곱이 같은 것을 모두 찾아 ○표 하세요.

10 × 5 1 × 5 0 × 2 1 × 6 0 × 7

✎ 빈칸에 알맞은 수를 써넣으세요.

1

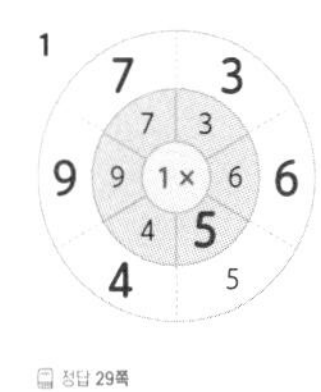

2

0 0
7 3
0 2 0 × 6 0
4 8
0 0

3

20 40
2 4
90 9 10 × 5 50
7 8
70 80

정답 29쪽

1단, 10단, 0단 연습하기

✎ 그림을 보고 빈칸에 알맞은 수를 써넣으세요.

1

사과의 수 1 × 1 = 1

2

꽃의 수 1 × 3 = 3

3

새의 수 0 × 2 = 0

4

초콜릿의 수 10 × 2 = 20

✎ 1단, 10단, 0단의 곱셈표를 완성하세요.

×	1	2	3	4	5	6	7	8	9
1	1	2	3	4	5	6	7	8	9
10	10	20	30	40	50	60	70	80	90
0	0	0	0	0	0	0	0	0	0

✎ 빈칸에 알맞은 수를 써넣으세요.

1 × 2 = 2　　1 × 6 = 6　　10 × 7 = 70

0 × 8 = 0　　1 × 9 = 9　　0 × 4 = 0

10 × 3 = 30　　10 × 5 = 50　　0 × 1 = 0

✎ 곱이 잘못된 식을 모두 찾아 바르게 고치세요.

1 × 3 = ✗ 3　　0 × 8 = 0　　0 × 6 = ✗ 0

10 × 5 = ✗ 50　　1 × 7 = 7　　10 × 2 = 20

✎ 두 수의 곱이 같은 것끼리 이어 보세요.

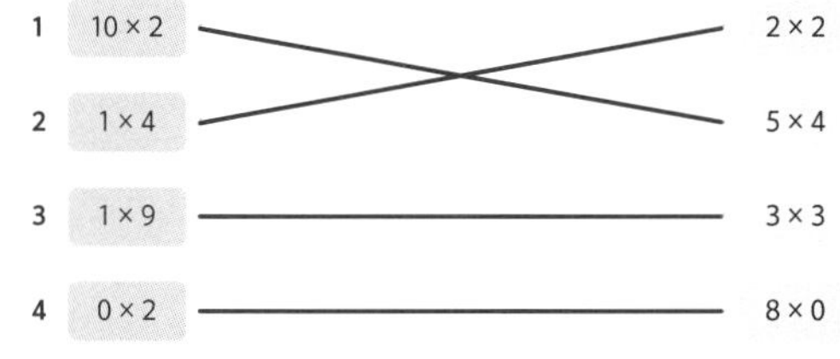

1 10 × 2 — 5 × 4

2 1 × 4 — 2 × 2

3 1 × 9 — 3 × 3

4 0 × 2 — 8 × 0

정답 29쪽

29일

본책 134~137쪽

구구단의 고수 1 거꾸로 구구단의 빈칸을 채우세요.

2단	3단	4단	5단
$2 \times 9 = 18$	$3 \times 9 = 27$	$4 \times 9 = 36$	$5 \times 9 = 45$
$2 \times 8 = 16$	$3 \times 8 = 24$	$4 \times 8 = 32$	$5 \times 8 = 40$
$2 \times 7 = 14$	$3 \times 7 = 21$	$4 \times 7 = 28$	$5 \times 7 = 35$
$2 \times 6 = 12$	$3 \times 6 = 18$	$4 \times 6 = 24$	$5 \times 6 = 30$
$2 \times 5 = 10$	$3 \times 5 = 15$	$4 \times 5 = 20$	$5 \times 5 = 25$
$2 \times 4 = 8$	$3 \times 4 = 12$	$4 \times 4 = 16$	$5 \times 4 = 20$
$2 \times 3 = 6$	$3 \times 3 = 9$	$4 \times 3 = 12$	$5 \times 3 = 15$
$2 \times 2 = 4$	$3 \times 2 = 6$	$4 \times 2 = 8$	$5 \times 2 = 10$
$2 \times 1 = 2$	$3 \times 1 = 3$	$4 \times 1 = 4$	$5 \times 1 = 5$

134

월 일 29일

6단	7단	8단	9단
$6 \times 9 = 54$	$7 \times 9 = 63$	$8 \times 9 = 72$	$9 \times 9 = 81$
$6 \times 8 = 48$	$7 \times 8 = 56$	$8 \times 8 = 64$	$9 \times 8 = 72$
$6 \times 7 = 42$	$7 \times 7 = 49$	$8 \times 7 = 56$	$9 \times 7 = 63$
$6 \times 6 = 36$	$7 \times 6 = 42$	$8 \times 6 = 48$	$9 \times 6 = 54$
$6 \times 5 = 30$	$7 \times 5 = 35$	$8 \times 5 = 40$	$9 \times 5 = 45$
$6 \times 4 = 24$	$7 \times 4 = 28$	$8 \times 4 = 32$	$9 \times 4 = 36$
$6 \times 3 = 18$	$7 \times 3 = 21$	$8 \times 3 = 24$	$9 \times 3 = 27$
$6 \times 2 = 12$	$7 \times 2 = 14$	$8 \times 2 = 16$	$9 \times 2 = 18$
$6 \times 1 = 6$	$7 \times 1 = 7$	$8 \times 1 = 8$	$9 \times 1 = 9$

정답 30쪽

135

구구단의 고수 2 2~9단의 빈칸을 채우세요.

2단	3단	4단	5단
$2 \times 1 = 2$	$3 \times 3 = 9$	$4 \times 4 = 16$	$5 \times 4 = 20$
$2 \times 9 = 18$	$3 \times 6 = 18$	$4 \times 9 = 36$	$5 \times 5 = 25$
$2 \times 3 = 6$	$3 \times 8 = 24$	$4 \times 7 = 28$	$5 \times 8 = 40$
$2 \times 4 = 8$	$3 \times 2 = 6$	$4 \times 5 = 20$	$5 \times 1 = 5$
$2 \times 2 = 4$	$3 \times 4 = 12$	$4 \times 1 = 4$	$5 \times 6 = 30$
$2 \times 6 = 12$	$3 \times 7 = 21$	$4 \times 3 = 12$	$5 \times 2 = 10$
$2 \times 8 = 16$	$3 \times 9 = 27$	$4 \times 8 = 32$	$5 \times 7 = 35$
$2 \times 5 = 10$	$3 \times 1 = 3$	$4 \times 2 = 8$	$5 \times 3 = 15$
$2 \times 7 = 14$	$3 \times 5 = 15$	$4 \times 6 = 24$	$5 \times 9 = 45$

136

월 일 29일

6단	7단	8단	9단
$6 \times 1 = 6$	$7 \times 9 = 63$	$8 \times 5 = 40$	$9 \times 9 = 81$
$6 \times 5 = 30$	$7 \times 4 = 28$	$8 \times 6 = 48$	$9 \times 8 = 72$
$6 \times 4 = 24$	$7 \times 1 = 7$	$8 \times 4 = 32$	$9 \times 7 = 63$
$6 \times 9 = 54$	$7 \times 6 = 42$	$8 \times 7 = 56$	$9 \times 4 = 36$
$6 \times 8 = 48$	$7 \times 3 = 21$	$8 \times 3 = 24$	$9 \times 5 = 45$
$6 \times 3 = 18$	$7 \times 8 = 56$	$8 \times 8 = 64$	$9 \times 6 = 54$
$6 \times 7 = 42$	$7 \times 5 = 35$	$8 \times 2 = 16$	$9 \times 3 = 27$
$6 \times 2 = 12$	$7 \times 2 = 14$	$8 \times 9 = 72$	$9 \times 2 = 18$
$6 \times 6 = 36$	$7 \times 7 = 49$	$8 \times 1 = 8$	$9 \times 1 = 9$

정답 30쪽

137

30일

본책 138~141쪽

월 일 30일

구구단의 고수 3

혼합 구구단의 빈칸을 3분 안에 채우세요.

2~5단	2~5단	2~5단	2~5단
4 × 2 = 8	2 × 9 = 18	5 × 8 = 40	4 × 8 = 32
3 × 5 = 15	4 × 3 = 12	4 × 7 = 28	3 × 7 = 21
5 × 4 = 20	3 × 8 = 24	3 × 3 = 9	2 × 2 = 4
2 × 3 = 6	5 × 7 = 35	2 × 4 = 8	5 × 4 = 20
5 × 5 = 25	3 × 2 = 6	3 × 5 = 15	4 × 9 = 36
4 × 3 = 12	5 × 6 = 30	4 × 6 = 24	2 × 4 = 8
3 × 7 = 21	4 × 4 = 16	5 × 3 = 15	2 × 5 = 10
5 × 8 = 40	2 × 8 = 16	3 × 6 = 18	3 × 9 = 27
4 × 9 = 36	5 × 9 = 45	2 × 2 = 4	5 × 5 = 25

6~9단	6~9단	6~9단	6~9단
8 × 2 = 16	7 × 5 = 35	8 × 1 = 8	9 × 9 = 81
9 × 3 = 27	8 × 8 = 64	7 × 4 = 28	9 × 2 = 18
7 × 9 = 63	6 × 3 = 18	9 × 5 = 45	8 × 6 = 48
8 × 4 = 32	9 × 9 = 81	6 × 2 = 12	6 × 7 = 42
6 × 2 = 12	8 × 1 = 8	9 × 7 = 63	9 × 3 = 27
9 × 5 = 45	7 × 3 = 21	9 × 1 = 9	7 × 5 = 35
8 × 3 = 24	6 × 5 = 30	7 × 2 = 14	8 × 9 = 72
7 × 2 = 14	8 × 5 = 40	6 × 9 = 54	6 × 7 = 42
6 × 9 = 54	9 × 8 = 72	8 × 7 = 56	7 × 7 = 49

정답 31쪽

월 일 30일

구구단의 고수 4

혼합 구구단의 빈칸을 5분 안에 채우세요.

2~9단	2~9단	2~9단	2~9단
9 × 5 = 45	3 × 9 = 27	8 × 3 = 24	2 × 5 = 10
2 × 2 = 4	9 × 8 = 72	6 × 7 = 42	4 × 4 = 16
7 × 8 = 56	8 × 5 = 40	9 × 6 = 54	8 × 6 = 48
5 × 3 = 15	5 × 9 = 45	4 × 5 = 20	7 × 3 = 21
3 × 6 = 18	6 × 2 = 12	5 × 8 = 40	3 × 5 = 15
4 × 3 = 12	7 × 6 = 42	2 × 6 = 12	5 × 4 = 20
8 × 4 = 32	2 × 8 = 16	3 × 7 = 21	6 × 3 = 18
6 × 5 = 30	4 × 2 = 8	7 × 4 = 28	9 × 2 = 18
4 × 8 = 32	5 × 7 = 35	6 × 4 = 24	7 × 9 = 63

2~9단	2~9단	2~9단	2~9단
3 × 3 = 9	4 × 8 = 32	6 × 7 = 42	9 × 1 = 9
5 × 5 = 25	9 × 3 = 27	5 × 6 = 30	4 × 8 = 32
6 × 3 = 18	2 × 4 = 8	8 × 3 = 24	8 × 8 = 64
2 × 3 = 6	5 × 1 = 5	3 × 5 = 15	3 × 6 = 18
7 × 6 = 42	7 × 5 = 35	4 × 7 = 28	5 × 7 = 35
4 × 6 = 24	6 × 9 = 54	2 × 6 = 12	6 × 8 = 48
9 × 4 = 36	3 × 2 = 6	8 × 9 = 72	2 × 7 = 14
6 × 8 = 48	8 × 7 = 56	7 × 7 = 49	7 × 2 = 14
8 × 9 = 72	6 × 6 = 36	9 × 9 = 81	3 × 9 = 27

정답 31쪽

31일

본책 142~145

마무리 평가 1 지금까지 배운 구구단 실력을 확인해 보세요.

1 꽃 모양을 3개씩 묶고 덧셈식과 곱셈식으로 써 보세요.

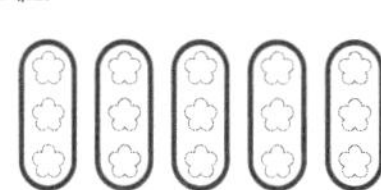

3 + 3 + 3 + 3 + 3 = 15

3 × 5 = 15

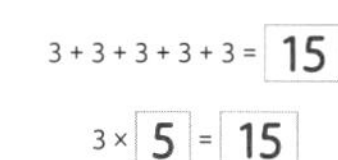

2 빈칸에 알맞은 수를 써넣으세요.

×	2	4	6	7	9
2	4	8	12	14	18

3 두 수의 곱을 각각 써넣으세요.

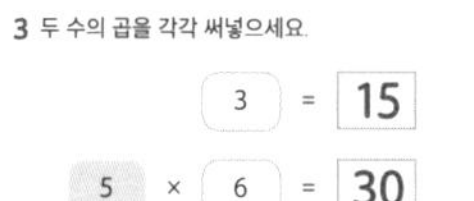

5 × 3 = 15

5 × 6 = 30

5 × 7 = 35

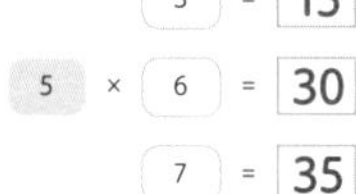

4 □ 안에 알맞은 수를 써넣으세요.

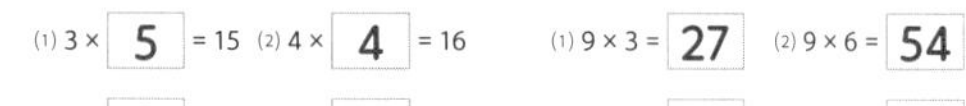

(1) 3 × 5 = 15 (2) 4 × 4 = 16

(3) 6 × 3 = 18 (4) 8 × 7 = 56

5 두 수의 곱이 잘못된 것을 고르세요. (4)

① 3 × 4 = 12 ② 3 × 5 = 15
③ 3 × 6 = 18 ④ 3 × 7 = 27
⑤ 3 × 8 = 24

6 두 수의 곱으로 알맞은 것을 찾아 이어 보세요.

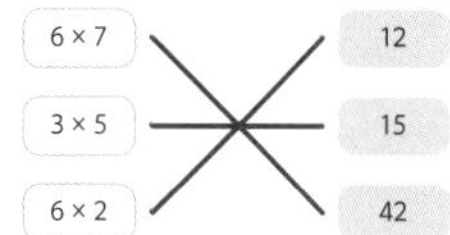

7 그림을 4개씩 묶고 곱셈식으로 써 보세요.

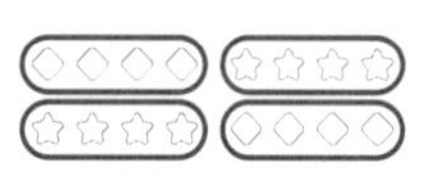

4 × 4 = 16

8 □ 안에 알맞은 수를 써넣으세요.

(1) 9 × 3 = 27 (2) 9 × 6 = 54

(3) 9 × 5 = 45 (4) 9 × 2 = 18

9 그림을 보고 □ 안에 알맞은 수를 써넣으세요.

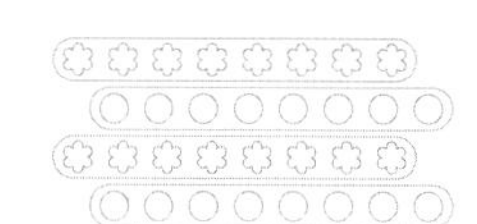

8 × 4 = 32

10 관계 있는 것끼리 선으로 이어 보세요.

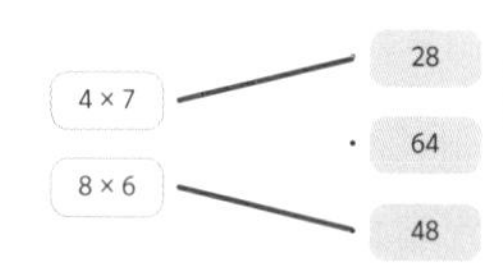

11 그림을 보고 곱셈식으로 바르게 나타낸 것을 고르세요. (2)

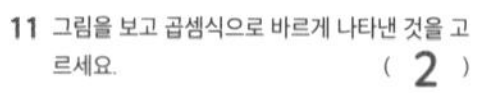

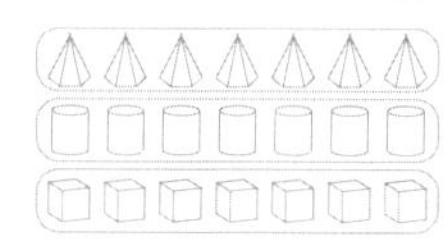

① 7 × 2 = 14 ② 7 × 3 = 21
③ 7 × 4 = 28 ④ 7 × 6 = 42
⑤ 7 × 8 = 56

12 두 수의 곱 중에서 더 큰 수에 ○표 하세요.

13 □ 안에 들어갈 수가 가장 큰 것을 찾아 기호를 쓰세요.

(ㄱ) 7 × □ = 28 (ㄴ) 9 × □ = 27

(ㄷ) 9 × □ = 45 (ㄹ) 7 × □ = 42

→ ㄹ

14 두 수의 곱이 나머지와 다른 것을 고르세요. (1)

① 2 × 1 ② 5 × 0 ③ 0 × 8
④ 1 × 0 ⑤ 0 × 3

15 곱셈표를 보고 물음에 답하세요.

×	1	2	3	4	5	6	7	8	9
1	1	2	3	4	5	6	7	8	9
2	2	4	6	8	10	12	14	16	18
3	3	6	9	12	15	18	21	24	27
4	4	8	12	16	20	24	28	32	36
5	5	10	15	20	25	30	35	40	45
6	6	12	18	24	30	36	42	48	54
7	7	14	21	28	35	42	49	56	63
8	8	16	24	32	40	48	56	64	72
9	9	18	27	36	45	54	63	72	81

(1) 6씩 커지는 가로줄과 세로줄을 찾아 색칠하세요.

(2) 곱셈표에서 7 × 4와 곱의 결과가 같은 것을 찾아 곱셈식을 써 보세요.

→ 4 × 7 = 28

정답 32쪽

마무리 평가 2 지금까지 배운 구구단 실력을 확인해 보세요.

1 그림을 2개씩 묶고 덧셈식과 곱셈식으로 써 보세요.

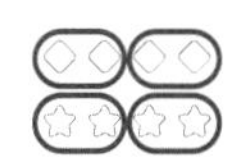

2 + 2 + 2 + 2 = 8

2 × 4 = 8

2 그림을 보고 □ 안에 알맞은 수를 써넣으세요.

3 × 5 = 15

3 두 수의 곱 중에서 더 작은 수에 ○표 하세요.

2 × 9 5 × 4

4 빈칸에 알맞은 수를 써넣으세요.

×	3	4	8	9
5	15	20	40	45

5 수직선을 보고 □ 안에 알맞은 수를 써넣으세요.

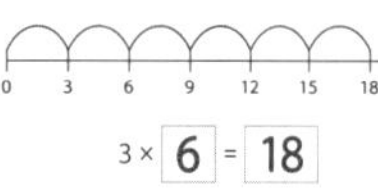

3 × 6 = 18

6 두 수의 곱이 20보다 작은 것에 ○표 하세요.

7 그림을 보고 □ 안에 알맞은 곱셈식을 써넣으세요.

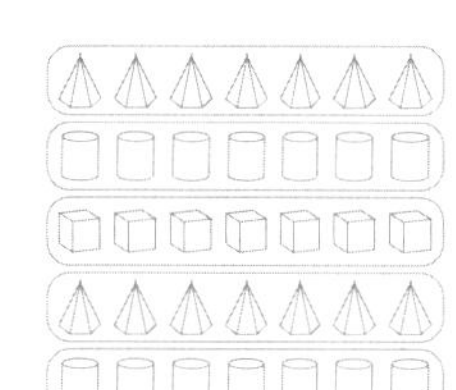

7 × 5 = 35

8 7단과 9단의 곱을 모두 찾아 색칠하세요.

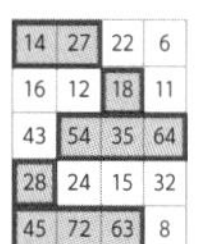

14	27	22	6
16	12	18	11
43	54	35	64
28	24	15	32
45	72	63	8

9 곱의 크기를 비교하여 > 또는 <를 써넣으세요.

9 × 6 > 5 × 9

10 두 수의 곱이 48인 것을 고르세요. (3)

① 8 × 2 ② 8 × 7 ③ 8 × 6
④ 8 × 4 ⑤ 8 × 9

11 빈칸에 알맞은 수를 써넣으세요.

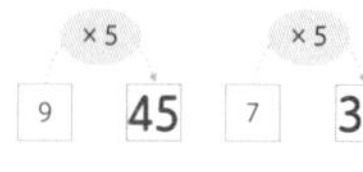

12 두 수의 곱이 같은 것을 찾아 이어 보세요.

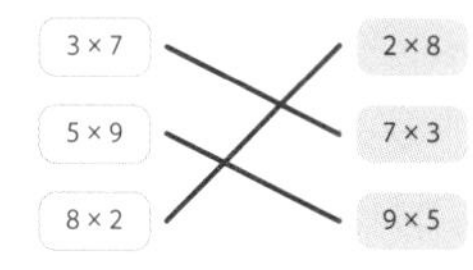

13 두 수의 곱이 잘못된 것을 고르세요. (2)

① 1 × 0 = 0 ② 1 × 2 = 0
③ 1 × 4 = 4 ④ 0 × 6 = 0
⑤ 1 × 8 = 8

14 그림을 보고 4가지 곱셈식을 완성하세요.

3 × 8 = 24 4 × 6 = 24

6 × 4 = 24 8 × 3 = 24

15 지우네 빵집에서는 케이크를 하루에 9개씩 만듭니다. 5일 동안 만든 케이크는 모두 몇 개인지 구하세요.

곱셈식 9 × 5 = 45

답 45 개

정답 32쪽

32일

본책 146~149쪽

마무리 평가 ③ 지금까지 배운 구구단 실력을 확인해 보세요.

1 빈칸에 ☆를 그리고 곱셈식을 완성하세요.

☆☆ ☆☆ ☆☆

2 × 4 = 8

2 2단의 곱이 아닌 것을 고르세요. (3)

① 10 ② 12 ③ 15
④ 14 ⑤ 18

3 그림을 보고 곱셈식으로 바르게 나타낸 것을 고르세요. (3)

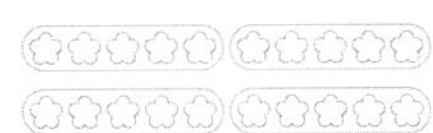

① 5 × 2 = 10 ② 5 × 3 = 15
③ 5 × 4 = 20 ④ 5 × 5 = 25
⑤ 5 × 8 = 40

4 잎이 5장 달린 꽃을 7송이 샀습니다. 꽃잎은 모두 몇 장일까요? (4)

① 15장 ② 25장 ③ 30장
④ 35장 ⑤ 45장

5 5단의 곱은 모두 몇 개인지 고르세요. (2)

10 16 24 32 45

① 1개 ② 2개 ③ 3개
④ 4개 ⑤ 5개

6 □ 안에 알맞은 수를 써넣으세요.

(1) 7 × 5 = 35 (2) 7 × 6 = 42
(3) 7 × 4 = 28 (4) 7 × 7 = 49

7 두 수의 곱이 26보다 큰 것을 찾아 기호를 쓰세요.

(ㄱ) 3 × 8 (ㄴ) 5 × 6
(ㄷ) 6 × 4 (ㄹ) 2 × 9

→ ㄴ

8 9단을 바르게 쓴 것을 고르세요. (5)

① 9 × 3 = 17 ② 9 × 5 = 44
③ 9 × 6 = 56 ④ 9 × 7 = 62
⑤ 9 × 8 = 72

9 빈칸에 알맞은 수를 써넣으세요.

×	3	5	7	8
8	24	40	56	64

10 세발자전거의 바퀴는 3개입니다. 세발자전거 9대의 바퀴는 모두 몇 개인지 구하세요.

곱셈식 3 × 9 = 27

답 27 개

11 그림을 8개씩 묶고 곱셈식으로 써 보세요.

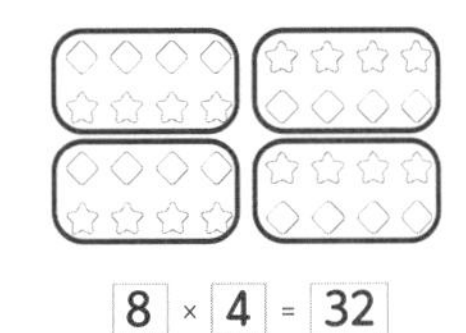

8 × 4 = 32

12 □ 안에 공통으로 들어갈 알맞은 수를 쓰세요.

3 × □ = 0 □ × 5 = 0
7 × □ = 0 9 × □ = 0

→ 0

13 표에서 ✿와 ●에 들어갈 수를 더해 □ 안에 쓰세요.

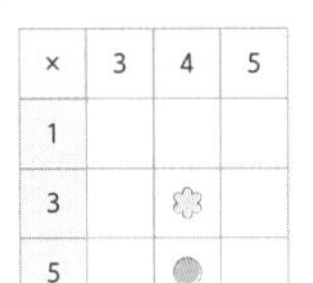

×	3	4	5
1			
3		✿	
5		●	

✿ + ● = 32

14 트럭 한 대에 상자를 9박스 실었습니다. 트럭 5대에 실은 상자는 모두 몇 박스인지 구하세요.

곱셈식 9 × 5 = 45

답 45 박스

15 두 수의 곱 중에서 더 큰 수에 ○표 하세요.

(1 × 5) 6 × 0

정답 33쪽

마무리 평가 ④ 지금까지 배운 구구단 실력을 확인해 보세요.

1 별 모양을 5개씩 묶고 곱셈식으로 써 보세요.

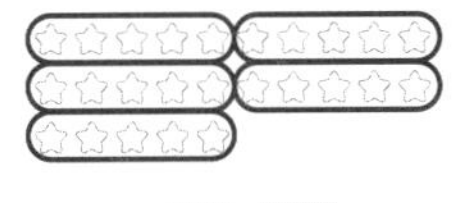
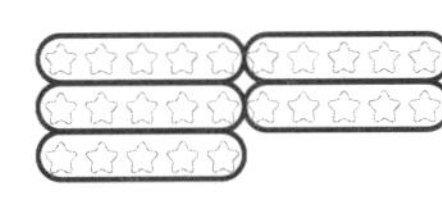

5 × 5 = 25

2 두 수의 곱이 18인 것을 고르세요. (5)

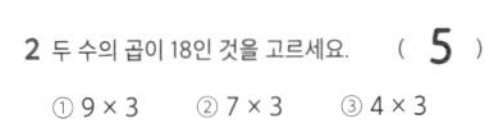

① 9 × 3 ② 7 × 3 ③ 4 × 3
④ 8 × 2 ⑤ 6 × 3

3 곱의 크기를 비교하여 > 또는 <를 써넣으세요.

2 × 7 (<) 5 × 3

4 빈칸에 알맞은 수를 써넣으세요.

3 = 12
4 × 5 = 20
8 = 32

5 빈칸에 알맞은 수를 써넣으세요.

×4: 4 → 16
×6: 3 → 18

6 보기를 보고 □ 안에 알맞은 수를 써넣으세요.

보기 6 × 3 = 3 × 6 = 18

8 × 9 = 9 × 8 = 72

7 그림을 보고 □ 안에 알맞은 수를 써넣으세요.

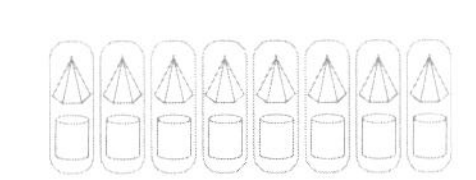

2 × 8 = 16

8 두 수의 곱 중에서 더 작은 것에 ○표 하세요.

7 × 7 (8 × 6)

9 그림을 보고 2가지 곱셈식을 완성하세요.

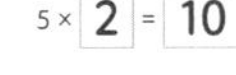

2 × 5 = 10

5 × 2 = 10

10 곱을 바르게 구한 것에는 ○표, 틀린 것에는 X표 하세요.

9 × 2 = X 9 × 7 = (63)
9 × 3 = (27) 9 × 6 = X

11 두 수의 곱으로 알맞은 것을 찾아 이어 보세요.

1 × 5 — 5
7 × 1 — 7
0 × 2 — 0
8 × 1 — 8

12 두 수의 곱이 작은 것부터 차례대로 기호를 쓰세요.

(ㄱ) 7 × 6 (ㄴ) 6 × 8
(ㄷ) 8 × 8 (ㄹ) 9 × 5

→ ㄱ, ㄹ, ㄴ, ㄷ

13 빈칸에 알맞은 수를 써넣으세요.

×	1	3	5	7	9
1	1	3	5	7	9
3	3	9	15	21	27
5	5	15	25	35	45
7	7	21	35	49	63
9	9	27	45	63	81

14 한 박스에 지우개가 8개 들어 있습니다. 6박스에 들어 있는 지우개는 모두 몇 개인지 쓰세요.

곱셈식 8 × 6 = 48

답 48 개

15 쿠키 4개씩 9묶음은 쿠키 9개씩 몇 묶음과 같은지 고르세요. (2)

① 3묶음 ② 4묶음 ③ 5묶음
④ 6묶음 ⑤ 7묶음

정답 33쪽

섞어 복습

2단 × 5단 섞어 복습

본책 46~47쪽

✎ 덧셈은 곱셈식으로, 곱셈은 덧셈식으로 바르게 나타낸 것끼리 이어 보세요.

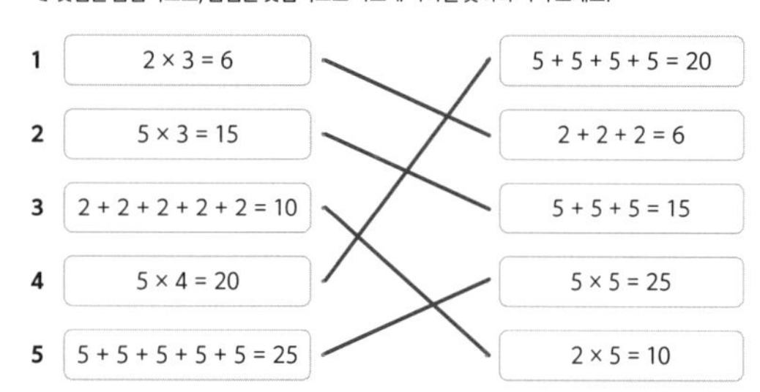

1
2 × 3 = 6
2
5 × 3 = 15
3
2 + 2 + 2 + 2 + 2 = 10
4
5 × 4 = 20
5
5 + 5 + 5 + 5 + 5 = 25
5 + 5 + 5 + 5 = 20
2 + 2 + 2 = 6
5 + 5 + 5 = 15
5 × 5 = 25
2 × 5 = 10

✎ 빈칸에 알맞은 수를 써넣으세요.

1

×	1	2	3
2	2	4	6

2

×	1	2	3
5	5	10	15

3

×	4	5	6
2	8	10	12

4

×	4	5	6
5	20	25	30

5

×	7	8	9
2	14	16	18

6

×	7	8	9
5	35	40	45

✎ 두 수의 곱을 따라 도착까지 찾아가 보세요.

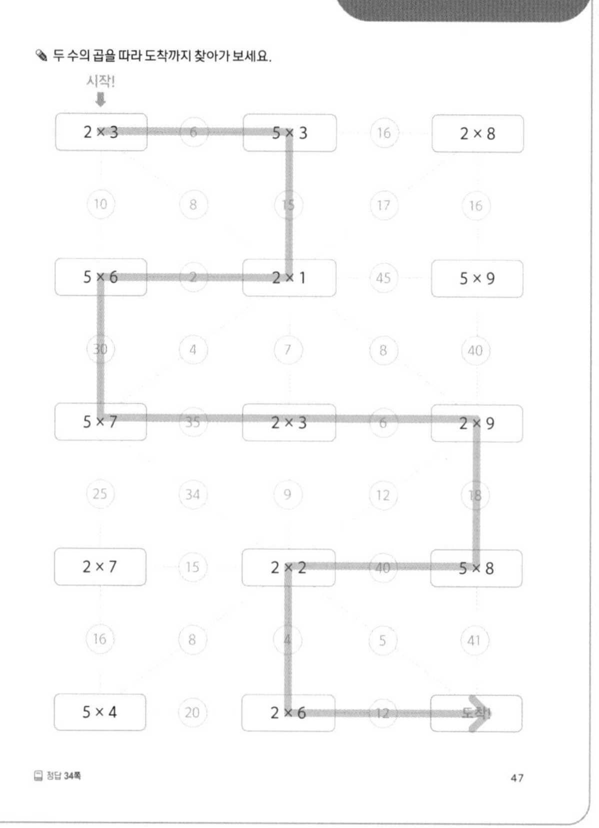

정답 34쪽

3단 × 6단 섞어 복습

본책 72~73쪽

✎ 수직선을 보고 빈칸에 알맞은 수를 써넣으세요.

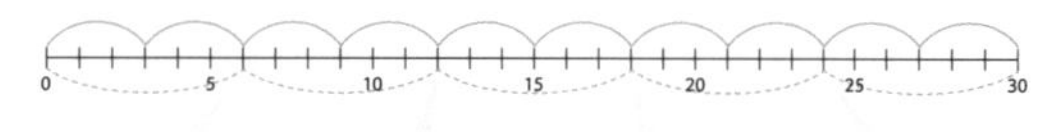

3 × 2 = 6 / 6 × 1 = 6

3 × 4 = 12 / 6 × 2 = 12

3 × 6 = 18 / 6 × 3 = 18

3 × 8 = 24 / 6 × 4 = 24

➡ 3씩 2 번 뛰어 센 수는 6씩 1 번 뛰어 센 수와 같아요.

✎ 두 수의 곱으로 알맞은 것을 찾아 이어 보세요.

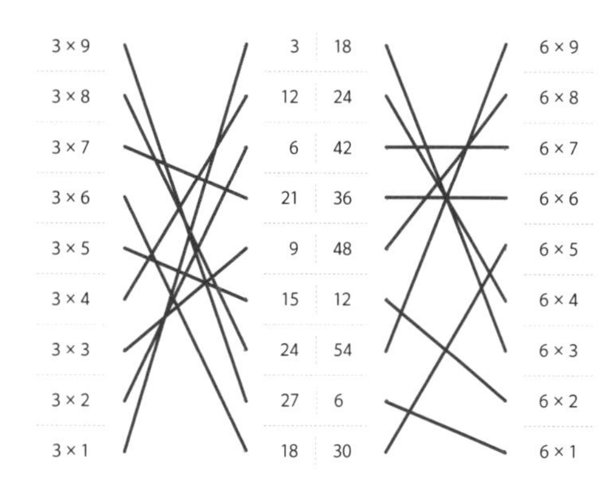

✎ 두 수의 곱 중에서 더 큰 수에 ○표 하세요.

1 (3 × 8) 6 × 3

2 3 × 5 (6 × 8)

3 6 × 2 (3 × 7)

4 (6 × 9) 3 × 6

5 (3 × 9) 6 × 4

6 3 × 3 (6 × 5)

✎ 안의 수가 곱이 되도록 빈칸에 알맞은 수를 써넣으세요.

1 12: 3 × 4, 6 × 2

2 24: 3 × 8, 6 × 4

3 6: 3 × 2, 6 × 1

4 18: 3 × 6, 6 × 3

정답 34쪽

4단 × 8단 섞어 복습

✎ 수직선을 보고 빈칸에 알맞은 수를 써넣으세요.

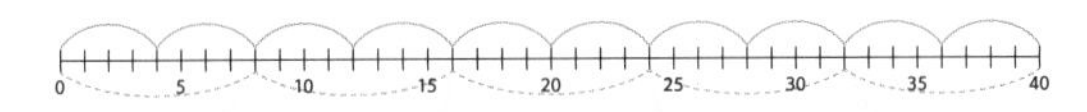

4 × 2 = 8　　4 × 4 = 16　　4 × 6 = 24　　4 × 8 = 32

8 × 1 = 8　　8 × 2 = 16　　8 × 3 = 24　　8 × 4 = 32

➡ 4씩 2 번 뛰어 센 수는 8씩 1 번 뛰어 센 수와 같아요.

✎ 두 수의 곱을 찾아 선으로 이어 보세요.

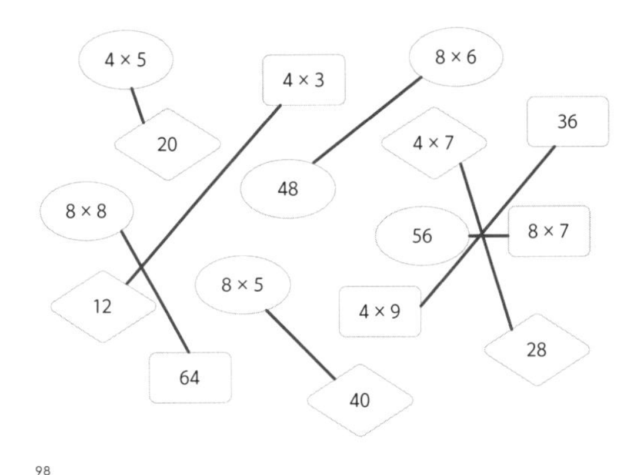

✎ 원의 개수를 4단과 8단을 이용하여 나타내 보세요.

1

4 × 6 = 24　　8 × 3 = 24

2

4 × 8 = 32　　8 × 4 = 32

✎ 곱셈 퍼즐의 빈칸을 채워 보세요.

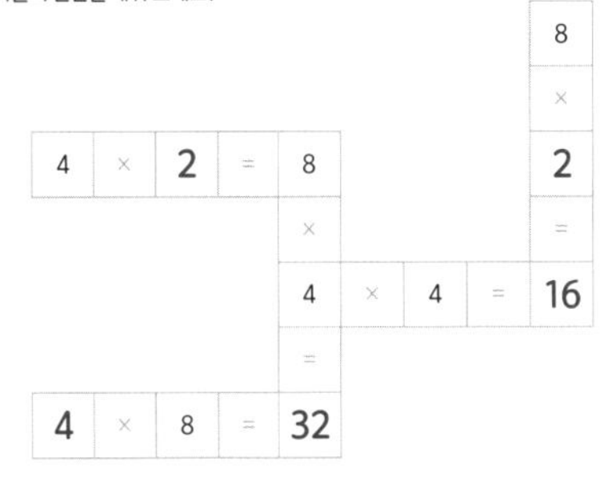

정답 35쪽

7단 × 9단 섞어 복습

✎ 빈칸을 채워 표를 완성하고 가장 큰 수에 ○표 하세요.

1

×	2	3
7	14	21
9	18	(27)

2

×	6	4
7	42	28
9	(54)	36

3

×	5	8
7	35	56
9	45	(72)

✎ 빈칸에 알맞은 수를 써넣으세요.

1 7 ➡ × 3 ➡ 21　　2 9 ➡ × 2 ➡ 18

3 7 ➡ × 6 ➡ 42　　4 9 ➡ × 9 ➡ 81

5 7 ➡ × 7 ➡ 49　　6 9 ➡ × 7 ➡ 63

7 7 ➡ × 9 ➡ 63　　8 9 ➡ × 5 ➡ 45

✎ 두 수의 곱을 따라 도착까지 찾아가 보세요.

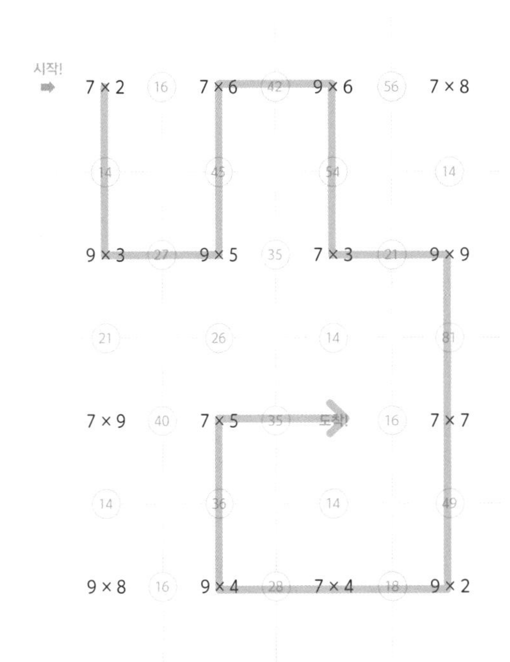

정답 35쪽

곱셈표

곱셈표

✎ 다음 곱셈표를 완성하고 물음에 답하세요.

×	0	1	2	3	4	5	6	7	8	9
0	0	0	0	0	0	0	0	0	0	0
1	0	1	2	3	4	5	6	7	8	9
2	0	2	4	6	8	10	12	14	16	18
3	0	3	6	9	12	15	18	21	24	27
4	0	4	8	12	16	20	24	28	32	36
5	0	5	10	15	20	25	30	35	40	45
6	0	6	12	18	24	30	36	42	48	54
7	0	7	14	21	28	35	42	49	56	63
8	0	8	16	24	32	40	48	56	64	72
9	0	9	18	27	36	45	54	63	72	81

1 빨간색 테두리 안에 있는 수는 [4] 씩 커져요.

2 파란색 테두리 안에 있는 수는 [6] 씩 커져요.

3 [ ] 안에 있는 수는 같은 수를 [1] 번 곱한 값이에요.

4 두 수의 곱이 12인 칸을 모두 찾아 색칠하세요.

본책 130~131쪽

✎ 빈칸을 채워 표를 완성하세요.

1

×	3	4	5
2	6	8	10
3	9	12	15
4	12	16	20

2

×	6	7	8
4	24	28	32
5	30	35	40
6	36	42	48

3

×	4	8	9
2	8	16	18
5	20	40	45
6	24	48	54

4

×	2	3	7
3	6	9	21
4	8	12	28
5	10	15	35

✎ 표에서 잘못된 부분을 찾아 ×표 하고 바르게 고치세요.

1

×	4	6	8
3	12	18	✕ → 24
5	20	✕ → 30	40
7	✕ → 28	42	✕ → 56

2

×	7	5	9
2	14	10	✕ → 18
4	✕ → 28	✕ → 20	36
8	✕ → 56	40	72

정답 36쪽

초등 공부
시작부터
끝까지!

초등 공부 시작부터 끝까지!

정답

메가스터디BOOKS

내용 문의 02-6984-6928,31 | 구입 문의 02-6984-6868,9 | www.megastudybooks.com

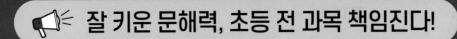

4단

$4 \times 1 = 4$
$4 \times 2 = 8$
$4 \times 3 = 12$
$4 \times 4 = 16$
$4 \times 5 = 20$
$4 \times 6 = 24$
$4 \times 7 = 28$
$4 \times 8 = 32$
$4 \times 9 = 36$

5단

$5 \times 1 = 5$
$5 \times 2 = 10$
$5 \times 3 = 15$
$5 \times 4 = 20$
$5 \times 5 = 25$
$5 \times 6 = 30$
$5 \times 7 = 35$
$5 \times 8 = 40$
$5 \times 9 = 45$

8단

$8 \times 1 = 8$
$8 \times 2 = 16$
$8 \times 3 = 24$
$8 \times 4 = 32$
$8 \times 5 = 40$
$8 \times 6 = 48$
$8 \times 7 = 56$
$8 \times 8 = 64$
$8 \times 9 = 72$

9단

$9 \times 1 = 9$
$9 \times 2 = 18$
$9 \times 3 = 27$
$9 \times 4 = 36$
$9 \times 5 = 45$
$9 \times 6 = 54$
$9 \times 7 = 63$
$9 \times 8 = 72$
$9 \times 9 = 81$

저절로 외워지는

구구단표 10단~19단

10단

10 × 1 = 10
10 × 2 = 20
10 × 3 = 30
10 × 4 = 40
10 × 5 = 50
10 × 6 = 60
10 × 7 = 70
10 × 8 = 80
10 × 9 = 90

11단

11 × 1 = 11
11 × 2 = 22
11 × 3 = 33
11 × 4 = 44
11 × 5 = 55
11 × 6 = 66
11 × 7 = 77
11 × 8 = 88
11 × 9 = 99

12단

12 ×
12 ×
12 ×
12 ×
12 ×
12 ×
12 ×
12 ×
12 ×

15단

15 × 1 = 15
15 × 2 = 30
15 × 3 = 45
15 × 4 = 60
15 × 5 = 75
15 × 6 = 90
15 × 7 = 105
15 × 8 = 120
15 × 9 = 135

16단

16 × 1 = 16
16 × 2 = 32
16 × 3 = 48
16 × 4 = 64
16 × 5 = 80
16 × 6 = 96
16 × 7 = 112
16 × 8 = 128
16 × 9 = 144

17단

17 ×
17 ×
17 ×
17 ×
17 ×
17 ×
17 ×
17 ×
17 ×

= 12
= 24
= 36
= 48
= 60
= 72
= 84
= 96
= 108

13단

13 × 1 = 13
13 × 2 = 26
13 × 3 = 39
13 × 4 = 52
13 × 5 = 65
13 × 6 = 78
13 × 7 = 91
13 × 8 = 104
13 × 9 = 117

14단

14 × 1 = 14
14 × 2 = 28
14 × 3 = 42
14 × 4 = 56
14 × 5 = 70
14 × 6 = 84
14 × 7 = 98
14 × 8 = 112
14 × 9 = 126

= 17
= 34
= 51
= 68
= 85
= 102
= 119
= 136
= 153

18단

18 × 1 = 18
18 × 2 = 36
18 × 3 = 54
18 × 4 = 72
18 × 5 = 90
18 × 6 = 108
18 × 7 = 126
18 × 8 = 144
18 × 9 = 162

19단

19 × 1 = 19
19 × 2 = 38
19 × 3 = 57
19 × 4 = 76
19 × 5 = 95
19 × 6 = 114
19 × 7 = 133
19 × 8 = 152
19 × 9 = 171

저절로 외워지는

구구단표 2단~9단

2단

2 × 1 = 2
2 × 2 = 4
2 × 3 = 6
2 × 4 = 8
2 × 5 = 10
2 × 6 = 12
2 × 7 = 14
2 × 8 = 16
2 × 9 = 18

3단

3 × 1 = 3
3 × 2 = 6
3 × 3 = 9
3 × 4 = 12
3 × 5 = 15
3 × 6 = 18
3 × 7 = 21
3 × 8 = 24
3 × 9 = 27

6단

6 × 1 = 6
6 × 2 = 12
6 × 3 = 18
6 × 4 = 24
6 × 5 = 30
6 × 6 = 36
6 × 7 = 42
6 × 8 = 48
6 × 9 = 54

7단

7 × 1 = 7
7 × 2 = 14
7 × 3 = 21
7 × 4 = 28
7 × 5 = 35
7 × 6 = 42
7 × 7 = 49
7 × 8 = 56
7 × 9 = 63